物联网工程导论

主　编　孙　颖

副主编　刘天惠　莫　晔　汪　楠　李　南

东北大学出版社

·沈　阳·

图书在版编目（CIP）数据

物联网工程导论/孙颖主编. —沈阳：东北大学出版社，2014.6（2024.8重印）
ISBN 978-7-5517-0626-1

Ⅰ.①物… Ⅱ.①孙… Ⅲ.①互联网络—应用 ②智能技术—应用 Ⅳ.①TP393.4 ②TP18

中国版本图书馆 CIP 数据核字（2014）第 139679 号

出 版 者：东北大学出版社
地址：沈阳市和平区文化路 3 号巷 11 号
邮编：110004
电话：024—83680267（社务室） 83687331（市场部）
传真：024—83680265（办公室） 83680178（出版部）
网址：http：//www. neupress. com
E-mail：neuph@ neupress. com
印 刷 者：廊坊市新阳印刷有限公司
发 行 者：东北大学出版社
幅面尺寸：185mm × 250mm
印 张：14.75
字 数：332 千字
出版时间：2014 年 7 月第 1 版
印刷时间：2024 年 8 月第 3 次印刷
责任编辑：孙 锋 曹 壮
责任校对：冬 冬
封面设计：刘江旸
责任出版：唐敏志

ISBN 978-7-5517-0626-1 定 价：55.00 元

前言

随着科学技术的迅速发展，电子信息技术已经渗透到工业、农业、交通运输、航空航天、国防建设等国民经济的诸多领域，物联网技术是物物相连的互联网，是新兴的电子信息技术，既是在互联网基础上的延伸和扩展的网络，又将用户端延伸和扩展到了任何物品与物品之间，进行信息交换和通信。它是一门发展迅速、应用面宽、实践性强、重要的应用学科，在现代科学技术中占有具足轻重的作用和地位。

在我国实行四个现代化的伟大事业中，科学技术的现代化是关键，电子信息技术的现代化是实现科学技术现代化的必要条件，而物联网技术是电子与信息技术紧密结合的技术，是位于电子与信息学科领域现代化的重要标志。从现代高科技中的，火箭、导弹、人造卫星、制导炸弹，到日常生活中的，建筑、大坝、油网、电网、路网、水网，将这些物体与人类社会相连，整合成超级计算机群对“整合网”的人员、机器设备、基础设施实施实时管理控制，可以极大的提高资源利用率和生产力水平。

本书着眼于物联网的核心技术介绍及其物联网技术的应用。全书共分 8 章，第 1 章为物联网技术概述，主要介绍物联网技术的概念，物联网、互联网、泛在网的联系和区别，国内外物联网技术的发展趋势。第 2 章 ~ 第 6 章为物联网核心技术。其中，第 2 章介绍支撑物联网的通信技术，主要内容包括通信技术基础的计算机技术，物联网技术相结合的通信网络传输技术应用，作为通信技术载体的芯片技术及涉及到通信数据计算的云计算技术；第 3 章介绍了传感器技术，主要内容包括传感器的定义、分类、特点、应用及发展前景，并着重介绍了与物联网技术密切相关的 MEMS 技术；第 4 章介绍了无线网络技术，主要内容包括无线网络技术部分着重介绍远程与近程通信技术的概念及基础；第 5 章介绍了 RFID 技术，主要内容包括 RFID 系统的硬件组成、重要算法及安全性相关技术；第 6 章介绍了支撑物联网的其他相关技术，主要内容包括一维及二维码技术、室内室外定位技术。第 7 章介绍了物联网的几种典型应用。第 8 章从物联网的基础技术及应用上介绍了其发展前景。

本书的作者长期从事信息及电子相关技术的教学及科研工作，对物联网技术有一定的体会。但毕竟水平有限，故书中谬误之处在所难免，敬请读者不吝指正。

编著者

2014 年 3 月

目 录

contents

第 1 章　物联网技术概述

由美国次贷危机引发的全球性金融危机的余波尚未平息，新一轮的技术革命已经拉开了序幕。一个新的名词引起了人们的注意，这就是“物联网”。那么，什么是物联网？为什么它一经提出就备受关注呢？本书将详细地讲述物联网的方方面面。

本章概要

本章 1.1 节详细地说明了物联网概念提出的过程，使读者对物联网有一个直观的理解。1.2 节详细地介绍了物联网、互联网和泛在网三个极容易混淆的概念之间的区别与联系。通过比较，使读者进一步理解物联网和其他网络的不同之处，同时说明了新的网络发展趋势——网络融合，重点介绍了它对刚刚起步的物联网的影响。1.3 节介绍了国内外物联网的发展现状。1.4 节对本章内容进行了总结。

特别指出，在物联网技术研究和产业化迅速推进的同时，我们依然对物联网的认识存在许多误区。

1.1 物联网的概念

20 世纪末一系列新兴市场遭受金融危机的冲击后，诞生了互联网这一新兴行业，而在十几年后的今天，全世界正在经历一场更大规模的、百年罕见的、新的金融危机。那么，这次危机将会带给我们什么？

1.1.1 相关背景

从世界经济发展的规律来看，每次经济大衰退之后复苏的方式主要有两种：一为战争；二为新技术革命。两者的共同之处都在于要打破经济旧格局，建立新秩序。战争，可以进行生产要素和消费要素的再分配；而新技术革命，可以建立新观念，带动新的生产供给和消费需求。在世界总体趋于和平的今天，新技术革命对于加快世界经济的复苏、各种利益的重新分配意义重大[1]。

从某种意义上说，新技术产业革命是解决经济危机的最佳手段。危机尚未结束，新产业的曙光已见端倪。

目前，前景比较清晰的有以下几类重要技术革新[2]：

① 新能源、节能循环技术革新——建立绿色动力系统，发展低碳动力经济。

② 消费观念变革带来的产品服务变革——发展物联网经济。

③ 循环、精准、节能的种植与养殖——建立绿色自循环农业生产系统，发展生物农业经济。

美国7000亿美元的救市方案和我国4万亿的救市计划无一不是为日渐疲软的经济注入强心剂，但这只是刚刚开始。如果想要彻底摆脱危机，只能通过新一轮的技术革命，发展新技术、新产业，建立新观念，重新激发社会经济活力，进而带动新的生产动机和消费需求，从而进入由新的资源配置方式、新的生产供给和消费需求推动的经济发展周期，而物联网无疑是现有的诸多新技术、新观念中十分突出的一个。

IBM前首席执行官郭士纳曾提出计算模式每隔15年发生一次变革的观点，这种观点像摩尔定律一样准确，人们把它称为“15年周期定律”。1965年前后发生的变革以大型机为标志，1980年前后以个人计算机的普及为标志，1995年前后则发生了互联网变革，那么，2012年会不会是物联网呢？事实上，每一次这样的技术变革都引起企业间、产业间甚至国家间竞争格局的重大动荡和变化，同时也会带来经济的飞速发展，对企业来讲，这样的变革既是机遇，也是挑战[3]。

从推动经济发展的角度来讲，物联网可以说是作为计算机、互联网、移动通信后的又一次信息化产业浪潮；从长远来看，物联网有望成为后金融危机时代经济增长的引擎。20世纪90年代，克林顿政府的“信息高速公路”发展战略使美国经济走上了长达10年左右的繁荣。出于信息技术对经济的拉动作用，奥巴马政府的“智慧地球”构想旨在找出美国经济新的增长点，在此背景下，物联网概念应运而生。

物联网这个概念产生的背景至少有两个因素：一是世界的计算机及通信科技已经产生了巨大的颠覆性的改变；二是物质生产科技发生了巨大的变化，使物质之间产生相互联系的条件成熟，没有“瓶颈”。

通俗来讲，物联网就是可以实现人与人、物与物、人与物之间信息沟通的庞大网络。毫无疑问，物联网将为我们带来新的消费体验，被广泛地应用于购物、交通、物流、医疗等重要领域，其经济潜力很容易让人想到互联网经济的辉煌。那么，物联网这个概念究竟是如何被提出的？它和其他网络有什么本质区别？它能否重现当时互联网的辉煌？这将是下面章节讨论的内容。

1.1.2 概念的提出

与互联网类似，传感器最初的应用也是在军事领域。20世纪80年代后期及90年代，美国军方陆续建立了多个局域传感网，包括海军的CEC项目、FDS项目和陆军的远程战场感应系统等。至于物联网概念的提出，则另有一番来历。

1946年，前苏联的莱昂·泰勒发明了用于转发携带音频信息的无线电波，通常认为它是射频识别（Radio Frequency Identification，简称RFID）的前身。

1948年，美国的哈里·斯托克曼发表了《利用反射功率的通信》，正式提出RFID一词，被认为标志着RFID技术的面世。

1973 年，马里奥·卡杜勒申请的专利是现今 RFID 真正意义上的原形。

1973 年，在美国 LOS ALAMOS 实验室，诞生了第一个 RFID 标签的样本。

1980 年，日本东京大学坂村健博士倡导的全新计算机体系 TRON，计划构筑“计算无所不在”的环境。

1991 年，马克·维瑟发表了《21 世纪的计算机》一文，预言了泛在计算（无所不在的计算）的未来应用。

1995 年，巴黎最早开始在交通系统中使用 RFID 技术。随后，在很多欧洲城市的交通系统中，都开始普及 RFID 的使用。

1998 年，马来西亚发放了全球第一张 RFID 护照。

1999 年，麻省理工学院的 Auto-ID 实验室将 RFID 技术与互联网结合，提出了 EPC 概念。

2001 年，美国加利福尼亚大学的克里斯托弗·皮斯特正式提出了“智能灰尘”的概念。

2002 年，美国橡树岭实验室断言 IT 时代正在从“计算机即网络”迅速向“传感器即网络”转变。

2003 年，麦德龙开设了第一家“未来商店”。

2005 年，沃尔玛宣布它最大的 100 家供货商提供的所有商品一律使用 RFID 标贴。

2009 年 8 月 7 日，温家宝总理视察中国科学院无锡高新微纳传感网工程技术研发中心时，指示“尽快建立中国的传感信息中心，或者叫‘感知中国’中心”。

实际上，物联网的概念起源于比尔·盖茨 1995 年所著的《未来之路》一书。在书中，比尔·盖茨已经提及物联网的概念，只是当时受限于无线网络、硬件及传感设备的发展，并未引起重视。而“物联网”这一名词是 1999 年由 EPCglobal 的前身——麻省理工学院 Auto-ID 实验室——提出的，并将其定义为把所有物品通过 RFID 等信息传感设备与互联网连接起来，实现智能化识别和管理。

2003 年，美国《技术评论》提出传感网络技术将是未来改变人们生活的十大技术之首。

2005 年 11 月 17 日，在突尼斯举行的信息社会世界峰会上，国际电信联盟（ITU）发布了《ITU 互联网报告 2005：物联网》，正式将物联网称为“Internet of things”，对物联网概念进行了扩展，提出了任何时刻、任何地点、任何物体之间互联，无所不在的网络和无所不在的计算的发展愿景。报告指出，无所不在的物联网通信时代即将来临，世界上所有的物体从轮胎到牙刷、从房屋到纸巾都可以通过 Internet 主动进行交换；RFID 技术、传感器技术、纳米技术、智能嵌入技术将得到更加广泛的应用；并在此后陆续推出《泛在传感器》《未来的互联网》等系列报告。

根据 ITU 的描述，在物联网时代，通过在各种各样的日常用品上嵌入一种短距离的移动收发器，人类在信息与通信世界里，将获得一个新的沟通维度。从任何时间、任何地点的人与人之间的沟通扩展到人与物和物与物之间的沟通连接。物联网概念的兴起，在很大程度上得益于ITU 2005年以物联网为标题的年度互联网报告。然而，ITU的报告对物联网的定义只是描述性的，缺乏一个清晰的定义[4]。

传感、通信、网络、处理等各领域都从自己的角度去阐述和放大。欧盟对物联网的定义是：物联网是一个动态的全球网络基础设施，它具有基于标准和互操作通信协议的自组织能力，其中，物理的和虚拟的“物”具有身份标识、物理属性、虚拟的特性和智能的接口，并与信息网络无缝整合。物联网将与媒体互联网、服务互联网和企业互联网一起，构成未来互联网[5]。

对于物联网，可以从以下两个方面来理解。

① 从技术层面理解。物联网是指物体通过智能感应装置，经过传输网络，到达指定的信息处理中心，最终实现人和物、物与物之间信息的自动交互与处理的智能网络。

② 从应用层面理解。物联网是指把世界上所有的物体都连接到一个网络中，形成物联网，然后物联网又与现有的互联网结合，实现人类社会与物理系统的整合，达到更加精细和动态的方式管理生产与生活。物联网的应用目标就是把新一代信息技术充分运用到各行各业中，实现任何时间、任何地点、任何人、任何事物充分互联。综合起来，物联网就是通过RFID、红外感应器、全球定位系统（GPS）、激光扫描器等信息传感设备，按照约定的协议，以有线或无线的方式把任何物品与互联网连接起来，以计算、存储等处理方式构成所关心事物静态与动态的信息知识网络，用以实现智能化识别、定位、跟踪、监控和管理的一种网络。物联网就是“物物相连的互联网”，这有两层意思：第一，物联网的核心和基础仍然是互联网，是在互联网基础上的延伸和扩展的网络；第二，其用户端延伸和扩展到了任何物品与物品之间，进行信息交换和通信。除RFID技术外，更多的新技术（如传感器、纳米、嵌入式芯片等技术）被广泛地应用。

物联网中的“物”要满足一些条件才能够被纳入其范围，如：要有相应信息的接收器，要有数据传输通道，要有一定的存储功能，要有CPU，要有操作系统，要有专门的应用程序，要有数据发送器，遵循物联网的通信协议，在世界网络中有可以被识别的唯一编号。

智能传感器、RFID标签、传统传感器、智能家居终端等都可以成为未来物联网的传感终端。现有的通信网络，如2G和3G网络、互联网、光纤同轴混合网络将成为信息的传递、汇总网络，它们的相应处理平台将成为M2M运营平台的组成部分，为具体的物联网应用业务提供服务。

对于物联网，中国科学院的《感知中国报告》对其作了如下解读：

- 物联网是全球信息化发展的新阶段，从信息化向智能化提升。
- 在已经发展起来的传感、识别、接入网、无线通信网、互联网、云计算、应用软件、智能控制等技术基础上的集成、发展和提升。
- 物联网本身是针对特定管理对象的“有线网络”，是以实现控制和管理为目的，通过传感/识别器和网络将管理对象连接起来，实现信息感知、识别、情报处理、常态判断和决策执行等智能化的管理与控制。

• 物联网的应用带来的海量数据和业务模式，将使通信网、互联网和信息处理技术带来数量级的需求增长与模式变化。

可以看出，物联网本身并不是全新的技术，更不是凭空出现的，而是在原有基础上的提升、汇总和融合。根据上面的分析，物联网的基本特征可以概括为全面感知、可靠传递、智能处理。全面感知指的是物联网需要 RFID、传感器、二维码等及时获取物品的信息；可靠传递指的是通过各种电信网络和互联网的融合，将信息可靠地传输出去；智能处理则依靠物联网本身的智能性，它的智能性不仅体现在其传感器端点具有收发功能，还体现在网络中各个传感器信息的汇总、分析和处理。对于物体信息的海量数据，汇总的途径就只能通过良好的网络；而对于海量的数据处理，也可以通过依托于网络的云计算得以解决。传感器节点应该尽可能小（只有这样，才能方便、美观），可以采用纳米或嵌入式芯片技术。

物联网概念的问世颠覆了传统的把公路、交通、机场等物理基础设施和数据、电脑等信息技术基础设计割裂的概念。在物联网时代，传统的基础设施将与信息技术基础设施融合，从而产生不可思议的效果。钢筋混凝土、电缆等物理基础设施与芯片、宽带等信息技术基础设施整合为统一的基础设施。此时，基础设施更像是一块新的地球工地，世界的运转就在它上面进行，其中更包括经济管理、生产运行、社会管理乃至个人生活。

世界各国都在大力研究开发物联网，我国的物联网研究有一定的基础，并不落后。实际上，我国的物联网研究基本上是与国际同步的，有与其他国家竞争的同步优势。中国科学院早在1999 年前就启动了传感网研究，先后投入数亿元，在无线智能传感器网络通信技术、微型传感器、传感器终端机、移动基站等方面取得重大进展，已拥有从材料、技术、器件、系统到网络的完整产业链。目前，中国、德国、美国、英国、韩国等成为国际标准制定的主要国家之一。目前，我国传感网标准体系已形成初步框架，向国际标准化组织提交的多项标准提案被采纳。《国家中长期科学与技术发展规划（2006—2020 年）》和“新一代宽带无线移动通信网”国家科技重大专项均将传感器列入重点研究领域。

? 思考题

① 物联网是不是一个全新的事物呢？如果不是，那么它与其他网络有什么区别？是什么催生了这个概念的提出？

② 你认为物联网发展的生命力在哪里？

③ 结合我们身边的现实生活，大胆地想象物联网会给我们的生活带来什么便利？

1.2 物联网、互联网和泛在网

美国权威咨询机构 Forrester 预测，到 2020 年，世界上物物互联的业务，跟人与人通信的业务相比，将达到 30:1，社会进入物联网时代。实际上，物联网并不是凭空出现的事物，它的神经末梢是传感器，它的信息通信网络则可以依靠传统的互联网和通信网等，海量信息的运算处理则主要依靠云计算、网格计算等计算方式。

物联网与现有的如互联网、通信网和未来的泛在网有着十分微妙的关系，下面分别论述物联网和互联网、物联网和泛在网、未来网络的融合[6]。

1.2.1 物联网的传输通信保障——互联网

物联网在“智慧地球”被提出之后，引起了强烈的反响。其实，在这个概念被提出之初，很多人就将它与互联网相提并论，甚至有很多人预言，物联网不仅将重现互联网的辉煌，它的成就甚至会超过互联网。不少专家预测，物联网产业将是下一个万亿元级规模的产业，甚至超过互联网 30 倍。然而，对于两者之间的关系和侧重点，有很多说法，下面分别从不同的层面上解析两者的关系。

（1）物联网是应用

中国工程院副院长邬贺铨院士于 2009 年 5 月 16 日在广州举行的有关科技讲坛上提出，物联网既是未来信息产业的发展方向，也是中国经济新的增长点。相较于互联网的全球性，物联网是行业性的。物联网不是把任何东西都联网，而是把联网有好处而且能联网的东西连起来；物联网不是互联网，而是应用。物联网具备三大特征：联网的每个物件均可寻址，联网的每一个物件均可通信，联网的每一个物件均可控制。

（2）物联网是互联网的下一站（《中国经济周刊》）

物联网的定义是：把所有物品通过 RFID 等信息传感设备与互联网连接起来，实现智能化识别和管理。从这个意义上讲，物联网更像是互联网的延伸和拓展，甚至有“物联网是互联网的一个新的增长点”之说。邬贺铨指出，从某种意义上讲，互联网是虚拟的，而物联网是虚拟与现实的结合，是网络在现实世界里真正大规模的应用。计算机、互联网发源于美国，美国对于互联网有着绝对的话语权；而物联网才起步不久，因此，中国在物联网方面也享有一定的国际话语权。

为了进一步分析两者的区别和联系，列表 1-1 进行说明。

表1-1　　互联网和物联网的比较

比　较	互联网	物联网
起源点在哪里	计算机技术的出现及传播速度的加快	传感技术的创新和云计算
面向的对象是谁	人	人和物质
怎样发展的过程	技术的研究到人类的技术共享使用	芯片多技术的平台应用过程
谁是使用者	所有的人	人和物质，人即信息体，物即信息源
核心的技术在谁手里	在主流的操作系统和语言开发商	芯片技术开发商和标准制定者
创新的空间	主要内容的创新和体验的创新	技术就是生活，想象就是科技，让一切都有智能
什么样的文化属性	精英文化、无序世界	草根文化、“活信息”世界
技术手段	网络协议 Web 2.0	数据采集、传输介质、后台计算

从表1-1可以看到，人类是从对于信息积累搜索的互联网方式逐步向对信息智能判断的物联网前进，而且这样的信息只能是结合不同的信息载体进行的，如一杯牛奶的信息、一头奶牛的信息和一个人的信息的结合而产生判断的智能。

如果说互联网是把一个物质给用户提供了多个信息源头，那么物联网是把多个物质和多个信息源头给用户一个判断的活信息。互联网教用户怎么看信息，物联网教用户怎么用信息，更智慧是其特点，把信息的载体扩充到“物”（包括机器、材料等）。

所以，物联网的含义更广泛一些，它既包括信息读写含义的识别网，也包括传感信息传输的传感网特性。移动通信网络包括互联网，连接的是人与人，人是智能的，网络无须智能；物联网连接的是物与物，物是非智能的，因此，要求物联网必须是智能的、自治的、感知的网络，必须具备协同处理、网络自治等功能。

在重视物联网发展的同时，我们同样不能轻视互联网的发展。加速互联网应用，培育新兴产业（如物联网和互联网的融合应用），积极研究发展下一代互联网，重视移动互联网，推动互联网和传统产业进行有机结合，发挥互联网在促进国民经济增长中的重要作用。

在互联网开始流行的时候，曾经流传着这么一句话：“在互联网上，没有人知道你是只狗。”在物联网时代，即使是你的狗，也将会有自己的身份证。

互联网，作为媒体的一种，其特征是信息的传播，而物联网是信息的判断，是智能的，这样一种新的事物究竟能够给我们带来什么样的体验呢？未来，我们将拭目以待。

1.2.2 物联网发展的方向——泛在网

由上面的讨论可知，物联网与传感网关系密切，甚至从广义上讲，两者可以说是等价的。而对于泛在网这个概念，大家倒是有点陌生。在2011年国家科技重大专项中，泛在网和物联网并列排在项目5，有着特殊的含义。物联网的重大作用主要体现在传感网的发展和完备里，那么，泛在网的重要性体现在哪里呢？下面先对泛在网的定义作个简单的分析。

中国通信标准化协会秘书长周宝信说："泛在网是一个大通信概念。"泛在网络由计算机科学家 Weiser 首次提出，它不是一个全新的网络技术，而是在现有技术基础上的应用创新，是不断融合新的网络，不断向泛在网络注入新的业务和应用，直至"无所不在、无所不包、无所不能"。

从网络技术看，泛在网是通信网、互联网、物联网高度融合的目标，它将实现多网络、多行业、多应用、异构多技术的融合与协同。如果说通信网、互联网发展到今天解决的是人与人之间的通信，那么物联网要实现的是物与物之间的通信，泛在网将是实现人与人、人与物、物与物的通信，涵盖传感网络、物联网和已经发展中的电信网、互联网、移动互联网等。

泛在网是从人与人通信为主的电信网向人与物、物与物的通信广泛延伸的信息通信网络的发展趋势，它是一个大通信的概念，是面向经济、社会、企业和家庭全面信息化的概括。当前，三网融合、两化融合、调整产业结构、转变经济增长方式、加快电信转型、建设资源节约型和环境友好型社会等都为泛在网的发展提供了极为良好的发展机遇。

按照我们对物联网的理解，物联网是指在物理世界的实体中部署具有一定感知能力、计算能力和执行能力的嵌入式芯片与软件，使之成为"智能物体"，通过网络设施实现信息传输、协同和处理，从而实现物与物、物与人之间的互联。物联网依托现有互联网，通过感知技术，实现对物理世界的信息采集，从而实现物物互联。归纳言之，物联网的几个关键环节为"感知、传输、处理"。

泛在网是指基于个人和社会的信息获取、传递、存储、认知、决策、使用等服务，泛在网具备超强的环境感知、内容感知及智能性，为个人和社会提供泛在的、无所不含的信息服务与应用。泛在网络的概念反映了信息社会发展的远景和蓝图，具有比物联网更广泛的内涵。业界还存在其他概念，如传感网。传感网是指有传感器节点通过自组织或其他方式组成的网络。传感网是传感器网络的简称，从字面上看，狭义的传感网强调通过传感器作为信息获取手段，不包含通过 RFID、二维码、摄像头等方式的信息感知能力。

物联网、泛在网概念的出发点和侧重点不完全一致，但其目标都是突破人与人通信的模式，建立物与物、物与人之间的通信。而物理世界的各种感知技术，即传感器技术、RFID 技术、二维码、摄像等，是构成物联网、泛在网的必要条件。

1.2.3 未来趋势——网络融合

2009年，物联网已经成为中国经济结构调整的重要落脚点、产业升级的重要抓手。随着中国物联网战略的行程，物联网和互联网、移动互联网的融合应用为中国后金融危机时代经济快速复苏提供了前所未有的机会，未来业务发展的核心布局将会在物联网和互联网的融合应用上。随着融合的不断深入，创新的商业模式将出现新的机遇、新的挑战，将会带来更多的机遇和投资机会[7]。

在国家大力推进工业化与信息化融合的大背景下，物联网将是工业乃至更多行业信息化过程中一个比较现实的突破口。一旦物联网被大规模普及，无数的物品需要加装更加小巧智能的传感器，用于动物、植物、机器等物品的传感器与电子标签及配套的接口装置数量将大大超过目前手机数量，市场巨大。

未来，网络融合将成为趋势，这不仅对业务的整合、降低成本、提高行业的整体竞争力等方面有很大的益处，而且为未来信息产业的发展作了准备。2010年1月13日，温家宝总理主持召开国务院常务会议，决定加快推进电信网、广播电视网和互联网的网络融合，推进三网融合发展，实现三网互联互通、资源共享，为用户提供数据和广播电视等多种服务，形成新的经济增长点。网络融合为物联网的未来发展提供了便利，一方面可以借助融合后的网络平台促进自身的发展，另一方面会进一步推动自身与互联网、移动互联网的融合发展，创造新的经济增长点，促进物联网产业的发展成熟。

简言之，三网融合是指电信、广播电视、互联网的融合，它首先是网络融合，其次涉及技术融合、业务融合、行业融合、终端融合等多个方面，最终要实现网络的个性化、自动化、宽带化。无线传输是其中重要的组成部分，也是实现网络融合的重要手段。无线宽带、无线互联正在成为这一时期的新特点，也将会是未来物联网发展的要求之一。

三网融合只是冰山一角，为了更好地争夺消费者的注意力，一个全面融合与变革的时代已经开启，而三网融合只是其中的一个环节。除此之外，一些网络运营商已着手于其他网络的融合。中国移动加快物联网与TD（Time Division，时分技术）的融合发展，并在无锡市建立物联网研究院和物联网数据中心，前者重点开发TD－SCDMA（Synchronous Code Division Multiple Access，时分同步码分多址）与物联网融合的技术研究、应用开发，后者则用以支撑物联网的相关业务。中国移动将物联网与TD技术相结合，形成两大应用：一是物联网和TD终端的结合，实现物联网和3G的融合发展；二是物联网和TD无线城市的结合，打造“TD物联城市”的新理念，实现泛在网络的最终设想。

事实上，网络融合不仅限于这些融合，卫星通信与各大网络的融合也将会是一个热点。尤其在中国，卫星宽带对中国解决农村偏远地区的节目收视、网络互联等业务的展开有着重要意义，而这个问题是不能在短期内得到解决的。未来物联网发展将会在这些偏远地区实现智能化，促进这些地区资源的合理利用和发展，网络的通畅显得更重要。

目前，国家重点培养信息网络作为重点新兴产业予以扶持和发展，其中，下一代互联网和物联网备受关注。未来信息通信网络正在向宽带化、移动化、无线化发展，不同网络的区别正在日益模糊，这正是未来网络的特征，也是现有网络融合的发展趋势。

网络融合的动力不是行政命令，而是降低成本，增加利润，同时也是用户的需求和未来业务发展的需求。现在的业务正朝着综合化的方向发展，用户的需求正是驱动网络融合。网络融合涉及承载网、业务控制、终端应用等多个方面，并不是一蹴而就的，而是一个长期的目标和过程。随着技术的不断进步，它的融合水平也会提升，这也意味着为我们的生活带来更多的便利和技术支持。

因此，网络融合不仅为现有的网络带来挑战，也为物联网产业的发展提出了要求。即使是未来的长期演进技术网络和其他后3G与4G网络，它们连接的两端可能是互联网、广播网、物联网，网络融合对于这些未来的网络能否自适应地为其他网络提供服务提出新的要求。

网络融合将会带来广阔的天空，无论是终端、网络，还是平台，都将会发生深刻的变革，而融合后的市场规模将是单一领域的数倍，同时，网络融合也不可避免地带来了更为激烈的竞争，各自领域的佼佼者在这一融合的领域将面临更为激烈的市场竞争。对于物联网来说，大的网络融合也为物联网的发展提供了便利。

随着中国物联网战略的形成，物联网与互联网、移动互联网的融合应用都已经为后金融危机时代的中国经济快速复苏带来前所未有的发展机会。无论是市场还是运营商，都将未来业务发展和新布局放在物联网与互联网的融合应用上。

物联网具有巨大的经济效益和社会效益，不仅能服务于全球各行各业的信息共享需求，同时，一些新的技术产业作为物联网建设的基础产业，其本身也将创造未来重要的经济增长点。然而，中国的物联网发展存在技术研发不够、区域分布不平衡、整体投资不足、产业化和商业化程度较低等现实问题。

未来几年或几十年，中国物联网将不可避免地加入到网络融合的浪潮中，芯片技术和电子标签的研发将提速，产业将由技术驱动转变为应用驱动。未来产业投资出现新的机遇，跨产业链互联将催生新的投资项目，业内领先的企业将成为投资者追捧的重要目标。物联网将不仅仅与现有的通信传输网络融合，而且与嵌入式系统融合的现象也很突出。云计算、传感器技术等将会给嵌入式系统带来很多机遇，各种嵌入式设备如何无缝、无线地接入现有网络将成为首先需要解决的问题。产品的互联、系统可堆叠和开放的构架、符合开放标准的接口等都对嵌入式系统的发展提出新的要求。

？思考题

① 物联网和互联网是什么关系？和传感网又是什么关系？

② 什么是泛在网？真正实现泛在网，你觉得在技术上还存在什么缺陷？

③ 实现网络融合，我们会有一种什么样的生活环境？

1.3 物联网的国内外发展现状

1.3.1 物联网在国外的发展

物联网在国外被视为“危机时代的救世主”，在当前的经济危机尚未完全消退的时期，许多发达国家将发展物联网视为新的经济增长点。物联网的概念虽然仅是最近几年才趋向成熟，但物联网相关产业在当前的技术、经济环境的助推下，在短短几年内已成星火燎原之势[8]。

（1）美国物联网发展现状

美国很多大学在无线传感器网络方面已开展了大量的工作，如加州大学洛杉矶分校的嵌入式网络感知中心实验室、无线集成网络传感器实验室、网络嵌入系统实验室等；麻省理工学院从事着极低功耗的无线传感器网络方面的研究；奥本大学也从事了大量关于自组织传感器网络方面的研究，并完成了一些实验系统的研制；宾汉顿大学计算机系统研究实验室在移动自组织网络协议、传感器网络系统的应用层设计等方面做了很多研究工作；（俄亥俄州）州立克利夫兰大学的移动计算实验室在基于网络之间互联的协议的移动网络和自组织网络方面，结合无线传感器网络技术进行了研究。

除了高等学校和科研院所之外，国外的各大知名企业也都先后参与开展了无线传感器网络的研究。克尔斯博公司是国际上率先进行无线传感器网络研究的先驱之一，为全球超过2000所高等学校和上千家大型公司提供无线传感器解决方案；Crossbow公司与软件巨头微软，传感器设备巨头霍尼韦尔，硬件设备制造商英特尔，网络设备制造巨头、著名高校加州大学伯克利分校等都建立了合作关系。IBM（International Business Machines Corporation）提出的“智慧地球”概念已上升至美国的国家战略。2009年，IBM与“美国智库”机构向奥巴马政府提出通过信息通信技术（ICT）投资可在短期内创造就业机会，美国政府只要新增300亿美元的ICT投资（包括智能电网、智能医疗、宽带网络三个领域），鼓励物联网技术发展政策，主要体现在推动能源、宽带与医疗三大领域开展物联网技术应用。

（2）欧盟物联网发展现状

2009年，欧盟委员会向欧盟议会、理事会、欧洲经济和社会委员会及地区委员会递交了《欧盟物联网行动计划》，以确保欧洲在物联网建构的过程中起主导作用。《欧盟物联网行动计划》共包括14项内容：管理、隐私及数据保护、“芯片沉默”的权利、潜在危险、关键资源、标准化、研究、公私合作、创新、管理机制、国际对话、环境问题、统计数据和进展监督等。该行动方案描绘了物联网技术应用的前景，并提出要加强欧盟政府对物联网的管理，其行动方案提出的政策建议主要包括：

① 加强物联网管理。

② 完善隐私和个人数据保护。

③ 提高物联网的可信度、接受度和安全性。

2009 年 10 月，欧盟委员会以政策文件的形式对外发布了物联网战略，提出要让欧洲在基于互联网的智能基础设施发展上领先全球，除了通过 ICT 研发计划投资 4 亿欧元，启动 90 多个研发项目提高网络智能化水平外，欧盟委员会还将于 2011—2013 年每年新增 2 亿欧元进一步加强研发力度，同时拿出 3 亿欧元专款支持物联网相关公私合作短期项目建设。

（3）日本物联网发展现状

自 20 世纪 90 年代中期以来，日本政府相继制定了 e-Japan，u-Japan，i-Japan 等多项国家信息技术发展战略，从大规模开展信息基础设施建设入手，稳步推进，不断拓展和深化信息技术的应用，以此带动本国社会、经济发展。其中，日本的 u-Japan，i-Japan 战略与当前提出的物联网概念有许多共同之处。2004 年，日本信息通信产业的主管机关——总务省——提出 2006—2010 年 IT 发展任务——u-Japan 战略。该战略的理念是以人为本，实现所有人与人、物与物、人与物之间的连接（即 4U，Ubiquitous，Universal，User-oriented，Unique），希望在 2010 年将日本建设成一个“实现随时、随地、任何物体、任何人均可连接的泛在网络社会”。

2008 年，日本总务省提出将 u-Japan 政策的重心从之前的单纯关注居民生活品质提升拓展到带动产业及地区发展，即通过各行业、地区与 ICT 的融合，进而实现经济增长的目的。具体地说，就是通过 ICT 的有效应用，实现产业变革，推动新应用的发展；通过 ICT 以电子方式联系人与地区社会，促进地方经济发展；有效地应用 ICT，达到生活方式变革，实现无所不在的网络社会环境。

2009 年 7 月，日本 IT 战略本部颁布了日本新一代的信息化战略——“i-Japan” 战略，为的是让数字信息技术融入每一个角落。首先，将政策目标聚焦在三大公共事业：电子化政府治理、医疗健康信息服务、教育与人才培育。提出到 2015 年，透过数位技术，达到“新的行政改革”，使行政流程简化、效率化、标准化、透明化，同时推动电子病历、远程医疗、远程教育等应用的发展。日本政府对企业的重视也毫不逊色。另外，日本企业为了能够在技术上取得突破，对研发同样倾注极大的心血。在日本爱知世博会的日本展厅，呈现的是一个凝聚了机器人、纳米技术、下一代家庭网络和高速列车等众多高科技和新产品的未来景象，支撑这些的是大笔的研发投入。

（4）韩国物联网发展现状

韩国也经历了类似日本的发展过程。韩国是目前全球宽带普及率最高的国家，同时，它的移动通信、信息家电、数字内容等也居世界前列。面对全球信息产业新一轮“u”化战略的政策动向，韩国制定了 u-Korea 战略。在具体实施过程中，韩国信通部推出 IT 839 战略，以具体呼应 u-Korea。

韩国信通部发布的《数字时代的人本主义：IT 839 战略》报告指出，无所不在的网络社会将是由智能网络、最先进的计算技术，以及其他领先的数字技术基础设施武装而成的技术社会形态。在无所不在的网络社会中，所有人可以在任何地点、任何时刻享受现代信息技术带来的便利。u-Korea 意味着信息技术与信息服务的发展不仅要满足于产业和经济的增长，而且在国民生活中将为生活文化带来革命性的进步。由此可见，日、韩两国各自制定并实施的“u”计划都是建立在两国已夯实的信息产业硬件基础上的，是完成“e”计划后启动的新一轮国家信息化战略。从“e”到“u”是信息化战略的转移，能够帮助人类实现许多“e”时代无法企及的梦想。

继日本提出 u-Japan 战略后，韩国在 2006 年确立了 u-Korea 战略。u-Korea 旨在建立无所不在的社会，也就是在民众的生活环境里，布建智能型网络、最新的技术应用等先进的信息基础建设，让民众可以随时随地享有科技智慧服务。其最终目的，除运用 IT 科技为民众创造食衣住行育乐等方面无所不在的便利生活服务，也希望扶植 IT 产业发展新兴应用技术，强化产业优势与国家竞争力。

为实现上述目标，u-Korea 包括了四项关键基础环境建设和五大应用领域的研究开发。四项关键基础环境建设是平衡全球领导地位、生态工业建设、现代化社会建设、透明化技术建设，五大应用领域是亲民政府、智慧科技园区、再生经济、安全社会环境、u 生活定制化服务。

u-Korea 主要分为发展期与成熟期两个执行阶段。发展期（2006—2010 年）的重点任务是基础环境的建设、技术的应用和 u 社会制度的建立；成熟期（2011—2015 年）的重点任务为推广 u 化服务。

自 1997 年起，韩国政府出台了一系列推动国家信息化建设的产业政策。目前，韩国的 RFID 发展已经开始全面推广，而 USN（Ubiquitous Sensor Network）也进入实验性应用阶段。2009 年，韩国通信委员会通过了《物联网基础设施构建基本规划》，将物联网市场确定为新增长动力。该规划树立了到 2012 年“通过构建世界最先进的物联网基础实施，打造未来广播通信融合领域超一流 ICT 强国”的目标，为实现这一目标，确定了构建物联网基础设施、发展物联网服务、研发物联网技术、营造物联网扩散环境等 4 大领域、12 项详细课题。

1.3.2 物联网在国内的发展

中国科学院早在 1999 年就启动了传感网研究，组建了 2000 多人的团队，已投入数亿元，目前已拥有从材料、技术、器件、系统到网络的完整产业链。总体而言，在物联网这个全新产业中，我国的技术研发和产业化水平已经处于世界前列，掌握物联网世界话语权。当前，政府主导、产学研相结合共同推动发展的良好态势正在中国形成。

2009 年 8 月，温家宝总理视察中国科学院无锡高新微纳传感网工程技术研发中心时指出，“在传感网发展中，要早一点谋划未来，早点攻破核心技术”，江苏省委、省政府立即制定了“感知”中心建设的总体方案和产业规划，力争建成引领传感网技术发展和标准制定的物联网产业研究院。2009 年 8 月，中国移动总裁王建宙访台期间解释了物联网概念。

2009年，国家工业和信息化部李毅中部长在《科技日报》发表题为《我国工业和信息化发展的现状与展望》的署名文章，首次公开提及传感网络，并将其上升到战略性新兴产业的高度，指出信息技术的广泛渗透和高度应用将催生出一批新增长点。

2009年，"传感器网络标准工作组成立大会暨'感知'高峰论坛"在北京举行，标志着传感器网络标准工作组正式成立，工作组未来将积极开展传感网标准制订工作，深度参与国际标准化活动，旨在通过标准化为产业发展奠定坚实的技术基础。2009年11月，国务院总理温家宝在北京人民大会堂向北京科技界发表了题为《让科技引领可持续发展》的讲话，指出要将物联网并入信息网络发展的重要内容，并强调信息网络产业是世界经济复苏的重要驱动力。在《国家中长期科学与技术发展规划（2006—2020年）》和"新一代宽带移动无线通信网"重大专项中，均将传感网列入重点研究领域，已列入国家高技术研究发展计划（"863"计划）。

2009年11月，无锡市国家传感网创新示范区（传感信息中心）正式获得国家批准。该示范区规划面积20平方公里。根据规划，三年后，这一数字将增长近6倍。到2012年完成传感网示范基地建设，形成全市产业发展空间布局和功能定位，产业规模达到1000亿元，具有较大规模各类传感网企业500家以上，形成销售额10亿元以上的龙头企业5家以上，培育上市企业5家以上，到2015年，产业规模将达到2500亿元。按照国家传感网标准化工作组的规划，我国已在2011年正式向国家标准委员会提交传感网络标准制订方案。

目前，我国物联网产业、技术还处于概念和科研阶段，物联网整个产业模式还没有彻底形成，处于起步阶段，但物联网的发展趋势是令人振奋的，未来的产业空间是巨大的。

1.4 本章小结

本章主要讲述了物联网的概念、当前物联网的发展状况、物联网、互联网、泛在网、网络融合。先从物联网产生的背景引出物联网的概念，随后讲述了当前互联网和物联网的关系，不但讲述了物联网的发展方向（泛在网），还讲述了当前背景下，未来网络发展的总趋势——网络融合。希望读者通过本章能够对物联网有一个大致的了解。

参考文献

[1] 田景熙．物联网概论［M］．南京：东南大学出版社，2010.

[2] 张福生．物联网：开启全新生活的智能时代［M］．太原：山西人民出版社，2010.

[3] IBM商业价值研究院．智慧地球［M］．北京：东方出版社，2009.

[4]　张成海，张铎．物联网与产品电子代码（EPC）[M]．武汉：武汉大学出版社，2010.

[5]　朱晓荣，齐丽娜，孙君．物联网与泛在通信技术 [M]．北京：人民邮电出版社，2010.

[6]　Coetzee L. The Internet of things-promise for the future? An introduction [C]. IST-Africa Conference Proceedings，2011：1－9.

[7]　Tan Lu. Future Internet：the Internet of thing [C]．ICACTE，2010：376－380.

[8]　Zhou Qilou. Research prospect of Internet of things geography [C]. Geoinformatics，2011 19th International Conference on，2011：1－5.

第2章 支撑物联网的通信技术

本章在讨论了物联网概念的基础上，介绍计算机技术、通信技术、微电子技术的研究与发展，以及与物联网的关系。

2.1 计算机技术：物联网的计算工具

2.1.1 高性能计算、普适计算和云计算

2.1.1.1 计算机技术发展趋势：高性能、广泛应用和智能化

进入21世纪，计算机技术正在朝着高性能、广泛应用和智能化的方向发展[1]。

(1) 性能的提高

提高计算机的性能有两条途径：一是提高器件的速度，二是采用多CPU结构。我们过去使用的个人计算机286，386的CPU芯片工作频率只有十几兆赫兹。20世纪90年代初，集成电路的集成度已达到100万门以上，开始进入超大规模集成电路时期。随着精简指令集计算技术的成熟与普及，CPU性能年增长率由20世纪80年代的35%发展到90年代的60%。“奔腾”系列微处理器的主频已经达到吉赫兹量级。

提高计算机性能有三种基本方法：第一种方法是让一台计算机不是使用一个CPU；而是使用几百个或者几千个CPU。第二种方法是将成百上千台计算机通过网络互联起来，组成计算机集群；第三种方法是研究运算速度更快的量子计算机、生物计算机与光计算机。

(2) 应用广度的扩展

计算机技术发展的另一个方向是应用广度的扩展。近年来，随着互联网的广泛应用，使得计算机渗透到各个行业和社会生活的所有方面。网格计算、普适计算和云计算正是为了适应计算机应用的扩展而出现的新技术模式。

(3) 智能化程度的提升

计算机技术发展的第三个方向是朝着应用的深度与信息处理智能化方向发展。互联网的信息浩如烟海，怎样在海量信息中自动搜索出我们需要的信息，这是网络环境的智能搜索技术目前研究的热点课题。未来的计算机应该是朝着能够看懂人的手势、听懂人类语言的方向发展，使计算机具有智能是计算机科学研究的一个重要方向。

高性能计算、普适计算和云计算已经成为21世纪计算机技术研究的重要热点问题，

成为支撑物联网的重要计算工具。同时，科学家认为，现有的芯片制造方法在未来的10多年内达到极限，为此，世界各国研究人员正在加紧研究量子计算机、生物计算机与光计算机。

2.1.1.2 我国高性能计算研究与应用的发展

(1) 高性能计算研究的现状

高性能计算（High Performance Computing，简称HPC）又称为超级计算，是世界公认的高新技术制高点和21世纪最重要的科学领域之一。高性能计算机也称为超级计算机或巨型计算机。

世界各国纷纷投入巨资研制开发高性能计算机系统，以提升综合国力和科技竞争力。在国际高性能计算研究中，最有影响力的是“高性能计算机世界500强（HPC TOP 500）排行榜”。这份排名是根据被测试计算机运行LinpackFortran基准测试的结论得出的。LinpackFortran基准是在20世纪70年代创建的，目的是通过数值计算对所有类型和规模的计算机进行相对性能的测算。这个排行榜每年公布两次。第32届与第33届HPC TOP 500排名第一的都是IBM公司为美国能源部洛斯阿拉莫斯国家实验室研制的“走鹃”（Roadrunner）超级计算机。“走鹃”超级计算机的计算能力达到每秒1.1千万亿次，它使用了129600个处理器芯片。从第32届公布的HPC TOP 500名单中可以看出，美国占有291席，欧洲占有145席，亚洲仅占十几席。我国的“天河一号”高性能计算机排名第五，这是近年来我国科学家取得的最好成绩。2010年5月31日公布的最新HPC TOP 500名单中，由我国曙光公司研制生产的“星云”高性能计算机实测Linpack性能达到每秒1271千万亿次，居世界超级计算机第二位，它表明中国高性能计算机的发展已达到世界领先水平。

(2) “银河”“天河”超级计算机

经过几十年的不懈努力，我国计算机技术已取得很大的发展，“银河”“天河”“曙光”等高性能计算机技术的发展，使得我国继美国、日本、欧盟之后，成为具备研制千万亿次以上能力计算机的国家。

1983年12月22日，中国第一台每秒钟运算1亿次以上的“银河”巨型计算机由国防科技大学研制成功。它填补了国内巨型计算机的空白，标志着中国进入了世界研制巨型计算机的行列。

2009年国防科技大学研制成功了我国首台千万亿次超级计算系统“天河一号”，运算速度可以达到每秒1206千万亿次。“天河一号”作为我国“863”计划重大项目“千万亿次高效能计算机系统研制”课题成果，被安装在天津滨海新区国家超级计算天津中心，作为该中心的业务主机和中国国家网格计算主节点。“天河一号”配置了6144个通用处理器，5120个加速处理器，内存总容量为98TB，点—点通信带宽40Gbps，共享磁盘总容量为1PB。就计算量而言，“天河一号”计算机一天的计算量相当于一台配置Intel双核CPU、主频为2.5GHz的微机160年的计算量；就共享存储的总容量而言，“天河一号”的存储量相当于4个藏书量为2700万册的国家图书馆。图2-1所示为“天河一号”超级计算机及其应用的照片。

图 2-1 “天河一号”超级计算机照片

“天河一号”具有极为广泛的应用前景，主要的应用领域包括：石油勘探数据处理、生物医药研究、航空航天装备研制、资源勘测和卫星遥感数据处理、金融工程数据分析、气象预报和气候预测、海洋环境数值模拟、短临地震预报、新材料开发和设计、建筑工程设计、基础理论研究等。

（3）“曙光”超级计算机

“曙光”计算机公司是我国目前唯一的国产全系列高性能计算机生产厂商，迄今已推出“天演”“天阔”“天潮”三大系列多种型号的服务器和工作站。曙光公司推出的曙光 3000 计算机的运算速度达到每秒钟 4032 千亿次，曙光 4000 计算机的运算速度达到每秒钟 11 万亿次，曙光 5000 计算机的运算速度达到每秒钟 230 万亿次。计算速度超千万亿次的“星云”高性能计算机将被应用于科学计算、互联网智能搜索、基因测序等领域。图 2-2 所示为“曙光”计算机及其应用的照片。

图 2-2 “曙光”超级计算机

计算科学在我国国防建设、国民经济建设、前沿高技术和基础科学研究中，尤其在能源、地球环境科学和气象科学、航空航天、药物研制与生命科学、重大工程与装备研究领域有迫切的需求，是国家科技创新的主要研究手段之一，也是支撑物联网运行的重要计算工具与环境。

2.1.1.3　普适计算技术的研究与应用

（1）普适计算的基本概念

1991年，美国Xerox PAPC实验室的Mark Weiser在*Scientific American*上发表题目为*The Computer for the 21st Century*的文章，正式提出了普适计算的概念。1999年，欧洲研究团体ISTAG提出了环境智能的概念。环境智能与普适计算的概念类似，研究的方向也比较一致。

理解普适计算概念需要注意以下几个问题。

① 普适计算的重要特征是“无处不在”和“不可见”。“无处不在”是指随时随地访问信息的能力；“不可见”是指在物理环境中提供多个传感器、嵌入式设备、移动设备和其他任何一种有计算能力的设备可以在用户不觉察的情况下进行计算、通信，提供各种服务，以最大限度地减少用户的介入。

② 普适计算体现出信息空间与物理空间的融合。普适计算是一种建立在分布式计算、通信网络、移动计算、嵌入式系统、传感器等技术基础上的新型计算模式，它反映出人类对于信息服务需求的提高，具有随时、随地享受计算资源、信息资源与信息服务的能力，以实现人类生活的物理空间与计算机提供的信息空间的融合。

③ 普适计算的核心是“以人为本”，而不是以计算机为本。普适计算强调把计算机嵌入到环境与日常工具中去，让计算机本身从人们的视线中“消失”，从而将人们的注意力拉回到要完成的任务本身。人类活动是普适计算空间中实现信息空间与物理空间融合的纽带，而实现普适计算的关键是“智能”。

④ 普适计算的重点在于提供面向用户的、统一的、自适应的网络服务。普适计算的网络环境包括互联网、移动网络、电话网、电视网和各种无线网络；普适计算设备包括计算机、手机、传感器、汽车、家电等能够联网的设备；普适计算服务内容包括计算、管理、控制、信息浏览等。

（2）普适计算研究的主要问题

普适计算最终的目标是实现物理空间与信息空间的完全融合，这一点是和物联网非常相似的。因此，了解普适计算需要研究的问题，对于理解物联网的研究领域有很大帮助。要实现普适计算的目标，必须解决以下几个基本问题。

① 理论建模。普适计算是建立在多个研究领域基础上的全新计算模式，因此，它具有前所未有的复杂性与多样性。要解决普适计算系统的规划、设计、部署、评估，保证系统的可用性、可扩展性、可维护性与安全性，就必须研究适应于普适计算“无处不在”的时空特性、“自然透明”的人机交互特性的工作模型。

② 自然透明的人机交互。普适计算设计的核心是“以人为本”，这就意味着普适计

算系统对人具有自然和透明交互以及意识和感知能力。普适计算系统应该具有人机关系的和谐性、交互途径的隐含性、感知通道的多样性等特点。在普适计算环境中，交互方式从原来的用户必须面对计算机，扩展到用户生活的三维空间。交互方式要符合人的习惯，并且要尽可能地不分散人对工作本身的注意力。

③ 无缝的应用迁移。为了在普适计算环境中为用户提供“随时随地”的“透明的”数字化服务，必须解决无缝的应用迁移的问题。随着用户的移动，伴随发生的任务计算必须一方面保持持续进行，另一方面任务计算应该可以灵活、无干扰地移动。无缝的移动要在移动计算的基础上，着重从软件体系的角度去解决计算用户的移动所带来的软件流动问题。

④ 上下文感知。普适计算环境必须具有自适应、自配置、自进化能力，所提供的服务能够和谐地辅助人的工作，尽可能地减少对用户工作的干扰，减少用户对自己的行为方式和周围环境的关注，将注意力集中于工作本身。上下文感知计算就是要根据上下文的变化，自动地作出相应的改变和配置，为用户提供适合的服务。因此，普适计算系统必须能够知道整个物理环境、计算环境、用户状态的静止信息与动态信息，能够根据具体情况，采取上下文感知的方式，自主、自动地为用户提供透明的服务。因此，上下文感知是实现服务自主性、自发性与无缝的应用迁移的关键。

(3) 普适计算研究的发展

已经有很多学者开展了对普适计算的研究工作，研究的方向主要集中在以下几个方面。

① 理论模型。普适计算理论模型的研究目前主要集中在两个方面：层次结构模型和智能影子模型。层次结构模型主要参考计算机网络的开放系统互联参考模型，分为环境层、物理层、资源层、抽象层与意图层5层。也有的学者将模型的层次分为基件层、集成层与普适世界层3层。智能影子模型是借鉴物理场的概念，将普适计算环境中的每一个人都作为一个独立的场源，建立对应的体验场，对人与环境状态的变化进行描述。

从目前开展的研究情况看，普适计算模型研究的智能空间原型正在从开始相对封闭的一个房间，向诸如一个购物中心、一个车间的开放环境发展；从对一个人日常生活中每一件事、每一个行为的记录，朝大规模的个人数字化“记忆”方向发展。

② 自然人机交互。自然人机交互的研究主要集中在笔式交互、基于语音的交互、基于视觉的交互。研究涉及用户存在位置的判断、用户身份的识别、用户视线的跟踪，以及用户姿态、行为、表情的识别等问题。关于人机交互自然性与和谐性的研究也正在逐步深入。

③ 无缝的应用迁移。无缝的应用迁移的研究主要集中在服务自主发现、资源动态绑定、运行现场重构等方面。资源动态绑定包括资源直接移动、资源复制移动、资源远程引用、资源重新绑定等几种情况。

④ 上下文感知。上下文感知的研究主要集中在上下文获取、上下文建模、上下文存储和管理、上下文推理等方面。在这些问题之中，上下文正确地获取是基础。传感器具

有分布性、异构性、多态性，这使得如何采用一种方式去获取多种传感器数据变得比较困难。目前，RFID已经成为上下文感知中最重要的手段，智能手机作为普适计算的一种重要的终端，发挥着越来越重要的作用。

⑤ 安全性。普适计算安全性研究是刚刚开展的研究领域。为了提供智能化、透明的个性化服务，普适计算必须收集大量的与人活动相关的上下文。在普适计算环境中，个人信息与环境信息高度结合，智能数据感知设备所采集的数据包括环境与人的信息。人的所作所为，甚至个人感觉、感情都会被数字化之后再存储起来。这就使得普适计算中的隐私和信息安全变得越来越重要，也越来越困难。为了适应普适计算环境隐私保护框架的建立，研究人员提出了6条指导意见：声明原则、可选择原则、匿名或假名机制、位置关系原则、增加安全性和追索机制。为了适应普适计算环境中隐私保护问题，欧盟甚至还特别制定了欧洲隐式计算机的隐私设计指导方针。

Mark Weiser认为，普适计算的思想就是使计算机技术从用户的意识中彻底“消失”。在物理世界中，结合计算处理能力与控制能力，将人与人、人与机器、机器与机器的交互最终统一为人与自然的交互，达到“环境智能化”的境界。因此，可以看出：普适计算与物联网从设计目标到工作模式都有很多相似之处，因此，普适计算的研究领域、研究课题、研究方法与研究成果对于物联网技术的研究有着重要的借鉴作用。

2.1.1.4 云计算技术的研究与应用

(1) 云计算技术的特点

云计算（cloud computing）是支撑物联网的重要计算环境之一。因此，了解云计算的基本概念，对于理解物联网的工作原理和实现方法具有重要的意义。了解云计算的基本概念时，需要注意云计算有以下几个主要特点[2]。

① 云计算是一种新的计算模式。云计算是一种基于互联网的计算模式，它将计算、数据、应用等资源作为服务通过互联网提供给用户。在云计算环境中，用户不需要了解“云”中基础设施的细节，不必具备相应的专业知识，也无需直接进行控制，而只需要关注自己真正需要什么样的资源，以及如何通过网络来得到相应的服务。图2-3给出了云计算工作模式的示意图。

② 云计算是互联网计算模式的商业实现方式。提供资源的网络被称为“云”。在互联网中，成千上万台计算机和服务器被连接到专业网络公司搭建的能进行存储、计算的数据中心形成“云”。“云”可以理解成互联网中的计算机群，这个群可以包括几万台乃至上百万台计算机。“云”中的资源在使用者看来是可以无限扩展的。用户可以通过台式个人计算机、笔记本、手机和互联网接入到数据中心，可以随时获取、实时使用、按照需扩展计算和存储资源，按照实际使用的资源付费。目前，微软、雅虎、亚马逊（Amazon）等公司正在建设这样的“云”。

③ 云计算的优点是安全、方便，共享的资源可以按需扩展[3]。云计算提供了可靠、安全的数据存储中心，用户可以不用再担心数据丢失、病毒入侵。这种使用方式对于用户端的设备要求很低。用户可以使用一台普通的个人计算机，也可以使用一部手机，就

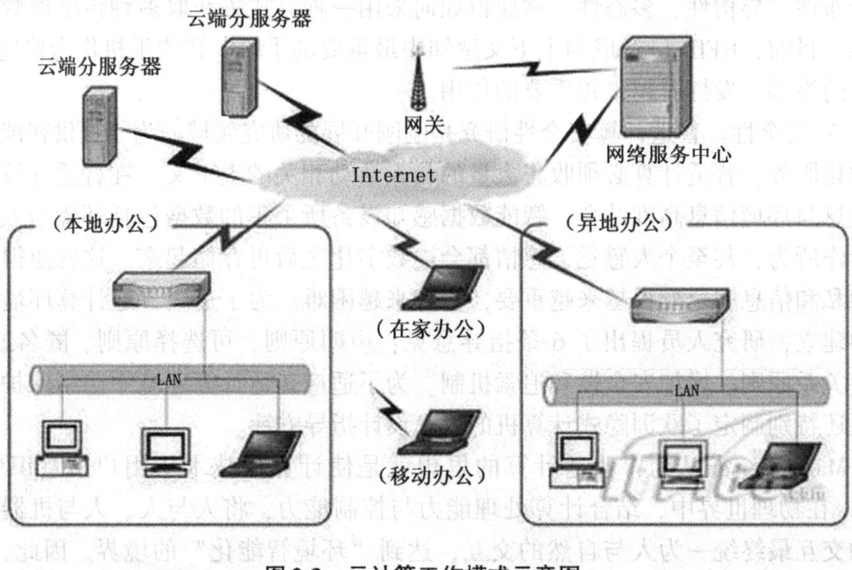

图 2-3　云计算工作模式示意图

能够完成用户需要的访问与计算。

④ 云计算更适合于中小企业和低端用户。由于用户可以根据自己的需要，按需使用云计算中的存储与计算资源，因此，云计算模式更适用于中小企业，可以降低中小企业的产品设计、生产管理、电子商务的成本。苹果公司推出的平板计算机 iPad 的关键功能全都聚焦在互联网上，包括浏览网页、收发电子邮件、观赏影片照片、听音乐和玩游戏。当有人质疑 iPad 的存储容量太小时，苹果公司的回答是：当一切都可以在云计算中完成时，硬件的存储空间早已不是重点。

⑤ 云计算体现了软件即服务的理念[4]。软件即服务是 21 世纪开始兴起的、基于互联网的软件应用模式，而云计算恰恰体现了软件即服务的理念。云计算通过浏览器把程序传给成千上万的用户。从用户的角度来看，他们将省去在服务器和软件购买授权方面的开支。从供应商的角度来看，这样只需要维持一个程序就可以了，从而降低了运营成本。云计算可以将开发环境作为一种服务向用户提供，使得用户能够开发出更多的互联网应用程序。

（2）云计算与网格计算的区别

在讨论云计算时，一般会想到云计算与网格计算区别的问题。网格计算出现于 20 世纪 90 年代，它是伴随着互联网应用的发展而出现的一种专门针对复杂科学计算的新型计算模式。这种计算模式利用互联网，将分散在不同地理位置的计算机组织成一台“虚拟的超级计算机”，其中每一个参与计算的计算机就是一个“节点”，而成千上万个节点就形成了一个“网格”。这种“虚拟的超级计算机”的特点是：计算能力强，并能够充分地利用互联网上空闲的计算资源。网格计算是超级计算机与计算机集群的延伸，它的应用主要是针对大型、复杂的科学计算问题，例如，DNA 等生物信息学的计算问题。这一点是网格计算与云计算的主要区别。

高性能计算、普适计算、云计算与物联网、智慧地球成为 21 世纪研究与发展的重点，它们将计算变为一种公共设施，以服务租用的模式向用户提供服务，这些理念摆脱了传统自建信息系统的习惯模式。未来的网络应用，从手机、GPS 等移动装置，到搜索引擎、网络信箱等基本的网络服务，以及数字地球中大数据量的分析、大型物流的跟踪与规划、大型工程设计都可以通过云计算环境实现。高性能计算、普适计算与云计算将成为物联网重要的计算环境。

2.1.2　数据库与数据仓库技术的演变与发展

物联网需要通过大量的传感器采集、存储和处理海量的数据，如何经济、合理、安全地存储数据是实现物联网应用系统的一个富有挑战性的课题。数据库与数据仓库技术是支撑物联网应用系统的重要工具。了解数据库技术的发展，对于理解物联网系统的基本工作原理是有益的。

(1) 数据库技术的发展

数据库技术经过 30 余年的研究与发展，已经形成了较为完整的理论体系和应用技术。目前，传统的数据库技术与其他相关技术结合，已经出现了许多新型的数据库系统，如面向对象数据库、分布式数据库、多媒体数据库、并行数据库、演绎数据库、主动数据库、工程数据库、时态数据库、工作流数据库、模糊数据库和数据仓库等，形成了许多数据库技术新的分支和新的应用。

① 面向对象数据库。它采用面向对象数据模型，是面向对象技术与传统数据库技术相结合的产物。面向对象数据模型能够完整地描述现实世界的数据结构，具有丰富的表达能力。目前，在许多关系数据库系统中，已经引入并具备了面向对象数据库系统的某些特性。

② 分布式数据库。它是传统数据库技术与网络技术相结合的产物。一个分布式数据库是物理上分散在计算机网络各节点上，但在逻辑上属于同一系统的数据集合。它具有局部自治与全局共享性、数据的冗余性、数据的独立性、系统的透明性等特点。分布式数据库管理系统支持分布式数据库的建立、使用与维护，负责实现局部数据管理、数据通信、分布式数据管理和数据字典管理等功能。分布式数据库在物联网系统中将有广泛的应用前景。

③ 多媒体数据库。它是传统数据库技术与多媒体技术相结合的产物，是以数据库的方式存储计算机中的文字、图形、图像、音频和视频等多媒体信息。多媒体数据库管理系统是一个支持多媒体数据库的建立、使用与维护的软件系统，负责实现对多媒体对象的存储、处理、检索和输出等功能。多媒体数据库研究的主要内容包括多媒体的数据模型、多媒体数据库管理系统的体系结构、多媒体数据的存取与组织技术、多媒体查询语音、多媒体数据库的同步控制和多媒体数据压缩技术。

④ 并行数据库。它是传统数据库技术与并行技术相结合的产物，它在并行体系结构

的支持下，实现数据库操作处理的并行化，以提高数据库的效率。超级并行机的发展推动了并行数据库技术的发展。并行数据库的设计目标是提高大型数据库系统的查询与处理效率，而提高效率的途径不仅是依靠软件手段，更重要的是依靠硬件的多 CPU 的并行操作来实现。并行数据库技术主要研究的内容包括：并行数据库体系结构、并行数据库机、并行操作算法、并行查询优化、并行数据库的物理设计、并行数据库的数据加载和再组织技术问题。

⑤ 演绎数据库。它是传统数据库技术与逻辑理论相结合的产物，是指具有演绎推理能力的数据库。通常，它用一个数据库管理系统和一个规则管理系统来实现。将推理用的事实数据存放在数据库中，称为外延数据库；用逻辑规则定义要导出的事实，称为内涵数据库。演绎数据库关键要研究如何有效地计算逻辑规则推理。演绎数据库技术主要研究内容包括：逻辑理论、逻辑语言、递归查询处理与优化算法、演绎数据库体系结构等。演绎数据库系统不仅可应用于事务处理等传统的数据库应用领域，而且将在科学研究、工程设计、信息管理和决策支持中表现出优势。

⑥ 主动数据库。它是相对于传统数据库的被动性而言的，它是数据库技术与人工智能技术相结合的产物。传统数据库及其管理系统是一个被动的系统，它只能被动地按照用户所给出的明确请求，执行相应的数据库操作，完成某个应用事务。而主动数据库则打破了常规，它除了具有传统数据库的被动服务功能之外，还提供主动服务功能。这是因为在许多实际应用领域，如计算机集成制造系统、管理信息系统、办公自动化系统中，往往需要数据库系统在某种情况下能够根据当前状态主动地作出反应，执行某些操作，向用户提供所需的信息。主动数据库的目标是提供对紧急情况及时反应的功能，同时又提高数据库管理系统的模块化程度。实现该目标的基本方法是采取在传统数据库系统中嵌入“事件—条件—动作”的规则。当某一事件发生后，引发数据库系统去检测数据库当前状态是否满足所设定的条件，若条件满足，则触发规定动作的执行。主动数据库研究的问题主要包括：主动数据库中的知识模型、执行模型、事件监测和条件检测方法、事务调度、安全性和可靠性、体系结构和系统效率。

（2）数据仓库、数据集市与数据挖掘技术

数据仓库这个术语是比尔·恩门（Bill Inmon）在 1991 年出版的 *Building the Data Warehouse* 一书中所提出和定义的。目前，工商企业、科研机构、政府部门都已积累了海量的、以不同形式存储的数据，要从中发现有价值的信息、规律、模式或知识，达到为决策服务的目的，已成为十分艰巨的任务。数据仓库是一个在企业管理和决策中面向主题的、集成的、相对稳定的、动态更新的数据集合。应用数据仓库技术使系统能够面向复杂数据分析、高层决策支持，提供来自不同的应用系统的集成化数据和历史数据，为决策者进行全局范围内的战略决策和长期趋势分析提供有效的支持。

数据仓库采用全新的数据组织方式，对大量的原始数据进行采集、转换、加工，并按照主题进行重组，提取有用的信息。数据仓库系统需提供工具层，包括联机分析处理工具、预测分析工具和数据挖掘工具。

数据挖掘技术是人们长期对数据库技术进行研究和开发的成果。起初各种商业数据是存储在计算机的数据库中的，然后发展到可对数据库进行查询和访问，进而发展到对数据库的即时遍历。数据挖掘使数据库技术进入了一个更高级的阶段，它不仅能对过去的数据进行查询和遍历，并且能够找出过去数据之间的潜在联系，从而促进信息的传递。随着海量数据搜集、大型并行计算机与数据挖掘算法的日趋成熟，数据仓库和数据挖掘的研究与应用已经成为当前计算机应用领域一个重要的方向。

并行数据库、演绎数据库、主动数据库、数据仓库与数据集市技术已经进入了普适计算研究的范围，其研究成果对于物联网的应用有着重要的借鉴作用。

2.1.3　人工智能技术的研究与发展

物联网从物—物相连开始，最终要达到智慧地感知世界的目的，而人工智能就是实现智慧物联网最终目标的技术。

2.1.3.1　人工智能的基本概念

人工智能是计算机科学、控制论、信息论、神经生理学、心理学、语言学等多种学科高度发展、紧密结合、互相渗透而发展起来的一门交叉学科，其诞生的时间可以追溯到 20 世纪 50 年代中期。人工智能研究的目标是：如何使计算机能够学会运用知识，像人类一样完成富有智能的工作。

2.1.3.2　人工智能技术的研究与应用

人工智能技术的研究与应用主要集中在以下几个方面。

(1) 自然语言理解

自然语言理解的研究开始于 20 世纪 60 年代初，它是研究用计算机模拟人的语言交互过程，使计算机能理解和运用人类社会的自然语言（如汉语、英语等），实现人机之间通过自然语言的通信，以帮助人类查询资料、解答问题、摘录文献、汇编资料，以及一切有关自然语言信息的加工处理。自然语言理解的研究涉及计算机科学、语言学、心理学、逻辑学、声学、数学等学科。自然语言理解分为语音理解和书面语言理解两个方面。

语音理解是用口语语音输入，使计算机“听懂”人类的语言，用文字或语音合成方式输出应答。由于理解自然语言涉及对上下文背景知识的处理，同时需要根据这些知识进行一定的推理，因此，实现功能较强的语音理解系统仍是一个比较艰巨的任务。目前人工智能研究中，在理解有限范围的自然语言对话和理解用自然语言表达的小段文章或故事方面的软件已经取得了较大进展。

书面语言理解是将文字输入到计算机，使计算机“看懂”文字符号，并用文字输出应答。书面语言理解又叫做光学字符识别技术。光学字符识别技术是指用扫描仪等电子设备获取纸上打印的字符，通过检测和字符比对的方法，翻译并显示在计算机屏幕上。书面语言理解的对象可以是印刷体或手写体。目前，已经进入广泛应用的阶段，包括手机在内的很多电子设备都成功地使用了光学字符识别技术。

(2) 数据库的智能检索

数据库系统是存储某个学科大量事实的计算机系统。随着应用的进一步发展，存储信息量越来越庞大，因此，解决智能检索的问题便具有实际意义。将人工智能技术与数据库技术结合起来，建立演绎推理机制，变传统的深度优先搜索为启发式搜索，从而有效地提高了系统的效率，实现数据库智能检索。智能信息检索系统应具有如下功能：能理解自然语言，允许用自然语言提出各种询问；具有推理能力，能根据存储的事实，演绎出所需的答案；系统拥有一定的常识性知识，以补充学科范围的专业知识，系统根据这些常识，将能演绎出更一般询问的一些答案。

(3) 专家系统

专家系统是人工智能中最重要的也是最活跃的一个应用领域，它实现了人工智能从理论研究走向实际应用，从一般推理策略探讨转向运用专门知识的重大突破。专家系统是一个智能计算机程序系统，该系统存储大量的、按照某种格式表示的特定领域专家知识构成的知识库，并且具有类似于专家解决实际问题的推理机制，能够利用人类专家的知识和解决问题的方法，模拟人类专家来处理该领域问题。同时，专家系统应该具有自学习能力。

专家系统的开发和研究是人工智能研究中面向实际应用的课题，受到极大的重视，已经开发的系统涉及医疗、地质、气象、交通、教育、军事等领域。目前，专家系统主要采用基于规则的演绎技术，开发专家系统的关键问题是知识表示、应用和获取技术，困难在于许多领域中专家的知识往往是琐碎的、不精确的或不确定的，因此，目前研究仍集中在这一核心课题上。此外，对专家系统开发工具的研制发展也很迅速，这对扩大专家系统的应用范围，加快专家系统的开发过程，起到了积极的作用。

(4) 定理证明

把证明数学定理和日常生活中的演绎推理变成一系列能在计算机上自动实现的符号演算的过程和技术，称为机器定理证明和自动演绎。机器定理证明是人工智能的重要研究领域，它的成果可应用于问题求解、程序验证和自动程序设计等方面。数学定理证明的过程尽管每一步都很严格，但决定采取什么样的证明步骤，却依赖于经验、直觉、想象力和洞察力，需要人的智能。因此，数学定理的机器证明和其他类型的问题求解，就成为人工智能研究的起点。

(5) 博　弈

计算机博弈（或机器博弈）就是让计算机学会人类的思考过程，能够像人一样下棋。计算机博弈有两种方式：一是计算机和计算机之间对抗，二是计算机和人之间对抗。

在20世纪60年代就出现了西洋跳棋和国际象棋的程序，并达到了大师级的水平。进入20世纪90年代后，IBM公司以其雄厚的硬件基础，支持开发后来被称为“深蓝”的国际象棋系统，并为此开发了专用的芯片，以提高计算机的搜索速度。IBM公司负责“深蓝”研制开发项目的是两位华裔科学家谭崇仁博士和许峰雄博士。1996年2月，与国际象棋世界冠军卡斯帕罗夫进行了第一次比赛，经过6个回合的比赛之后，“深蓝”以2比4告负。

博弈问题也为搜索策略、机器学习等问题的研究提供了很好的实际应用背景，它所产生的概念和方法对人工智能其他问题的研究也有重要的借鉴意义。

(6) 自动程序设计

自动程序设计是指采用自动化手段进行程序设计的技术和过程，也是实现软件自动化的技术。研究自动程序设计的目的是提高软件生产效率和软件产品质量。

自动程序设计的任务是设计一个程序系统，它接受关于所设计的程序要求实现某个目标的非常高级的描述作为其输入，然后自动生成一个能完成这个目标的具体程序。自动程序设计具有多种含义。按照广义的理解，自动程序设计是尽可能地借助计算机系统，特别是自动程序设计系统完成软件开发的过程。软件开发是指从问题的描述、软件功能说明、设计说明，到可执行的程序代码生成、调试、交付使用的全过程。按照狭义的理解，自动程序设计是从形式的软件功能规格说明到可执行的程序代码这一过程的自动化。因而，自动程序设计所涉及的基本问题与定理证明和机器人学有关，要用到人工智能的方法来实现，它也是软件工程和人工智能相结合的课题。

(7) 组合调度问题

许多实际问题都属于确定最佳调度或最佳组合的问题，例如，互联网中的路由优化问题，物流公司要为物流确定一条最短的运输路线。这类问题的实质是对由几个节点组成的一个图的各条边，寻找一条最小耗费的路径，使得这条路径只对每一个节点经过一次。在大多数这类问题中，随着求解节点规模的增大，求解程序面临的困难程度按照指数方式增长。人工智能研究者研究过多种组合调度方法，使“时间—问题大小”曲线的变化尽可能缓慢，为很多类似的路径优化问题找出最佳的解决方法。

(8) 感知问题

视觉与听觉都是感知问题。计算机对摄像机输入的视频信息和话筒输入的声音信息进行处理的最有效方法应该建立在“理解”能力基础上，使得计算机具有视觉和听觉。视觉是感知问题之一。机器视觉的前沿研究领域包括实时并行处理、主动式定性视觉、动态和时变视觉、三维景物的建模与识别、实时图像压缩传输和复原、多光谱和彩色图像的处理与解释等。机器视觉已在机器人装配、卫星图像处理、工业过程监控、飞行器跟踪和制导、电视实况转播等领域获得极为广泛的应用。

2.1.4 多媒体技术的研究与发展

人类社会文明的重要标志是人类具有丰富的信息交流手段，也是物联网感知世界的重要手段之一。从人类信息交流的历史看，最初出现的应该是声音与语言，包括形体语言。然后出现了文字与图形。在现代文明中，照相机、摄像机使得静止的图像与视频图像成为人类交流的新的有效的形式。尽管人类获取信息的80%来自视觉，但是能够同时利用人的视觉、听觉、触觉，使得信息的获取变得更加便捷与丰富，这是人类共同的要求，也体现出多媒体技术产生的社会价值。

2.1.4.1 多媒体技术研究的背景

多媒体技术是一门综合的新技术，它是计算机技术、微电子技术与通信技术高度发展和紧密结合的产物。20 世纪 90 年代，个人计算机运算能力、存储能力的快速提高与 3D 软件的成熟，互联网技术的广泛应用，以及微电子技术的发展，使得一大批高清晰度电视、高保真度音响、高性能录像机、摄像机、照相机、光盘播放机、投影仪产品纷纷推出，促进了这些技术的交叉融合，也是多媒体技术产生与快速发展的推动力。

2.1.4.2 多媒体技术的主要特点

Lippincott 与 Robinson 将多媒体技术的主要特征总结为以下两点。

① 多媒体技术是计算机以交互方式综合处理文字、声音、图形、图像等多种媒体，使多种媒体之间建立起内在的逻辑连接。

② 多媒体技术具有集成性、实时性与交互性的特点。

多媒体技术的集成性表现在两个方面。一方面表现在多媒体信息是声音、文字、图形、图像与视频的集成，另一方面表现在多媒体系统是计算机与电视机、音响、录音机、摄像机、照相机、激光唱机、投影仪等设备的集成。

多媒体技术的实时性是指多媒体系统必须具备对存在内在关联的声音、文字、图形、图像与视频信息有实时、同步的处理和显示能力。如果我们在多媒体计算机上看一个视频节目，我们不希望先听到演员说话的声音，延迟几秒钟之后才看到演员的嘴在动，这样我们会感到很不舒服。正常的多媒体视频节目中，声音、图像与文字的变化应该是严格同步的。

多媒体技术的交互性是指用户不是简单、被动地观看，而是能够介入到媒体信息的处理过程之中。和我们在电视机中看一场赛车表演不同，如果我们面对屏幕玩一个多媒体的驾驶赛车游戏，我们的每一个操作动作，赛车都必须在模拟的环境中“身临其境”地表现出来。失去了交互性，就失去了多媒体技术存在的价值。

2.1.4.3 多媒体技术研究的主要内容

多媒体技术研究的内容主要包括以下几个方面。

(1) 多媒体数据压缩、解压算法与标准

由于多媒体技术的推广必须有计算机、电子、通信、影视等多个行业的通力合作，因此，多媒体技术的标准化问题尤为突出。影响多媒体产品生产与应用的核心问题是多媒体数据的压缩编码与解码算法。

在多媒体计算机系统中，由于数字化的图像与视频需要占用大量的存储空间，因此，高效的压缩、解压算法是多媒体计算机系统运行的关键。目前，多媒体计算机采用的是 ISO 与 ITU 联合制定的数字化图像压缩国际标准。数字化图像压缩国际标准主要有用于静态压缩的 JPEG 标准、适合运动图像压缩的 MPEG 标准。

如何选择与执行多媒体数据压缩、解压算法和标准是设计、开发一个多媒体计算机系统的关键。

（2）多媒体计算机硬件平台

多媒体计算机系统的运行硬件平台包括主板、CPU、内存、硬盘、光驱、音频卡、视频卡、音像输入与输出设备，因此，设计多媒体计算机系统的一个重要问题是如何选择运行系统的硬件配置。

1990年，在微软公司召开的多媒体开发工作者会议上，提出了第一个关于多媒体计算机性能的标准（MPC 1.0）；1993年，在IBM，Intel等数十家公司组成的多媒体个人计算机市场协会MPMC提出了MPC 2.0标准；1995年，MPMC又提出了MPC 3.0标准。MPC标准对于多媒体个人计算机的内存、CPU、磁盘类型、CD-ROM规格、音频设备规格、图形卡规格、视频播放要求、用户接口、I/O接口和操作系统软件版本都作出了明确的规定。

（3）多媒体计算机软件平台

多媒体计算机软件平台以操作系统为基础。多媒体计算机操作系统可以有两种类型：一类是专门为多媒体应用设计的操作系统，如Amiga DOS，CD RTOS，NEXT Step等；另一类是在原有的操作系统上，扩展一个支持音频与视频处理的多媒体软件模块及相关的工具。大部分软件公司都采取第二种方法。

（4）多媒体数据存储技术

由于多媒体数据的存储量很大，因此，选取高效、快速的存储部件是设计多媒体计算机系统的重要工作之一。光盘是目前应用最多的存储设备，它包括只读光盘、一次写多次读光盘和可擦写光盘。

（5）多媒体开发与编程工具

为了方便用户编程开发多媒体应用系统，一般需要在多媒体操作系统之上，提供丰富的多媒体开发工具，如Microsoft MDK为用户提供了对图形、视频、声音等文件进行转化和编辑的工具。同时，为了方便多媒体节目的开发，多媒体计算机还需要提供一些可视化的动画制作软件与多媒体节目编辑软件。

（6）多媒体数据库与基于内容的搜索技术

和传统的数据库相比，多媒体数据库包含的数据类型除文本之外，还包含声音、图形、图像与视频等数据，并且数据之间的关系复杂，需要一种更有效的多媒体数据管理系统与工具。同时，由于声音、图形、图像与视频属于非格式化的数据，因此，对于多媒体信息的检索要比对传统的管理结构化的文本与数据的数据库管理系统的检索复杂得多。对于多媒体信息的检索往往需要根据媒体中表达的情节内容进行检索，这就需要研究基于内容的信息检索方法。基于内容的信息检索一般采用近似的匹配技术，通过人机交互的方式逐步求精，逐步缩小搜索结果的范围，最终定位到查找的目标。

（7）超文本与Web技术

超文本是一种有效的管理多媒体信息的方法，它采用一种联想的、网状结构的方法来组织块状信息；超媒体能够有效地将文本与声音、图形、图像及视频结合在一起，符合多媒体对于多种类型数据的实时处理的需求，因此，是多媒体网络应用研究中一个重要的概念与工具。

(8) 网络多媒体与分布式多媒体系统

多媒体技术与网络技术的结合产生了很多重要的应用领域，如可视电话、网络电视会议、网络视频点播、手机视频、网络教育、网络医疗等。ITU 推荐的面向可视电话与电视会议的视频压缩算法标准主要有 H. 262，H. 263 等。目前，网络多媒体与分布式多媒体系统是多媒体应用研究的一个热点领域。

2.1.4.4 多媒体技术的应用

多媒体技术的应用几乎覆盖了计算机应用的各个领域，涉及人类生活、学习、医疗、娱乐等，已经引起产业界的高度重视。多媒体应用主要包括以下几个方面。

(1) 教学与培训

利用多媒体技术开展教学与培训工作，寓教于乐，内容直观、生动，能够有效地提高教学和培训的质量。目前，多媒体技术已经被广泛地应用于教学与培训过程之中。

(2) 娱乐与游戏

网络视频点播、动漫与网络游戏已经成为互联网应用的重要领域之一。网络游戏属于电子游戏的范畴，它是电子游戏借助于互联网技术发展出来的。自 1971 年第一台街机游戏机诞生于 MIT 以来，以电子游戏为代表的数字娱乐业已经从当初的一种边缘性的娱乐方式，日益成为目前全球性的一种主流方式。随着多媒体技术的发展，基于互联网的网络视频点播、动漫与网络游戏已经形成了有一定规模的产业。

(3) 电视会议系统与网络电话

随着多媒体通信与视频图像传输数字化技术的进展，计算机网络与多媒体技术的结合产生的电视会议系统已经被广泛地应用于电子政务、国际学术会议等领域。网络电话已经从固定电话业务转移到移动网络电话业务，已经成为新的产业经济增长点。

(4) 计算机协同工作

多媒体技术与分布式计算技术的结合，使得位于网络不同位置的科研实验室、医院手术室、设计中心的科学家、医生、工程师，能够利用多媒体系统开展合作研究、异地手术会诊与联合设计工作。

从以上讨论可以看出，多媒体技术可以使物联网感知世界，表现感知结果的手段更丰富、更形象、更直观，因此，多媒体技术在未来的物联网中一定会得到广泛的应用。

2.1.5 虚拟现实技术的研究与发展

虚拟现实技术极大地扩展了人类感知世界的能力，也是支撑物联网的基础性技术，了解虚拟现实技术，对于理解物联网感知中国与世界的能力是非常有益的。

2.1.5.1 虚拟现实的基本概念

虚拟现实是计算机图形学、仿真技术、多媒体技术、人工智能技术、计算机网络技术、并行处理技术和多传感器技术相结合的产物。虚拟现实技术模拟人的视觉、听觉、触觉等感官功能，通过专用软件和硬件，对图像、声音、动画等进行整合，将三维的现实环境和物体模拟成二维形式表现的虚拟境界，再由数字媒体作为载体传播给观察者。观察者可以选择任一角度，观看任一范围内的场景或物体，使人能够沉浸在计算机生成的虚拟境界中，并能够通过语言、手势等自然的方式与之进行实时交互，就好像身临其境一样。虚拟现实技术最重要的特点是交互性和实时性。它能够突破空间、时间和其他客观限制，感受到真实世界中无法亲身经历的体验，给人们带来一个全新的视野。

“虚拟”与“现实”是两个不同含义的词，但是科学技术的发展却赋予它全新的含义。最早提出虚拟现实概念的学者 J. Laniar 解释说：虚拟现实是用计算机合成的人工世界。生成虚拟现实需要解决以下三个主要问题。

① 以假乱真的境界：如何使观察者产生与现实环境一样的视觉、触觉和听觉。

② 互动性：如何产生与观察者动作相一致的现实感。

③ 实时性：如何形成随着时间推移的现实感。

人在真实世界中是通过眼、耳、手、鼻等器官来实现视觉、听觉、触觉、嗅觉等功能的。人们通过视觉观看到色彩斑斓的外部环境，通过听觉感知丰富多彩的声音世界，通过触觉了解物体的形状和特性，通过嗅觉知道周围的气味。总之，通过各种各样的感觉，使我们能够同客观真实世界交互，浸沉于真实的环境中。人从外界获得的信息，有80% ~90% 来自视觉。因此，在虚拟环境中，实现和真实环境中一样的视觉感受，对于获得逼真感、浸入感至关重要。在虚拟现实中和通常图像显示不同的是，要求显示的图像要随着观察者眼睛位置的变化而变化。此外，要求能快速生成图像，以获得实时感。制作动画时不要求实时，为了保证质量，每幅画面需要多长时间生成不受限制。而虚拟现实中生成的画面通常为 30 帧/秒。有了这样的图像生成能力，再配以适当的音响效果，就可以使人有身临其境的感受。

2.1.5.2 虚拟现实技术研究的基本方法

虚拟现实是多种技术的综合，其关键技术和研究的主要内容包括以下几个方面。

① 环境建模技术：虚拟环境建立的目的是获取实际三维环境的三维数据，必须根据应用的需要，利用获取的三维数据，建立相应的虚拟环境的模型与技术。

② 立体声合成和立体显示技术：在虚拟现实系统中，必须解决声音的方向与用户头部运动的相关性问题，以及在复杂的场景中实时生成立体图形的问题。

③ 触觉反馈技术：在虚拟现实系统中，必须解决用户能够直接操作虚拟物体，并感觉到虚拟物体的反作用力，从而产生身临其境的感觉的问题。

④ 交互技术：虚拟现实中的人机交互远远超出了键盘和鼠标的传统模式，需要设计数字头盔、数字手套等复杂的传感器设备，解决三维交互技术与语音识别、语音输入技术等人机交互的手段问题。

⑤ 系统集成技术：由于虚拟现实系统中包括大量的感知信息和模型，因此，必须解决将信息同步、数据转换、信息识别和合成技术集成在一个系统之中，创造协同工作平台的问题。

图 2-4 所示是虚拟现实系统的主要设备的照片。虚拟现实系统的核心设备是称为图形工作站的计算机，目前应用最广泛的是 SGI，Sun 等生产厂商生产的专用工作站。图像显示设备是用于产生立体视觉效果的关键外围设备，目前常见的产品包括视频眼镜、三维投影仪和头盔显示器。其中，高档的头盔显示器在屏蔽现实世界的同时，提供高分辨率、大视场角的虚拟场景，并带有立体声耳机，可以使人产生强烈的浸入感。其他外围设备主要用于实现与虚拟现实的交互功能，包括数据手套、三维鼠标、运动跟踪器、力反馈装置、语音识别与合成系统等。

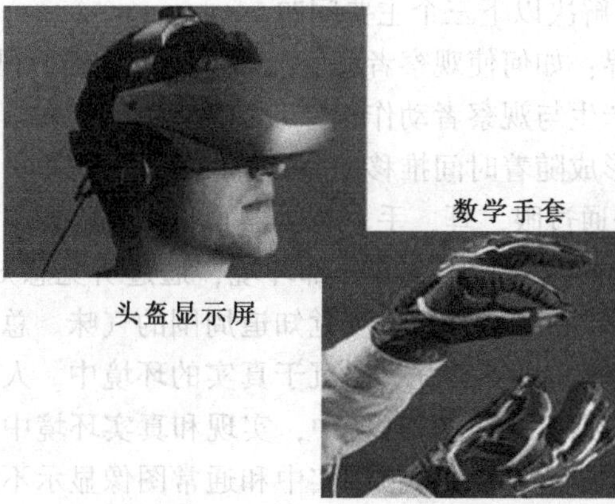

图 2-4　虚拟现实系统的主要设备

2.1.5.3　虚拟现实技术的应用

虚拟现实技术构造当前不存在的环境有三种情况：人们可以达到的合理的虚拟现实环境，人们不可能达到的夸张的虚拟现实环境，以及纯粹虚构的梦幻环境。那么人们就可以根据不同的三种虚拟现实环境的特点，找到虚拟现实技术应用的不同领域。显然，人们可以达到的合理的虚拟现实环境可以用于场景展示与训练，人们不可能达到的夸张的环境及纯粹虚构的梦幻环境可以用于游戏、科幻影片制作。虚拟现实技术最初被用于军事和航空航天领域，但近年来，已经被广泛地应用于工业、建筑设计、教育培训、文化娱乐等各个方面，它正在改变着我们的生活。

（1）虚拟现实技术在军事上的应用

在军事上，利用虚拟现实技术模拟战争过程已成为最先进的、多快好省的研究战争和培训指挥员的方法。例如，可以将某地区的自然环境数据和对方的各种数据输入计算机，利用虚拟现实技术模拟各种作战方案的效果。

（2）虚拟现实技术在航空航天、汽车、航海领域的应用

虚拟现实技术可以使人们浸入到的合理的虚拟现实环境之中，这个特点可以用于航天员、飞机驾驶员、汽车驾驶员与航海轮船驾驶员的训练上（如图 2-5 所示）。早在 20 世纪 70 年代虚拟现实技术便被用于培训飞行员。它通过人机交互手段使受训人员可以观察驾驶舱屏幕，通过驾驶盘、操纵杆等传感系统来控制飞机的起飞、降落，犹如置身

真实世界。在机舱中看到的是计算机模拟的向后飞驶的逼真的机场环境、各种各样的仪表和指示灯，听到的是计算机模拟的机舱环境声，感觉到的则是计算机模拟的机舱相对于跑道的运动，以及对驾驶盘、操纵杆所具有的真实触觉。通过视觉、听觉、触觉等感觉器官的功能，把人带入一个虚拟现实环境，使人感到仿佛走进了一个真实的世界。利用计算机生成的虚拟环境可以是具体或抽象的三维世界，通过与虚拟环境进行交互作用，即能实时地操纵和改变这种环境。由于这是一种省钱、安全、有效的培训方法，现在已被推广到各个行业的培训中，也必将在未来的物联网中有广泛的应用。

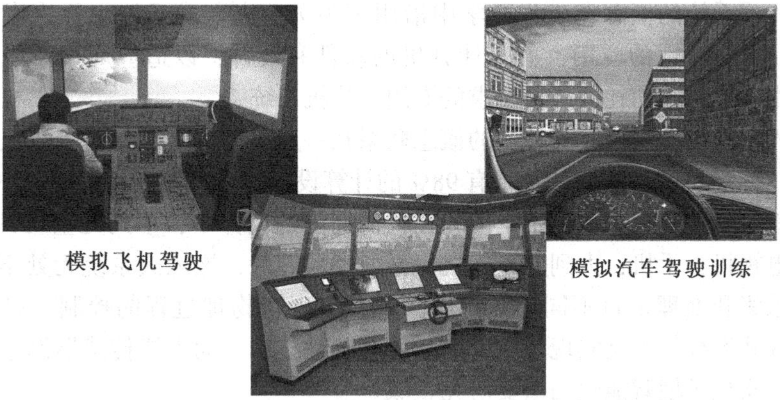

模拟飞机驾驶

模拟汽车驾驶训练

模拟航海驾驶训练仓

图 2-5 虚拟现实技术在模拟汽车、飞机、轮船驾驶员训练中的应用

（3）虚拟现实技术在水库建设、防洪抗灾中的应用

用虚拟现实技术建立起来的水库和江河湖泊仿真系统，更能使研究人员对可能出现的情况一览无遗。例如，在设计一个水库的过程中，根据不同的设计方案，用虚拟现实的方法比较蓄水后的周边情景，看到可能淹没哪些村庄、农田、文物；如果水位到达或超过警戒水位之后，哪些堤段可能会出现险情；一旦决口，将淹没哪些地区。根据不同的现场模拟结果，比较不同的设计方案，为决策提供科学的依据。

虚拟现实技术在四川汶川地震中决定唐家山堰塞湖处理方案的决策中，发挥了重要的作用，这也是物联网应用中一个非常成功的事例。汶川大地震发生后，湔江岸边高约 2000 米的唐家山一半垮塌，阻塞了湔江，形成一个库容量为 3 亿立方米的堰塞湖，严重地威胁下游的北川、江油、绵阳等城市的安全。我国科学家利用遥感技术全面获取了唐家山堰塞湖上下游的遥测数据，连夜处理数据并制作出三维立体地图。从不同时间三维立体地图的变化分析中，作出了堰塞体稳固，不需要爆破拆除的判断，建议开挖导流明渠排险。遥测数据和三维立体地图第二天被送到国务院领导面前，中央据此决策开挖导流明渠。我国科学家使用虚拟现实技术对唐家山堰塞湖形成、变化过程及灾情发展趋势作出了正确的预测，为党中央的正确决策提供了科学的依据，为保护人民生命和财产的安全作出了卓越的贡献。

虚拟现实技术已经和理论分析、科学实验一样，成为人类探索客观世界规律的三大手段之一，也是未来物联网应用的一个重要的技术手段。

2.1.6　嵌入式技术的研究与发展

物联网的感知层必然要大量使用嵌入传感器的感知设备，因此，嵌入式技术是使物联网具有感知能力的基础。了解嵌入式技术的研究与发展，对于理解物联网的基本工作原理是非常重要的。

2.1.6.1　嵌入式技术与环境智能化

嵌入式系统的概念在工程科学中沿用了很久。嵌入式系统也称为嵌入式计算机系统，它是针对特定的应用，剪裁计算机的软件和硬件，以适应应用系统对功能、可靠性、成本、体积、功耗的严格要求的专用计算机系统。

嵌入式系统是将计算与控制的概念联系在一起，并嵌入到物理系统之中，实现“环境智能化”的目的。据统计，将有98%的计算设备将工作在嵌入式系统中。环顾我们的周围，就不难接受这个数字了。因为在我们周围的世界中，小到儿童玩具、洗衣机、微波炉、电视机、手机，大到航天飞机、微处理器芯片，嵌入式系统无处不在。嵌入式系统通过采集和处理来自不同感知源的信息，实现对物理过程的控制，以及与用户的交互。嵌入式系统技术是实现环境智能化的基础性技术。而无线传感器网络是在嵌入式技术基础上实现环境智能化的重要研究领域。

2.1.6.2　嵌入式计算机系统的特点

从计算机技术发展的角度分析嵌入式系统的发展，可以看到嵌入式系统的几个主要特点。

(1) 微型机应用和微处理器芯片技术的发展为嵌入式系统研究奠定了基础

早期的计算机体积大、耗电多，只能够安装在计算机机房中使用。微型机的出现使得计算机进入了个人计算与便携式计算阶段，而微型机的小型化得益于微处理器芯片技术的发展。微型机应用技术的发展、微处理器芯片可定制、软件技术的发展都为嵌入式系统的诞生创造了条件和奠定了基础。

(2) 嵌入式系统的发展适应了智能控制的需求

计算机系统可以分为两大并行发展的分支：通用计算机系统与嵌入式计算机系统。通用计算机系统的发展适应了大数据量、复杂计算的需求。而生活中大量的电器设备，如手持设备、电视机顶盒、手机、数字电视、数字照相机、汽车控制器、工业控制器、机器人、医疗设备中的智能控制，都对作为其内部组成部分的计算机的功能、体积、耗电有特殊的要求，这种特殊的设计要求是推动定制的小型、嵌入式计算机系统发展的动力。

(3) 嵌入式系统的发展促进了适应特殊要求的微处理器芯片、操作系统、软件编程语言与体系结构研究的发展

由于嵌入式系统要适应手持设备、手机、汽车控制器、工业控制器、物联网端系统与医疗设备中不同的智能控制功能、性能、可靠性与体积等方面的要求，而传统的通用

计算机的体系结构、操作系统、编程语言都不能够适应嵌入式系统的要求，因此，研究人员必须为嵌入式系统研究满足特殊要求的微处理器芯片、嵌入式操作系统与嵌入式软件编程语言。

(4) 嵌入式系统的研究体现出多学科交叉融合的特点

由于嵌入式系统是PDA（Personal Digital Assistant，个人数字助理）、手机、汽车控制器、工业控制器、机器人或医疗设备中有特殊要求的定制计算机系统，如果要求完成一项用于机器人控制的嵌入式计算机系统的开发任务，那么只有通用计算机的设计与编程能力是不能够胜任这项任务的，研究开发团队必须由计算机、机器人、电子学等多方面的技术人员参加。目前在实际工作中，从事嵌入式系统开发的技术人员主要有两类：一类是电子工程、通信工程专业的技术人员，他们主要完成硬件设计，开发与底层硬件关系密切的软件；另一类是从事计算机与软件专业的技术人员，主要从事嵌入式操作系统和应用软件的开发。同时具备硬件设计能力、底层硬件驱动程序、嵌入式操作系统与应用程序开发能力的复合型人才是社会急需的人才。

2.1.6.3 嵌入式系统发展的过程

嵌入式系统从20世纪70年代出现以来，发展至今，已经有30多年的历史。嵌入式系统大致经历了四个发展阶段。

(1) 以可编程序控制器系统为核心的研究阶段

嵌入式系统最初的应用是基于单片机的，大多以可编程控制器的形式出现，具有监测、伺服、设备指示等功能，通常被应用于各类工业控制和飞机、导弹等武器装备中，一般没有操作系统的支持，只能通过汇编语言对系统进行直接控制，运行结束后，再清除内存。这些装置虽然已经初步具备了嵌入式的应用特点，但仅仅使用8位的CPU芯片来执行一些单线程的程序，因此，严格地说，还谈不上“系统”的概念。

(2) 以嵌入式中央处理器CPU为基础，以简单操作系统为核心的阶段

这一阶段嵌入式系统的主要特点是：系统结构和功能相对单一，处理效率较低，存储容量较小，几乎没有用户接口。由于这种嵌入式系统使用简便、价格低廉，因而曾经在工业控制领域得到了非常广泛的应用，但却无法满足现今对执行效率、存储容量都有较高要求的信息家电等的需要。

(3) 以嵌入式操作系统为标志的阶段

20世纪80年代，随着微电子工艺水平的提高，集成电路制造商开始把嵌入式应用中所需要的微处理器、I/O接口、串行接口，以及RAM，ROM等部件集成到一片VLSI中，制造出面向I/O设计的微控制器，并在嵌入式系统中广泛应用。与此同时，嵌入式系统的程序员也开始基于一些简单的操作系统开发嵌入式应用软件，大大地缩短了开发周期，提高了开发效率。

这一阶段嵌入式系统的主要特点是：出现了大量高可靠、低功耗的嵌入式CPU，各种简单的嵌入式操作系统开始出现并得到迅速发展。此时的嵌入式操作系统虽然还比较简单，但已经具有了一定的兼容性和扩展性，内核精巧且效率高，主要用来控制系统负

载和监控应用程序的运行。嵌入式系统能够运行在不同类型的处理器上，模块化程度高，具有图形窗口和应用程序接口的特点。

（4）基于网络操作的嵌入式系统发展阶段

20 世纪 90 年代，在分布控制、柔性制造、数字化通信和信息家电等巨大需求的牵引下，嵌入式系统进一步飞速发展，而面向实时信号处理算法的手持设备则朝着高速度、高精度、低功耗的方向发展。随着硬件实时性要求的提高，嵌入式系统的软件规模也不断扩大，逐渐形成了实时多任务操作系统，并开始成为嵌入式系统的主流。这一阶段嵌入式系统的主要特点是：操作系统的实时性得到了很大的改善，已经能够运行在各种不同类型的微处理器上，具有高度的模块化和扩展性。此时的嵌入式操作系统已经具备了文件和目录管理、设备管理、多任务、网络、图形用户界面等功能，并提供了大量的应用程序接口，从而使得应用软件的开发变得更加简单。随着互联网应用的进一步发展，以及互联网技术与信息家电、工业控制技术等的日益紧密结合，嵌入式设备与互联网的结合、物联网终端系统成为嵌入式技术未来的研究与应用的重点。

2.1.7 可穿戴计算技术的研究与应用

可穿戴计算是人类为增强对世界的感知能力而出现的一项技术，是未来物联网感知层最具智能的感知工具之一。了解可穿戴计算技术的研究与发展，对于理解物联网的发展是十分有益的。

2.1.7.1 可穿戴计算概念产生的背景

凡是能够消除人与计算机隔阂的技术都具有强大的生命力，移动计算技术正符合这种发展趋势。可穿戴计算技术是移动计算技术的重要分支，是计算模式的重大变革。它可以解决军事、公安、消防、救灾、医疗、突发事件处理领域的特殊需求，极大地提高了使用者处理信息的能力，发挥以往任何设备都无法发挥的作用。可穿戴计算的概念是在20世纪60年代被提出的，但真正进入快速发展阶段是在1997 年美国“21 世纪陆军勇士计划”单兵数字系统问世之后。目前，世界各国（如中国、美国、法国、加拿大、德国、英国、澳大利亚、以色列、日本等）都在大力开展可穿戴计算技术及应用的研究。

可穿戴计算技术体现出“以人为本，人机合一”“无处不在的计算”的理念，有力地支持着“从人围着计算机转，转向计算机围着人转”这一重要趋势。可穿戴计算系统与人类紧密结合成一个整体，能够拓展人的视觉、听觉，增强人的大脑记忆和应对外界环境变化的能力，延伸了人的大脑与四肢，代表着计算机的一种重要的发展趋势，是一个跨学科的研究领域。可穿戴计算技术研究的核心在适应某一种应用需求的计算机体系结构、计算模型和软件方面，而计算模型的研究又涉及计算机科学、智能科学、光学工程、微电子技术、传感器技术、机械制造、通信科学、生物学、数学、生物医学、工业设计技术等多个交叉学科和技术领域。

2.1.7.2　可穿戴计算的定义和主要特征

目前，个人计算机的概念已经发生变化。大部分个人计算机仍然是以台式机的形式使用，人们只能在办公室、家庭、网吧内固定的位置上使用。更小、更轻的便携式个人计算机（即笔记本计算机）或其他手持设备可供人们随身携带，在机场、火车和旅行途中使用。但是笔记本计算机仍然不能够像人们使用的衣服、手表、手机一样，时时处处为人类服务。特别是在一些特殊的环境中，如战场、突发事件处理的现场，人们需要一个“按需要”将微小型计算机及相关设备合理地分布在人体之上，以实现移动计算的可穿戴计算模式。实现可穿戴计算工作模式的计算设备称为可穿戴计算系统或穿戴计算机。

（1）穿戴计算机的三种操作模式

穿戴计算机促进了一种新的人机交互模式的出现。这种新的人机协同交互形式包括三种操作模式：持久性、增强性与介入性。

笔记本计算机和各种手持设备的使用方式与传统的台式计算机相同，它是在用户需要使用时才开机，进入使用状态；使用结束之后，需要关机。而穿戴计算机与使用者的身体成为一体，并且处于“总是准备接受使用状态”。“总是准备接受使用”的能力必然要形成人机协同交互持久性的特点。

笔记本计算机关注的重点是计算，而穿戴计算机的主要任务不仅仅是计算，而是在计算的基础上，增强人的智慧和人对外部环境的感知能力。这种增强人感知能力的需要必将形成增强人机协同交互性的特点。

与笔记本计算机不同，穿戴计算机能够被封装在用户自身，在更大程度上参与用户的决策。这里所说的“封装”有两方面含义：一是在穿戴计算机的设计中，考虑到系统在参与人的决策过程中如何屏蔽不需要的信息，起到信息过滤器的作用；二是在穿戴计算机的设计中，考虑到信息的安全性，防止无线通信过程中的信息泄露和被窃取。

（2）穿戴计算机的六种属性

穿戴计算机的六种属性是非限制性、非独占性、可觉察性、可控性、环境感知性与交流性。

非限制性体现在穿戴计算机不像虚拟现实游戏那样，完全切断用户与外界的联系，系统设计的重点放在增强用户的感知能力上。也不像使用个人计算机那样，需要将用户的注意力放在计算过程上。

非独占性体现在穿戴计算机不限制用户的移动，用户使用它的时候，可以做其他事情，如可以在跑动的过程中发送信息。现在我们使用个人计算机时，要面对显示屏，用手操作键盘和鼠标，而穿戴计算机可以解放使用者的双手。

可觉察性体现在穿戴计算机可以在必要时对用户进行有效的提醒，保证随时、随地接受用户的操作和显示结果。

可控性体现在用户在需要的时候，可以获得系统的控制权。在自动处理过程中，能够切断穿戴计算机的自动控制链，进行人工干预，或将人工干预加入到自动控制链中。

环境感知性体现在穿戴计算机具有环境觉察、多重模式、多重感知上。

交流性体现在穿戴计算机具有通信能力上。用户可以通过该系统与其他穿戴计算机、电子设备、网络通信。

(3) 穿戴计算机的三大能力：移动计算能力、智能助手能力、多种控制能力

移动计算能力体现在用户可以在运动状态使用上。在无线自组网、蓝牙技术的支持下，可以提供移动数据通信、接收和处理能力。

智能助手能力体现在穿戴计算机通过增强现实、介入现实、环境感知，达到延伸人的大脑、四肢与感官的目的上。增强现实是通过声、图、文叠加于真实环境之上，提供附加信息，实现提醒、提示、助记、解释等辅助功能。介入现实表现在被处理后的“现实”既不是完全的“现实”，也并非完全的“虚拟”。环境感知表现在当用户未主动向穿戴计算机发出指令时，系统自动感知环境的变化，并向用户发出提示和响应。

多种控制能力体现在穿戴计算机根据不同的用户需求，可以提供简单的腕式、臂式、腰带式、头盔式设备。功能完备的穿戴计算机包括头盔式微显示器、头戴子系统、微小型计算机及多端口外设。

2.1.7.3 穿戴计算机的应用

穿戴计算机可以被应用于远程支援、抢险救灾、医疗救护、社会治安、新闻采访、社会娱乐和军事等方面。为了适应不同的用户需求，不同的穿戴计算机根据其功能、与人交互方式的不同，设计成不同的内部结构和不同的外形。有的设计者在旅行者的行李中或钱包中嵌入智能芯片，如果行李或钱包离开主人一定距离之后，就立即提示。有的设计者将智能芯片与传感器嵌入在衬衣里，成为一种智能衬衣。当患者穿上这种智能衬衣后，智能衬衣将跟踪记录患者的生命参数。当重要的生命参数发生变化时，智能衬衣将及时地通知医生进行治疗或抢救。医生也可以根据智能衬衣所采集的数据了解患者服药的效果，也可以作为新药临床实验数据的采集源。可以设计一种消防队员使用的穿戴计算机，当消防队员穿上这种设备进入火场时，穿戴计算机就可以及时、准确地向指挥员提供火场信息。还可以设计一种记者采访现场时使用的穿戴计算机，使得记者在采访现场（尤其是突发事件处理现场）能够尽可能多地获取第一手资料。

2.1.7.4 穿戴计算机在提高人的感知能力方面的应用研究

2009 年 2 月 5 日，MIT 媒体实验室的研究人员发表了一篇题为 *TED：MIT Students Turn Internet into a Sixth Human Sense Video* 的论文（http：//wwww.iredcom/epicenter/2009/02/teddigitalsix/#ixzz0cTDUuLJ3），该篇论文展示了他们研发的一种可穿戴计算系统的成果。

媒体实验室流体界面组的 Pattie Maes 表示，这项研究的目的是为人类创造一种新型数字“第六感”。Pattie Maes 解释说：在触觉世界里，我们利用五种感觉收集周围环境的信息，并对它作出反应。但是很多帮助我们了解这个世界，并对之作出反应的信息不是来自这些感觉。这些信息可以来自计算机与网络世界。该科研组一直在思考一个人如何才能更好地与周围环境融为一体，如何便捷地获得信息。因此，他们确定该项研究的

目标是：像人类的视觉、听觉、触觉、味觉、嗅觉等五种感觉一样地利用计算机，以一种第六感觉的方式获得信息。这个可穿戴计算系统由软件控制的特殊的颜色标志物、数字照相机、投影仪组成，硬件设备通过无线网络互联。图 2-6 所示是可以把任何表面转换成一个交互显示屏的穿戴计算机结构示意图。

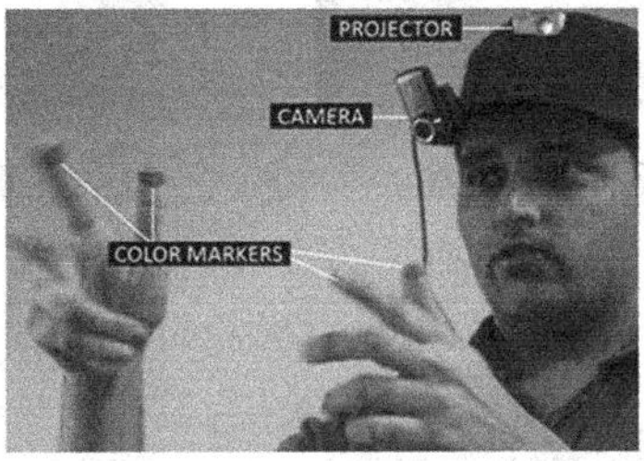

图 2-6　可以把任何表面转换成一个交互式显示屏的穿戴计算机

这个系统可以把任何表面转换成一个交互显示屏。他们做了很多非常有趣的实验。图 2-7 给出了交互显示屏的穿戴计算机使用示意图。例如，他们制作了一个可以阅读 RFID 标签的表带，利用这种表带，可以获知使用者正在书店里翻阅什么书籍。他们还研究了一种利用红外线与超市的智能货架进行沟通的戒指，人们利用这种戒指，可以及时获知产品的相关信息。在另一幅画面中，使用者的登机牌可以显示航班当前的飞行情况及登机口。另一个实验是使用者利用四个手指上分别戴着的红、蓝、绿和黄四种颜色的特殊的标志物，系统软件可以识别四个手指手势表示的指令。如果你的左右手的拇指与食指分别带上了四种颜色的特殊的标志物，那么你用拇指和食指组成一个画框，照相机就知道你打算拍摄照片的取景角度，并自动地将拍好的照片保存在手机中，带回到办公室后，在墙壁上放映这些照片。如果你需要知道现在是什么时间，你只要在自己的胳膊上画一个手表，软件就可以在你的胳膊上显示一个表盘，并显示现在的时间。如果你希望读电子邮件，那么你只需要用手指在空中画一个@ 符号，你可以在任何物体的表面显示屏幕中选择适当的按键，然后选择在手机上阅读电子邮件。如果你希望打电话，系统可以在你的手掌上显示一个手机按键，你无需从口袋中取出手机就能拨号。当你在汽车里阅读报纸的时候，你也可以选择在报纸上放映与报纸文字相关的视频。当你面对墙上的地图时，你可以在地图上用手指出你想去的海滩的位置，系统便会“心领神会”地显示出你希望看到的海滩的场景，看那里人是不是很多，以便你决定是不是现在就去那儿。总之，所有这些应用功能都好像成为了人的“第六感”，可以极大地丰富人的感知能力、生活能力与工作能力，使人能够更方便地使用计算机，更好地与周围的环境融为一体。这种穿戴计算机的出现立即引起学术界与产业界的极大兴趣。MIT 的研究人员也将这项技术申报了专利，希望加快研究过程并尽快产业化。

在报纸上显示视频

在手腕上显示手表

在手掌上显示电话键盘

在任何物体的表面显示屏幕

图 2-7　交互显示屏的穿戴计算机使用示意图

2.2　通信技术：物联网的通信工具

物联网的一个重要特征是“泛在化”。实现物联网泛在化特征的基础是移动通信与无线网络。因此，了解移动通信与无线网络技术对于理解物联网的基本工作原理是十分重要的。

2.2.1　移动通信的分类

移动通信分类方法主要有 3 种：按照设备的使用环境分类、按照服务对象分类、按照移动通信系统分类。

（1）按照设备的使用环境分类

按照设备的使用环境分类，移动通信主要可以分为 3 种类型：陆地移动通信、海上移动通信和航空移动通信。针对特殊使用环境，还有地下隧道与矿井移动通信、水下潜艇移动通信、太空航天移动通信。

（2）按照服务对象分类

按照服务对象分类，移动通信可以分为公用移动通信与专用移动通信。

我们目前所说的手机通信是公用移动通信。专用移动通信是为公安、消防、急救、公路管理、机场管理、海上管理与内河航运管理等专业部门提供服务。

（3）按照移动通信系统分类

按照移动通信系统分类，移动通信可以分为：蜂窝移动通信、专用调度电话、集群调度电话、个人无线电话、公用无线电话、移动卫星通信等类型。

① 蜂窝移动通信：它属于公用、全球性、用户数量最大的用户移动电话网，也是移动通信的主体。

② 专用调度电话：它属于专用的业务电话系统，既可以是单信道的，也可以是多信道的。如公交管理专用调度电话系统。

③ 集群调度电话：它可以是城市公安、消防等多个业务系统共享的一个移动通信系统。集群调度电话可以根据各个部门的要求统一设计和建设，集中管理，共享频道、线路和基站资源，从而节约了建设资金、频段资源与维护费用，是专用调度电话系统发展的高级阶段。

④ 个人无线电话：与蜂窝移动通信、集群调度电话相比，个人无线电话不需要中心控制设备，一家两个人各拿一个对讲机就可以在近距离范围内实现个人无线通话。

⑤ 公用无线电话：它属于公共场所（如商场、机场、火车站）使用的无线电话系统。它可以通过拨号接入城市电话系统，只支持工作人员在局部范围内行走过程中使用，不适合于乘车时使用。

⑥ 移动卫星通信：21世纪通信的重要突破之一是卫星通信终端的手持化和个人通信的全球化。通信卫星覆盖全球，手持卫星移动电话可以用于地面基站无法覆盖的山区、海上，实现船与岸上、船与船之间的通信。这类系统的典型是国际海事卫星电话系统。在遇到自然灾害，我们常用的蜂窝移动电话基站受到破坏时，普通的手机已经不能够通信，而卫星移动通信系统就显示出它独特的优越性。

在四川汶川地震发生之后，震中地区通信一度中断，给救援工作带来了很大的困难。这时国际海事卫星通信系统发挥了重要的作用。汶川的第一个电话、第一幅震中照片都是通过海事卫星通信系统传出的。抗震救灾人员之间互相联系、与外界联系和与震中联系，也都使用了海事卫星通信系统。在突发事件发生的时候，卫星通信能够发挥其他通信手段无法发挥的作用。

2.2.2　蜂窝移动通信的发展历程

1897年，马可尼（Guglielmo Marchese Marconi）完成了从固定站到距离为18海里的一艘拖船之间的无线通信试验，开创了移动通信的新纪元。现代蜂窝移动通信技术的发展始于20世纪20年代，至今大致经历了五个发展阶段。

（1）第一阶段：早期发展阶段（20世纪20年代到40年代）

这期间的标志性技术是美国底特律市警察使用的车载无线电系统。这套系统是在短波的几个频段上开发出专用的移动通信系统，开始的工作频率为2MHz，到20世纪40年代提高到30～40MHz。这个阶段的特点是系统专用、工作频率较低。

（2）第二阶段：从专用移动通信网向公用移动通信网过渡阶段（20世纪40年代中

期到60年代初期）

这期间公用移动通信业务开始发展。第二阶段的标志性技术是1946年利用美国贝尔实验室技术在圣路易斯城建立了世界上第一个城市系统的公用汽车电话网。在这之后，联邦德国（1950年）、法国（1956年）、英国（1959年）相继研制了公用移动电话系统。第二阶段的特点是：开始从专用移动通信网向公用移动通信网过渡，但接续方式还是人工的，通信网的容量比较小。

（3）第三阶段：移动通信系统改进与完善阶段（20世纪60年代中期到70年代中期）

这期间美国推出了改进型移动电话系统，实现了无线频道自动选择，并能够自动接续到公用电话网。联邦德国也推出了具有相同技术水平的B网。这一阶段的主要特点是：移动通信系统逐步改进与完善，实现了自动选频与自动接续。

（4）第四阶段：移动通信蓬勃发展阶段（20世纪70年代中期到80年代中期）

1978年底，美国贝尔试验室研制成功的先进移动电话系统，建成了蜂窝移动通信网，大大地提高了系统容量；1983年，该系统首次在芝加哥投入商用；同年12月，在华盛顿也开始启用。之后，蜂窝移动通信网的服务区域在美国逐渐扩大，到1985年3月已扩展到47个地区，约10万移动用户。其他工业化国家也相继开发出蜂窝式公用移动通信网。日本于1979年推出800MHz汽车电话系统，在东京、神户等地投入商用。1984年联邦德国完成C网，频段为450MHz。英国在1985年开发出全地址通信系统，首先在伦敦投入使用，以后覆盖了全国，频段为900MHz。法国开发出450系统。加拿大推出450MHz移动电话系统。瑞典等北欧四国于1980年开发出NMT 450移动通信网，并投入使用，频段为450MHz。这一阶段的主要特点是：蜂窝移动通信网成为实用系统，并在世界各地迅速发展。

（5）第五阶段：数字移动通信技术进入成熟和快速发展阶段（20世纪80年代中期至今）

这个阶段的主要特点是：数字移动通信技术进入成熟并快速发展阶段。以美国贝尔试验室的先进移动电话系统和英国全地址通信系统为代表的第一代蜂窝移动通信网传输的是模拟语音信号。模拟蜂窝移动通信网暴露出频谱利用率低、设备复杂、费用较高、业务种类受限制、通话容易被窃听等缺点，并且它的容量已不能满足日益增长的移动用户需求。为了解决这些问题，20世纪80年代中期，欧洲首先推出了数字移动通信网的体系，随后美国和日本也制定了各自的数字移动通信体制，构成了第二代移动通信系统。数字移动通信网已于1991年7月开始投入商用。互联网的广泛应用和手机与互联网应用的结合，促进了第三代（3G）移动通信系统的广泛应用，以及第四代（4G）移动通信系统技术的快速发展。

2.2.3　3G 与物联网应用

2.2.3.1　3G 的基本概念

理解 3G 的基本概念时，需要注意以下几个问题。

① 第三代移动通信技术简称为“3G”或“三代”，是指支持高速数据传输的蜂窝移动通信技术。3G 服务能够同时支持语音通话信号及电子邮件、即时通信数字信号的高速传输。

② 3G 与 2G 的主要区别是：3G 能够在全球范围内更好地实现无线漫游，提供网页浏览、电话会议、电子商务、音乐、视频等多种信息服务。为了提供这种服务，无线网络必须能够支持不同的数据传输速度。3G 可以根据室内、室外和移动环境中不同应用的需求，分别支持不同的传输速率。同时，3G 也要考虑与已有 2G 系统的兼容性。

③ 2000 年 5 月，国际电信联盟正式公布第三代移动通信标准 IMT 2000（国际移动电话 2000）标准，我国提交的时分同步码分多址正式成为国际标准，与欧洲宽带码分多址、美国的码分多址标准一起成为 3G 主流的三大标准之一。时分同步码分多址作为第三代移动通信国际标准，是我国科技自主创新的重要标志。2008 年 12 月 31 日，我国政府正式启动第三代移动通信牌照发放工作。根据我国电信业重组方案，3G 牌照的发放方式是：中国移动获得时分同步码分多址牌照，中国电信获得美国的码分多址牌照，中国联通获得欧洲宽带码分多址牌照。这标志着我国 3G 手机正式放号使用。

2.2.3.2　3G 的主要应用

（1）普通 3G 手机服务业务

① 宽带上网。宽带上网是 3G 手机的一项很重要的功能。用户可以在手机上收发语音邮件、写博客、聊天、搜索、下载图像与视频。3G 手机上网的速度比现在我们所用的 2G 手机要快得多。

② 视频通话。3G 手机的视频通话功能是现在最流行的 3G 服务之一。3G 手机用户在拨打视频电话时，不再需要把手机放在耳边，而是面对手机，再戴上有线耳麦或蓝牙耳麦，就会在通话的过程中通过手机屏幕看到对方图像。

③ 手机电视。通过 3G 手机收看电视是 3G 用户非常希望得到的一种有用的服务。依靠 3G 网络的高速数据传输功能，用户可以在旅行过程中或上下班途中观看新闻、球赛或电视剧。

④ 无线搜索。3G 手机用户可以利用搜索引擎获得与传统互联网搜索同样的服务，查询所需要的信息。

⑤ 手机音乐。3G 手机音乐效果能够和专业 MP3 相媲美，用户可以随时随地通过手机网络下载和收听歌曲。

⑥ 手机购物。用户可以通过 3G 手机查询商品信息，拉近商家与消费者的距离，增强购物体验，快速、安全地完成在线购物与支付过程。

⑦ 手机网游。3G 网络的高带宽使得用户可以通过手机访问互联网游戏平台，获得

与通过个人计算机访问互联网同样的游戏服务。

（2）3G 特色定位应用

① 高精度定位。利用 3G 网络高带宽的优点和卫星辅助定位技术，定位精度能够达到 5～50 米，可以开展城市导航、出租车辆定位、人员定位、基于位置的游戏、合法的跟踪、高精度的紧急救护等业务。

② 区域触发定位。是指用户接近某个区域时，通信系统自动收集用户的位置信息，提示或通知用户，以实现保安通知、人员监控、银行运钞车监控、区域广告等业务。

（3）移动企业应用

① 移动多媒体会议电话、会议电视服务。3G 网络高带宽的优点使得移动多媒体会议电话、会议电视服务由原来只能由专用网络提供，变成通过 3G 公用移动通信网络向中小企业提供。

② 高速移动企业接入。管理者可以在旅途或车上，使用笔记本计算机或其他 3G 终端设备（如移动手持设备），通过 3G 网络访问企业网络和处理业务问题。

（4）移动行业的应用

移动行业服务的对象可以是公众用户或企业内部人员。

① 面向公众的业务。例如，利用 3G 手机、移动手持设备查询交通状况，接受为大型会议定制的用户服务，为运动会、演唱会、展览会定制的服务，以及广播电台、电视台、报纸等公众媒体提供的移动阅读服务。

② 面向行业内部生产管理的应用。例如，交通部门的车辆跟踪、移动保险经纪人位置跟踪、远程设备监控、远程设备维修监控等。

“3G”与“物联网”无疑是目前信息技术领域最热门的词汇。在积极推动 3G 商业应用的同时，必须注意 3G 是物联网产业链上重要的一环，并且存在着重大的产业发展机遇。物联网产业链由标识、感知、处理和信息传送 4 个环节组成，信息传送的主要工具是无线信道，而无线通信与互联网融合的最成熟技术是 3G。预计到 2020 年，物联网上物与物互联的通信量和人与人的通信量相比将达到 3∶1，这无疑是 3G 产业发展的一个重要商机。因此，3G 与物联网受到来自政府、运营商和产业制造商的高度重视也就很容易理解了。

2.2.4　光纤通信与光传输网技术

（1）光纤通信的基本概念

光纤通信技术是世界新技术革命的重要标志，也是信息社会中各种信息传输的主要工具。光纤是光导纤维的简称。光纤通信是以光波作为信息载体、以光纤作为传输媒介的一种通信方式。

在讨论光纤通信时，不能不提到一位科学家——华裔诺贝尔奖获得者高锟。高锟教授于 1933 年出生在上海，1949 年移居香港，1965 年在伦敦大学获得电机工程博士学位。1957 年，高锟开始从事光导纤维在通信领域应用的研究，他在 1966 年发表了一篇题为

《光频率介质纤维表面波导》的论文，开创性地提出光导纤维在通信上应用的基本原理，描述了远距离、大信息量光通信所需光导纤维的结构和材料特性。1981 年，随着第一个光纤通信系统的成功问世，用石英玻璃制成的光纤应用在全世界掀起了一场光纤通信的革命。人们尊称高锟为"光纤之父"。高锟由于在光纤通信方面取得的突破性成就而荣获 2009 年诺贝尔物理学奖。

（2）光纤通信的特点

光纤是一种直径为 50～100m 的柔软、能传导光波的介质，光纤可由多种玻璃和塑料来制造，其中使用超高纯度石英玻璃纤维制作的光纤的传输损耗最低。在折射率较高的单根光纤外面用折射率较低的包层包裹起来，这样就可以构成一条光纤通道；多条光纤构成一条光缆。

由于光纤具有低损耗、宽频带、高速率、低误码率与安全性好等特点，因此，它是一种最有前途的传输介质。由多根光纤组成的光缆已经被广泛地应用于宽带城域网、广域网和洲际通信系统之中。

（3）光网络研究

互联网业务正在呈指数规律逐年增长，与人们视觉有关的图像信息服务，如电视点播、可视电话、数字图像、高清晰度电视等宽带业务迅速扩大，远程教育、远程医疗、家庭购物、家庭办公等也在蓬勃发展，这些都必须依靠高性能的网络环境的支持。但是，如果完全依靠现有的网络结构，必然会造成业务拥挤和带宽"枯竭"，人们希望看到新一代网络——全光网络——的诞生。

如果把网络传输介质的发展作为传输网络的划时代标准，那么可以将以铜缆与无线射频作为主要传输介质的传输网络作为第一代，以使用光纤作为传输介质的传输网络作为第二代，在传输网络中引入光交换机、光路由器等直接在光层配置光通道的传输网络就是第三代。图 2-8 给出了传输网演变的趋势。

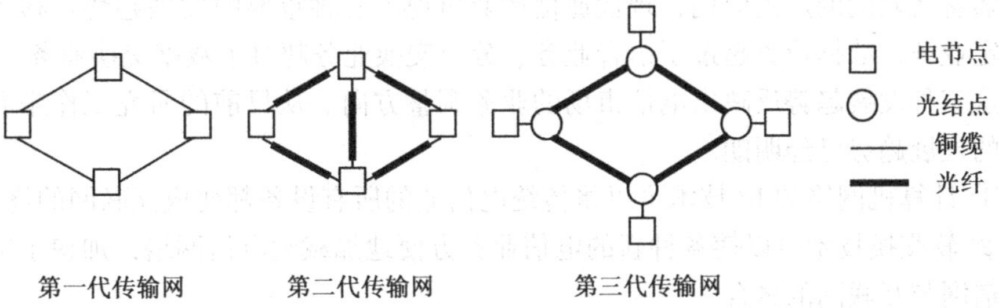

图 2-8　传输网的演变过程

第一代传输网络以铜缆与无线射频为主，在发展过程中必然无法逾越带宽的"瓶颈"问题；第二代传输网络在主干线路使用了光纤，发挥了光纤的高带宽、低误码率、抗干扰能力强等优点，但是交换节点（如路由器）的电信号与光信号转换仍然是带宽的"瓶颈"；第三代全光网络将以光节点取代现有网络的电节点，并使用光纤将光节点互联成网，利用光传输、光交换来克服现有网络在传输和交换时的“瓶颈”，减少信息传输的拥塞和提高网络的吞吐量。全光网是以光节点取代现有网络的电节点，利用光纤将光节点互联成网。信号在经过光节点时，不需要经过光电与电光转换，在光域完成信号的传输、交换功能。随着信息技术的发展，全光网络已经引起了人们极大的兴趣，一些发达国家都在对全光网络的关键技术（如设备、部件、器件和材料）开展研究，加速推进产业化和应用的进程。美国的光网络计划包括 ARPA－I 计划中的一部分、欧洲与美国一起进行的光网络计划、欧洲先进通信研究与技术发展、先进通信技术与业务等，以及 ARPA－II 全球网计划。ITU－T（国际电信联盟远程通信标准化组织）也在抓紧研究有关全光网络的建议，全光网络已被认为是未来通信网向宽带、大容量发展的首选方案。

1998 年，ITU－T 提出了用“光传输网络”概念取代“全光网络”的概念，因为要在整个计算机网络环境中实现全光处理是困难的。2000 年以后，自动交换光网络的出现，引入了很多的智能控制方法去解决光网络的自动路由发现、分布式呼叫连接管理，以实现光网络的动态配置连接管理。光纤通信与光传输网技术无疑是物联网数据传输的“高速公路”。

2.2.5　下一代通信技术的研究与发展

（1）下一代网络技术研究的背景

现实社会中存在着三个网络：计算机网络、电信网络与有线电视网络。随着互联网的广泛应用，出现了两种重要的发展趋势：一是计算机网络、电信网络与有线电视网络融合；二是基于 IP 技术的新型公共电信网络的快速发展。

下一代互联网（Next Generation Internet，简称 NGI）与下一代网络（Next Generation Network，简称 NGN）的概念不同。NGI 讨论的是下一代互联网技术；NGN 讨论的是互联网应用给传统的电信业带来的技术演变，导致新型的下一代电信网络出现的问题。

随着互联网的广泛应用，现代通信产业出现了三种重要的发展趋势：移动业务超过了固定业务、数据业务超过了语音业务、分组交换业务超过了数据交换业务。

这三种发展趋势反映出电信市场的业务调整方向。从目前的研究工作来看，有三种技术的发展趋势已经明朗。

① 计算机网络的 IP 技术可以将传统电信业的所有设备都变成互联网的终端。

② 软交换技术可以使各种新的电信业务方便地加载到电信网络，加快了电话网、移动通信网与互联网的融合。

③ 第三代移动通信技术将数据业务带入移动计算的时代。

NGN 概念的提出顺应了新一轮电信技术发展的需要，也是电信运营商技术转型的必然选择。

（2）NGN 的主要特征

要理解 NGN 的主要特征，需要注意以下几个问题。

① NGN 是一种建立在 IP 技术基础上的新型公共电信网络。NGN 能够容纳各种类型

的信息，提供可靠的服务质量保证，支持语音、数据与视频的多媒体业务，具有快速灵活的新业务生成能力。NGN 已成为全球电信产业竞争的焦点。

② NGN 是整个电信网络框架的变革。NGN 研究涉及框架结构、互联互通、服务质量、移动节点管理、可管理的 IP 网络和 NGN 演进过程等问题。NGN 不是现有电信网与 IP 网络的简单延伸和叠加，而是整个电信网络框架的变革。

③ IPv6 技术、多协议标记交换技术将对 NGN 的发展产生重大的影响。NGN 涵盖的内容从主干网、城域网到接入网。尽管 NGN 的概念是由电信界提出的，NGI 的概念是由计算机界提出的，但是它们之间有非常紧密的联系，从技术上是相通的。从长远发展的角度看，IPv6 技术与多协议标记交换技术将对 NGN 的发展产生重大的影响。

NGN 技术必将在我国物联网应用推广方面发挥重大的作用。

2.3 集成电路：物联网的基石

实现社会信息化的关键是计算机和通信技术，推动计算机和通信技术广泛应用的基础就是微电子技术，而微电子技术的核心是超大规模集成电路设计与制造技术。可见，微电子技术是发展物联网的基石。理解微电子与集成电路技术可以清楚地看到物联网是如何感知世界的。

2.3.1 微电子技术和产业发展的重要性

现实告诉我们：一个国家不掌握微电子技术，就不可能成为真正意义上的经济大国与技术强国。可以参看以下两组数据。

第一组数据是微电子技术对国民经济总产值的贡献。王元阳院士对微电子技术和产业发展重要性问题有过这样的描述：国民经济总产值每增加 100 ~ 300 元，就必须有 10 元电子工业和 1 元集成电路产值的支持。同时，发达国家或发展中国家在经济增长方面存在着一条规律，那就是电子工业产值的增长速率是国民经济总产值增长速率的 3 倍，微电子产业的增长速率又是电子工业增长速率的 2 倍。

第二组数据是集成电路产品与其他门类产品对国民经济贡献率的比较。根据有关研究机构的测算，集成电路对国民经济的贡献率远高于其他门类的产品。如果以单位质量钢筋对国内生产总值的贡献为 1 计算，那么小汽车为 5，彩电为 30，计算机为 1000，而集成电路的贡献率则高达 2000。

同时还应该看到，微电子产业除了本身对国民经济的贡献巨大之外，它还具有极强的渗透性。几乎所有的传统产业只要与微电子技术结合，用微电子技术进行改造，就能够重新焕发活力。

微电子技术已经被广泛地应用于国民经济、国防建设，乃至家庭生活的各个方面。由于制造微电子集成电路芯片的原材料主要是半导体材料硅，因此，有人认为，从 20

世纪中期开始人类进入了继石器时代、青铜器时代、铁器时代之后的硅器时代。一位日本经济学家认为，谁控制了超大规模集成电路技术，谁就控制了世界产业。英国学者则认为，如果哪个国家不掌握半导体技术，哪个国家就会立刻沦落到不发达国家的行列。

2.3.2　集成电路的研究与发展

（1）集成电路的研究与发展的现状

集成电路打破了电子技术中器件与线路分离的传统，使得晶体管与电阻、电容等元器件，以及连接它们的线路都集成在一块小小的半导体基片上，为提高电子设备的性能、缩小体积、降低成本、减少能耗提供了一条新的途径，大大促进了电子工业的发展。从此，电子工业进入了集成电路时代。在微电子学研究中，它的空间尺度通常是微米与纳米。经过50年的发展，集成电路已经从最初的小规模芯片，发展到目前的大规模集成电路和系统芯片，单个电路芯片集成的元件数从当时的十几个发展到目前的几亿个甚至几十亿、上百亿个。

衡量集成电路有两个主要的参数：集成度与特征尺寸。集成电路的集成度是指单块集成电路芯片上所容纳的晶体管及电阻器、电容器等元器件数目。特征尺寸是指集成电路中半导体器件加工的最小线条宽度。集成度与特征尺寸是相关的。当集成电路芯片的面积一定时，集成度越高，功能就越强，性能就越好，但是特征尺寸就会越小，制造的难度也就越大。所以，特征尺寸也成为衡量集成电路设计和制造技术水平高低的重要指标。

在过去的几十年中，以硅为主要加工材料的微电子制造工艺从开始的几个微米技术到现在的纳米技术，集成电路芯片集成度越来越高，成本越来越低。目前，50nm甚至35nm微电子制造技术已经在制造厂商的生产线上实现，并将逐步形成11nm的生产能力。

（2）集成电路的发展阶段

回顾集成电路的发展过程，大致可以将它划分为6个阶段。

第一阶段：1962年制造出集成了一两个晶体管的小规模集成电路芯片。

第二阶段：1966年制造出集成度为100～1000个晶体管的中规模集成电路芯片。

第三阶段：1967—1973年，制造出集成度为1000～100000个晶体管的大规模集成电路芯片。

第四阶段：1977年研制出在30mm^{2}的硅晶片上集成了15万个晶体管的超大规模集成电路芯片。

第五阶段：1993年制造出集成了1000万个晶体管的16MB FLASH与256MB DRAM的特大规模集成电路芯片。

第六阶段：1994年制造出集成了1亿个晶体管的1GB DRAM巨大规模集成电路芯片。

(3) 集成电路发展与摩尔定律

在讨论集成电路发展时，人们自然会想到摩尔定律。摩尔定律是由 Intel 公司创始人之一的戈登·摩尔（Gordon E. Moore）在 1965 年提出的。摩尔定律是对集成电路产业发展规律的一个预言。摩尔定律的基本内容是：集成电路的集成度每 18 个月就翻一番，特征尺寸每 3 年缩小 1/2。

计算机界对于摩尔定律的两点推论是：

- 微处理器的性能每隔 18 个月提高 1 倍，而价格下降了一半。
- 用 1 美元所能买到的计算机性能，每隔 18 个月翻两番。

集成电路自 1959 年诞生以来，经历了小规模、大规模、超大规模到巨大规模集成电路的发展。集成电路中的器件特征尺寸不断缩小，集成密度不断提高，集成规模迅速增大。自 20 世纪 70 年代后期至今，集成电路芯片的集成度大体上每 3 年增加 4 倍。目前，50nm 的集成电路已进入大规模生产，在单个芯片上可集成约几十亿个晶体管，研究工作则已经进入深亚微米领域。

在讨论集成电路发展时会发现，集成电路发展之迅速，使得我们只能用“大规模”“超大规模”“巨大规模”这样的形容词去描述集成电路集成度的快速增长，人们已经很难再用“芯片”这个单词来准确地描述集成电路的复杂程度。但是，从中可以看出两种明显的发展趋势：20 世纪末出现的系统芯片预示着集成电路行业正在出现一个从量变到质变的突破；系统芯片的设计与生产必将导致计算机辅助设计工具、生产工艺与产业结构的重大变化。

2.3.3　系统芯片的研究与应用

系统芯片（System on Chip，简称 SoC）也称为片上系统。SoC 技术的兴起是对传统芯片设计方法的一场革命。21 世纪 SoC 技术将快速发展，并且成为市场的主导，这一点目前产业界已经形成了共识。

SoC 与集成电路的设计思想是不同的。SoC 与集成电路的关系类似于过去集成电路与分立元器件的关系。使用集成电路制造的电子设备同样需要设计一块印刷电路板，再将集成电路与其他分立元件（电阻、电容、电感）焊接到电路板上，构成一块具有特定功能的电路单元。随着计算技术、通信技术、网络应用的快速发展，电子信息产品向高速度、低功耗、低电压和多媒体、网络化、移动化趋势发展，要求系统能够快速地处理各种复杂的智能问题，除了需要数字集成电路以外，还需要根据应用的需求，加上生物传感器、图像传感器、无线射频电路、嵌入式存储器等。基于这样一种应用背景，20 世纪 90 年代后期，人们提出了 SoC 的概念。SoC 就是将一个电子系统的多个部分集成在一个芯片上，能够完成某种完整的电子系统功能。

SoC 技术的应用可以进一步提高电子信息产品的性能和稳定性，减小体积，降低成本和功耗，缩短产品设计与制造的周期，提高产品市场竞争力。IBM 公司发布的一种逻辑电路和存储器集成在一起的系统芯片，速度相当于 PC 处理速度的 8 倍，存储容量提高了 24 倍，存取速度也提高了 24 倍。NS 公司将原来 40 个芯片集成为 1 个芯片，推出了全球第一个用单片芯片构成的彩色图形扫描仪，价格降低了近一半。目前，人们已经设计了 RFID、传感器、手持设备、手机、蓝牙通信系统、数字照相机、MP3 播放器、数字图像播放器的单片 SoC 芯片，并已大量使用。小型化、造价低的 RFID 芯片与读写器、传感器芯片、传感器的无线通信芯片，以及无线传感器网络的节点电路的研制都需要使用 SoC 技术，因此，将微电子芯片设计与制造定义为物联网的基石是非常恰当的。

2.4 云计算在物联网中的应用

在信息技术领域，作为一种新型的计算模式，云计算越来越被人们关注，迅速从理论概念走向实践应用。其超大规模、多用户、虚拟化、高可靠性、可扩展性等诸多特点，恰好迎合了物联网向规模化、智能化发展的需要。物联网的应用范围正从面向行业的智能物流、智能交通等朝着面向公众的智能医疗、智能家居方向发展，并将覆盖遍及各个行业并引发重大变革。权威人士预测，2020 年物联网业务量将大幅度增加到人与人通信业务量的 30 倍，成为信息通信的主体[5]。

2.4.1 云计算及其特点

云计算是并行处理、分布式处理和网格计算的发展与延续，也可以说是计算机科学概念在商业领域的实现。它不是纯粹的计算或者存储，而是集计算与存储于一身，将网络、服务器、应用和数据等多种资源通过互联网为用户提供综合性服务的一种全新理念。通过高速传输的互联网，把较低成本的几个计算实体整合成一个系统，将对数据的计算和处理过程从 PC 或服务器转移到这个被称为“云”的系统中[6]。

云计算具有以下特点。

① 超大规模：微软和 IBM，Yahoo，Google 等的云均拥有几十万甚至百万台服务器。超大规模的云资源分布在各个计算节点上计算和调度，实现云计算对大量数据的快速处理。

② 成本低：由于云计算采用廉价的节点来构成云，所以其自动化集中式管理降低了数据中心的管理成本。

③ 高可靠性：云计算使用了数据多副本容错和计算节点同构可互换等措施来确保服务的高可靠性。

④ 虚拟化：作为云计算的关键技术，提供给用户的既可以是一个实际的物理资源，也可以是跨越物理资源的虚拟资源。云计算保证用户在任何位置、各种终端获取服务。

⑤ 通用性：在云计算的支撑下，可以构造出多种多样的应用，而且同一个云可以同时支撑不同的应用运行。

⑥ 高可扩展性：云计算提供一个资源池中设定了不同的集群类型，并有其特定的扩

展方式，并会根据变化，自动地为应用集群增减资源。

2.4.2　云计算与物联网的结合方式

云计算与物联网各自具备很多优势，如果把云计算与物联网结合起来，可以看出，云计算其实相当于一个人的大脑，而物联网就是其眼睛、鼻子、耳朵和四肢等。云计算与物联网的结合方式可以分为以下几种[7]。

一是单中心，多终端。在此类模式中，分布范围较小的各物联网终端（传感器、摄像头或 3G 手机等），把云中心或部分云中心作为数据/处理中心，终端所获得信息、数据统一由云中心处理及存储，云中心提供统一界面给使用者操作或者查看。

这类应用非常多，如小区及家庭的监控、对某一高速路段的监测、幼儿园小朋友监管和某些公共设施的保护等都可以用此类信息。这类主要应用的云中心，可以提供海量存储和统一界面、分级管理等功能，对日常生活提供较好的帮助。一般此类云中心以私有云居多。

二是多中心，大量终端。对于很多区域跨度加大的企业、单位而言，多中心、大量终端的模式较适合。例如，一个跨多地区或者多国家的企业，因为其分公司或分厂较多，要对其各公司或工厂的生产流程进行监控、对相关的产品进行质量跟踪等。

同理，有些数据或者信息需要及时甚至实时共享给各个终端的使用者也可采取这种方式。举一个简单的例子，如果北京地震中心探测到某地和某地 10 分钟后会有地震，只需要通过这条途径，仅仅十几秒就能发出探测情况的告警信息，可尽量避免不必要的损失。中国联通的“互联云”思想就是基于此思路提出的。这种模式的前提是我们的云中心必须包含公共云和私有云，并且他们之间的互联没有障碍。这样，对于有些机密的事情，比如企业机密等，可较好地保密而又不影响信息的传递与传播。

三是信息、应用分层处理，海量终端。这种模式可以针对用户的范围广、信息及数据种类多、安全性要求高等特征来打造。当前，客户对各种海量数据的处理需求越来越多，针对此情况，可以根据客户需求及云中心的分布进行合理的分配。

对需要大量数据传送，但是安全性要求不高的，如视频数据、游戏数据等，可以采取本地云中心处理或存储。对于计算要求高、数据量不大的，可以放在专门负责高端运算的云中心里。而对于数据安全要求非常高的信息和数据，可以放在具有灾备中心的云中心里。

2.4.3　云计算的引入将为物联网带来深刻的变革

① 解决服务器的不可信问题，降低出错率。近年来，随着物联网的高速发展，感知信息和服务器数量呈几何级数增长，进而导致节点出错概率增大。利用云计算技术成不同数目的虚拟服务器组，按照 FCFS（First Come First Served，先来先服务）机制实现节点间的调度，屏蔽失效节点，提高响应速率，保证物联网实现无间断的安全服务。

② 低投入高收益，取消服务器访问次数的限制。硬件资源的访问承受能力是有限

的，当响应请求超过承受能力时，服务器会崩溃。但是随着物联网的不断发展，物的数量和信息呈几何级数增长，这进一步增加了硬件资源的负担。利用云计算技术，采用分布式均衡调度策略，在访问增减时，动态地增减服务器的质量和数量，以释放访问压力。

③ 扩大基于局部的物联网的信息共享范围。采用云模式后，物联网的信息将存放在互联网的云计算中心上，只要具备传感器芯片，无论物在哪里，“云”中最近的服务器即可获取其信息，并利用区域调度进行定位分析、更新迁移，用户将不受地理因素限制。

2.4.4 云计算与物联网协作带来的问题

技术的发展、成熟和结合需要经历一个过程，云计算与物联网的相互协作渗透将带来高效灵活的生活和工作环境。但是这种新兴的协作存在以下问题[8]。

① 标准化问题。由于云计算基于不同的技术、应用，平台可能不一样，平台之间无法互通。这样，物联网内各网络之间的局限性依旧存在。

② 安全问题。引入云计算的物联网络中，信息分析处理虽然得到提升，但数据的安全性也遇到了挑战。对于原本就充斥着木马、病毒、黑客的互联网，让基于云模式基础上的物联网雪上加霜，同时还要避免信息被云计算巨头独占。

③ 监管问题。物联网最核心的资源，即海量的物体特征数据不能只靠公司采集、存储和管理，而应尽量通过政府或公立机构进行控制。

2.4.5 云计算安全分析

2.4.5.1 云计算安全问题

IDC 公司在 2009 年年底发布的一项调查报告显示，云计算服务面临的前三大市场挑战分别为服务安全性、稳定性和性能表现。该三大挑战排名同 IDC 于 2008 年进行的云计算服务调查结论完全一致。2009 年 11 月，Forrester Research 公司的调查结果显示，有 51% 的中小型企业认为安全性和隐私问题是他们尚未使用云服务的最主要原因。由此可见，安全性是客户选择云计算时的首要考虑因素[9]。

云计算由于其用户、信息资源的高度集中，带来的安全事件后果与风险也较传统应用高出很多。在 2009 年，Google，Microsoft，Amazon 等公司的云计算服务均出现了重大故障，导致成千上万客户的信息服务受到影响，进一步加剧了业界对云计算应用安全的担忧。

总体来说，云计算技术主要面临以下安全问题。

(1) 虚拟化安全问题

利用虚拟化带来的可扩展，有利于加强在基础设施、平台、软件层面提供多租户云服务的能力，然而，虚拟化技术也会带来以下安全问题：

① 如果主机受到破坏，那么主要的主机所管理的客户端服务器有可能被攻克；

② 如果虚拟网络受到破坏，那么客户端也会受到损害；

③ 需要保障客户端共享和主机共享的安全，因为这些共享有可能被不法之徒利用其漏洞；

④ 如果主机有问题，那么所有的虚拟机都会产生问题。

（2）数据集中后的安全问题

用户的数据存储、处理、网络传输等都与云计算系统有关。如果发生关键或隐私信息丢失、窃取，对用户来说，无疑是致命的。如何保证云服务提供商内部的安全管理和访问控制机制符合客户的安全需求；如何实施有效的安全审计，对数据操作进行安全监控；如何避免云计算环境中多用户共存带来的潜在风险，都成为云计算环境所面临的安全挑战。

（3）云平台可用性问题

用户的数据和业务应用处于云计算系统中。其业务流程将依赖于云计算服务提供商所提供的服务，这对服务商的云平台服务连续性、SLA（Service-level Agreement，服务等级协议）和IT流程、安全策略、事件处理和分析等提出了挑战。另外，当发生系统故障时，如何保证用户数据的快速恢复也成为一个重要问题。

（4）云平台遭受攻击的问题

云计算平台由于其用户、信息资源的高度集中，容易成为黑客攻击的目标，由于拒绝服务攻击造成的后果和破坏性将会明显超过传统的企业网应用环境。

（5）法律风险

云计算应用地域性弱、信息流动性大，信息服务或用户数据可能分布在不同的地区甚至不同的国家，在政府信息安全监管等方面，可能存在法律差异与纠纷；同时，由于虚拟化等技术引起的用户间物理界限模糊而可能导致的司法取证问题也不容忽视。

2.4.5.2 云计算安全参考模型

从IT网络和安全专业人士的视角出发，可以用统一分类的一组公用的、简捷的词汇来描述云计算对安全架构的影响，在这个统一分类的方法中，云服务和架构可以被解构，也可以被映射到某个包括安全、可操作控制、风险评估和管理框架等诸多要素的补偿模型中去，进而符合规性标准[10]。

云计算模型之间的关系和依赖性对于理解云计算的安全非常关键，IaaS（基础设施即服务）是所有云服务的基础，PaaS（平台即服务）一般建立在IaaS之上，而SaaS（软件即服务）一般又建立在PaaS之上，它们之间的关系如图2-9所示。

IaaS涵盖了从机房设备到硬件平台等所有的基础设施资源层面。PaaS位于IaaS之上，增加了一个层面，用以与应用开发、中间件能力和数据库、消息和队列等功能集成。PaaS允许开发者在平台之上开发应用，开发的编程语言和工具由PaaS支持提供。SaaS位于底层的IaaS和PaaS之上，能够提供独立的运行环境，用以交付完整的用户体验，包括内容、展现、应用和管理能力。

云安全架构的一个关键特点是云服务提供商所在的等级越低，云服务用户自己所要

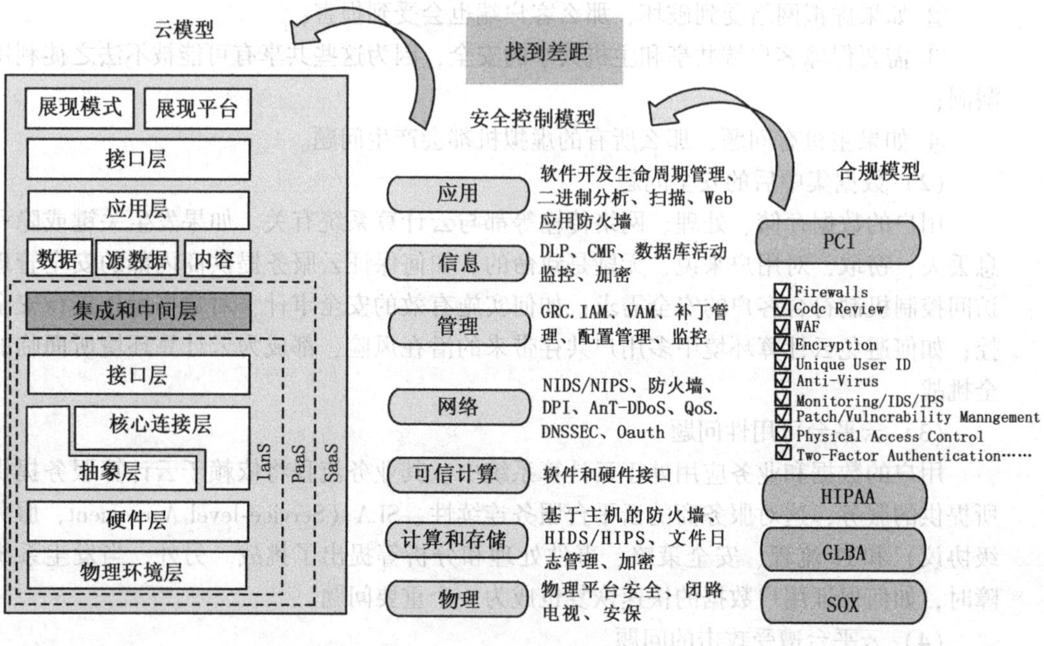

图 2-9　云计算安全参考模型

承担的安全能力和管理职责就越多。下面对云计算安全领域中的数据安全、应用安全和虚拟化安全等问题（见表2-1）的应对策略与技术进行重点阐述。

表 2-1　云安全内容矩阵

云安全层次	云安全内容
数据安全	数据传输、数据隔离、数据残留
应用安全	终端用户安全、SaaS 安全、PaaS 安全、IaaS 安全
虚拟化安全	虚拟化软件、虚拟服务器

2.4.5.3　云计算安全关键技术

（1）数据安全

云用户和云服务提供商应避免数据丢失与被窃，无论使用哪种云计算的服务模式（SaaS/PaaS/IaaS），数据安全都变得越来越重要。以下针对数据传输安全、数据隔离和数据残留等方面展开讨论。

① 数据传输安全。在使用公共云时，对于传输中的数据最大的威胁是不采用加密算法。通过 Internet 传输数据，采用的传输协议也要能保证数据的完整性。如果采用加密数据和使用非安全传输协议的方法，也可以达到保密的目的，但无法保证数据的完整性。

② 数据隔离。加密磁盘上的数据或生产数据库中的数据很重要（静止的数据），这可以用来防止恶意的云服务提供商、恶意的邻居“租户”及某些类型应用的滥用。但是

静止数据加密比较复杂，如果仅使用简单存储服务进行长期的档案存储，用户加密他们自己的数据后，发送密文到云数据存储商那里是可行的。但是对于 PaaS 或者 SaaS 应用来说，数据是不能被加密，因为加密过的数据会妨碍索引和搜索。到目前为止，还没有可商用的算法实现数据全加密。

PaaS 和 SaaS 应用为了实现可扩展、可用性、管理和运行效率等方面的“经济性”，基本都采用多租户模式，因此，被云计算应用所用的数据会和其他用户的数据混合存储（如 Google 的 BigTable）。虽然云计算应用在设计之初已采用诸如“数据标记”等技术，以防非法访问混合数据，但是通过应用程序的漏洞，非法访问还是会发生，最著名的案例就是 2009 年 3 月发生的谷歌文件非法共享。虽然有些云服务提供商请第三方审查应用程序或应用第三方应用程序的安全验证工具加强应用程序安全，但出于经济性考虑，无法实现单租户专用数据平台，因此，唯一可行的选择就是不要把任何重要的或者敏感的数据放到公共云中。

③ 数据残留。数据残留是数据在被以某种形式擦除后所残留的物理表现，存储介质被擦除后，可能留有一些物理特性，使数据能够被重建。在云计算环境中，数据残留更有可能会无意泄露敏感信息，因此，云服务提供商应能向云用户保证其鉴别信息所在的存储空间被释放或再分配给其他云用户前得到完全清除，无论这些信息是存放在硬盘上还是在内存中。云服务提供商应保证系统内的文件、目录和数据库记录等资源所在的存储空间被释放或重新分配给其他云用户前得到完全清除。

（2）应用安全

由于云环境的灵活性、开放性和公众可用性等特性给应用安全带来了很多挑战，所以提供商在云主机上部署的 Web 应用程序应当充分考虑来自互联网的威胁。

① 终端用户安全。对于使用云服务的用户，应该保证自己计算机的安全。在用户的终端上部署安全软件，包括反恶意软件、防病毒、个人防火墙和 IPS（入侵检测防御）类型的软件。目前，浏览器已经普遍成为云服务应用的客户端，但不幸的是，所有的互联网浏览器毫无例外地存在软件漏洞，这些软件漏洞加大了终端用户被攻击的风险，从而影响云计算应用的安全。因此，云用户应该采取必要的措施保护浏览器免受攻击，在云环境中实现端到端的安全。云用户应使用自动更新功能，定期完成浏览器打补丁和更新工作。

随着虚拟化技术的广泛应用，许多用户现在喜欢在桌面或笔记本电脑上使用虚拟机来区分工作（公事与私事）。有人使用 VMware Player 来运行多重系统（比如使用 Linux 作为基本系统），通常这些虚拟机甚至都没有达到补丁级别。这些系统被暴露在网络上更容易被黑客利用成为流氓虚拟机。对于企业客户，应该从制度上规定连接云计算应用的 PC 机禁止安装虚拟机，并且对 PC 机进行定期检查。

② SaaS 应用安全。SaaS 应用提供给用户的能力是使用服务商运行在云基础设施之上的应用，用户使用各种客户端设备通过浏览器来访问应用。用户并不管理或控制底层的云基础设施，如网络、服务器、操作系统、存储甚至其中单个的应用能力，除非是某

些有限用户的特殊应用配置项。SaaS 模式决定了提供商管理和维护整套应用，因此，SaaS 提供商应最大限度地确保提供给客户的应用程序和组件的安全，客户通常只需负责操作层的安全功能，包括用户和访问管理，所以选择 SaaS 提供商特别需要慎重，目前对于提供商评估通常的做法是根据保密协议，要求提供商提供有关安全实践的信息。该信息应包括设计、架构、开发、黑盒与白盒应用程序安全测试和发布管理。有些客户甚至请第三方安全厂商进行渗透测试（黑盒安全测试），以获得更为翔实的安全信息，不过渗透测试通常费用很高，而且也不是所有提供商都同意这种测试。

还有一点需要特别注意的是，SaaS 提供商提供的身份验证和访问控制功能，在通常情况下，这是客户管理信息风险唯一的安全控制措施。大多数服务包括谷歌都会提供基于 Web 的管理用户界面。最终用户可以分派读取和写入权限给其他用户。然而，这种特权管理功能可能不先进，细粒度访问可能会有弱点，也可能不符合组织的访问控制标准。用户应该尽量了解云特定访问控制机制，并采取必要的步骤，保护在云中的数据；应实施最小化特权访问管理，以消除威胁云应用安全的内部因素。

所有有安全需求的云应用都需要用户登录，有许多安全机制可以提高访问安全性，比如通行证或智能卡，而最为常用的方法是可重用的用户名和密码。如果使用强度最小的密码（如需要的长度和字符集过短）和不作密码管理（过期，历史），很容易导致密码失效，而这恰恰是攻击者获得信息的首选方法，从而容易被猜到密码。因此，云服务提供商应能够提供高强度密码；定期修改密码，时间长度必须基于数据的敏感程度；不能使用旧密码等可选功能。

在目前的 SaaS 应用中，提供商将客户数据（结构化和非结构化数据）混合存储是普遍的做法，通过唯一的客户标识符，在应用中的逻辑执行层可以实现客户数据逻辑上的隔离，但是当云服务提供商的应用升级时，可能会造成这种隔离在应用层执行过程中变得脆弱。因此，客户应了解 SaaS 提供商使用的虚拟数据存储架构和预防机制，以保证多用户在一个虚拟环境所需要的隔离。SaaS 提供商应在整个软件生命开发周期加强在软件安全性上的措施。

③ PaaS 应用安全。PaaS 云提供给用户的能力是在云基础设施之上部署用户创建或采购的应用，这些应用使用服务商支持的编程语言或工具开发，用户并不管理或控制底层的云基础设施，包括网络、服务器、操作系统或存储等，但是可以控制部署的应用和应用主机的某个环境配置。PaaS 应用安全包含两个层次：PaaS 平台自身的安全；客户部署在 PaaS 平台上应用的安全。

SSL（Secure Sockets Layer，安全套接层）是大多数云安全应用的基础，目前众多黑客社区都在研究 SSL，相信 SSL 在不久的将来将成为一个主要的病毒传播媒介。PaaS 提供商必须明白当前的形势，并采取可能的办法来缓解 SSL 攻击，避免应用被暴露在默认攻击之下。用户必须要确保自己有一个变更管理项目，在应用提供商指导下，进行正确应用配置或打配置补丁，及时确保 SSL 补丁和变更程序能够迅速地发挥作用。

PaaS 提供商通常都会负责平台软件包括运行引擎的安全，如果 PddS 应用使用了第三方应用、组件或Web）服务，那么第三方应用提供商则需要负责这些服务的安全。因此用户需要了解自己的应用到底依赖于哪个服务，在采用第三方应用、组件或Web）服务的情况下，用户应对第三方应用提供商作风险评估。目前，云服务提供商借口平台的安全使用信息会被黑客利用而拒绝共享，尽管如此，客户应尽可能地要求云服务提供商增加信息透明度，以利于风险评估和安全管理。

在多租户PaaS的服务模式中，最核心的安全原则就是多租户应用隔离。云用户应确保自己的数据只能有自己的企业用户和应用程序访问。提供商维护PaaS平台运行引擎的安全，在多租户模式下，必须提供“沙盒”架构，平台运行引擎的“沙盒”特性可以集中维护客户部署在PaaS平台上应用的保密性和完整性。云服务提供商负责监控新的程序缺陷和漏洞，以避免这些缺陷和漏洞被用来攻击PaaS平台和打破“沙盒”架构。

云用户部署的应用安全需要PaaS应用开发商配合，开发人员需要熟悉平台的API（Application Programming Interface，应用程序编程接口）、部署和管理执行的安全控制软件模块。开发人员必须熟悉平台特定的安全特性，这些特性被封装成安全对象和Web服务。开发人员通过调用这些安全对象和Web服务，实现在应用内配置认证和授权管理。对于PaaS的API设计，目前没有标准可用，这对云计算的安全管理和云计算应用可移植性带来了难以估量的后果。

PaaS应用还面临着配置不当的威胁，在云基础架构中运行应用时，应用在默认配置下安全运行的概率几乎为零。因此，用户最需要做的事就是改变应用的默认安装配置，需要熟悉应用的安全配置流程。

④ IaaS应用安全。IaaS云提供商（例如亚马逊EC2，GoGrid等）将客户在虚拟机上部署的应用看做一个黑盒子，IaaS提供商完全不知道客户应用的管理和运作。客户的应用程序和运行引擎无论运行在何种平台上，都由客户部署和管理，因此，客户负有云主机之上应用安全的全部责任，客户不应期望IaaS提供商的应用安全帮助。

（3）虚拟化安全

基于虚拟化技术的云计算引入的风险主要有两个方面：一个是虚拟化软件的安全；另一个是使用虚拟化技术的虚拟服务器的安全。

① 虚拟化软件安全。该软件层直接部署于裸机之上，提供能够创建、运行和销毁虚拟服务器的能力。实现虚拟化的方法不只一种，实际上，有几种方法都可以通过不同层次的抽象来实现相同的结果，如操作系统级虚拟化、全虚拟化或半虚拟化。在IaaS云平台中，云主机的客户不必访问此软件层，它完全应该由云服务提供商来管理。由于虚拟化软件层是保证客户的虚拟机在多租户环境下相互隔离的重要层次，可以使客户在一台计算机上安全地同时运行多个操作系统，所以必须严格限制任何未经授权的用户访问虚拟化软件层。云服务提供商应建立必要的安全控制措施，限制对于Hypervisor和其他形式的虚拟化层次的物理与逻辑访问控制。

虚拟化层的完整性和可用性对于保证基于虚拟化技术构建的公有云的完整性与可用性是最重要，也是最关键的。一个有漏洞的虚拟化软件会暴露所有的业务域给恶意的入侵者。

② 虚拟服务器安全。虚拟服务器位于虚拟化软件之上，对于物理服务器的安全原理与实践也可以被运用到虚拟服务器上，当然，也需要兼顾虚拟服务器的特点。下面将从物理机选择、虚拟服务器安全和日常管理三方面对虚拟服务器安全进行阐述。

应选择具有 TPM 安全模块的物理服务器，TPM 安全模块可以在虚拟服务器启动时检测用户密码，如果发现密码及用户名的 Hash 序列不对，就不允许启动此虚拟服务器。因此，对于新建的用户来说，选择这些功能的物理服务器来作为虚拟机应用是很有必要的。如果有可能，应使用新的带有多核的处理器，并支持虚拟技术的 CPU，这就能保证 CPU 之间的物理隔离，会减少许多安全问题。

安装虚拟服务器时，应为每台虚拟服务器分配一个独立的硬盘分区，以便将各虚拟服务器之间从逻辑上隔离开来。虚拟服务器系统还应安装基于主机的防火墙、杀毒软件、IPS（IDS）日志记录和恢复软件，以便将它们相互隔离，并与其他安全防范措施一起构成多层次防范体系。

每台虚拟服务器应通过 VLAN 和不同的 IP 网段的方式进行逻辑隔离。需要相互通信的虚拟服务器之间的网络连接应当通过 VPN 的方式来进行，以保护它们之间网络传输的安全。实施相应的备份策略，包括它们的配置文件、虚拟机文件及其中的重要数据都要进行备份，备份也必须按照一个具体的备份计划来进行，应当包括完整、增量或差量备份方式。

在防火墙中，尽量对每台虚拟服务器作相应的安全设置，进一步对它们进行保护和隔离。将服务器的安全策略加入到系统的安全策略当中，并按照物理服务器安全策略的方式来对等。

从运作的角度来看，对于虚拟服务器系统，应当像对一台物理服务器一样地对它进行系统安全加固。包括系统补丁、应用程序补丁、所允许运行的服务、开放的端口等。同时严格控制物理主机上运行虚拟服务的数量，禁止在物理主机上运行其他网络服务。如果虚拟服务器需要与主机进行连接或共享文件，应当使用 VPN 方式，以防止由于某台虚拟服务器被攻破后影响物理主机。文件共享也应当使用加密的网络文件系统方式。需要特别注意主机的安全防范工作，消除影响主机稳定和安全性的因素，防止间谍软件、木马、病毒和黑客的攻击，因为一旦物理主机受到侵害，所有在其中运行的虚拟服务器都将面临安全威胁，或者直接停止运行。

对虚拟服务器的运行状态进行严密的监控，实时监控各虚拟机当中的系统日志和防火墙日志，以此来发现存在的安全隐患。应当立即关闭不需要运行的虚拟机。

2.4.5.4 云计算发展趋势

信息技术资源服务化是云计算最重要的外部特征。目前，Amazon，Google，IBM，Microsoft，Sun 等国际大型信息技术公司已纷纷建立并对外提供各种云计算服务。根据美国国家标准与技术研究院的定义，当前云计算服务可分为 3 个层次：基础设施即服务（IaaS），如 Amazon 的弹性计算云（elastic compute cloud，简称 EC2）、IBM 的蓝云（blue cloud）和 Sun 的云基础设施平台（IAAS）等；平台即服务（PaaS），如 Google 的 Google App Engine 与微软的 Azure 平台等；软件即服务（SaaS），如 Salesforce 公司的客户关系管理服务等。

当前，各类云服务之间已开始呈现出整合趋势，越来越多的云应用服务商选择购买云基础设施服务而不是自己独立建设。例如，在云存储服务领域，成立于美国佐治亚州的 Jungle Disk 公司基于 Amazon S3 的云计算资源，通过友好的软件界面，为用户提供在线存储和备份服务；在数据库领域，Oracle 公司利用 Amazon 的基础设施提供 Oracle 数据库软件服务和数据库备份服务；而 FanthomDB 为用户提供基于 MySQL 的在线关系数据库系统服务，允许用户选择底层使用 EC2 或 Rackspace 基础设施服务等。可以预见，随着云计算标准的出台，以及各国的法律、隐私政策与监管政策差异等问题的协调解决，类似的案例会越来越多。对比其他领域（如制造业领域）的全球化经验可知，云计算将推动信息技术领域的产业细分：云服务商通过购买服务的方式减少对非核心业务的投入，从而强化自己核心领域的竞争优势。最终，各种类型的云服务商之间形成强强联合、协作共生关系，推动信息技术领域加速实现全球化，并最终形成真正意义上的全球性的“云”[11]。

未来云计算将形成一个以云基础设施为核心、涵盖云基础软件与平台服务和云应用服务等多个层次的巨型全球化信息技术服务化网络。如果以人体作为比喻，那么处于核心层的云基础设施平台将是未来信息世界的神经中枢，其数量虽然有限，但规模庞大，具有互联网级的强大分析处理能力；云基础软件与平台服务层提供基础性、通用性服务，如云操作系统、云数据管理、云搜索、云开发平台等，是这个巨人的骨骼与内脏；而外层云应用服务则包括与人们日常工作与生活相关的大量各类应用，如电子邮件服务、云地图服务、云电子商务服务、云文档服务等，这些丰富的应用构成这个巨型网络的血肉发肤。各个层次的服务之间既彼此独立又相互依存，形成一种动态稳定结构。越接近体系核心的服务，其在整个体系中的权重也就越大。因此，未来谁掌握了云计算的核心技术主动权和核心云服务的控制权，谁就将在信息技术领域全球化竞争格局中处于优势地位。

2.5 物联网重要基础连接设施的安全评估

2.5.1 概　述

“连接”系统技术的成熟，将遥感、监控、通信设备都收入到环境中。随之形成的物联网也从工作和家庭的范畴延伸到复杂的电子商务、公共设施、医疗和运输领域。物联网的潜质已经在安全监控、监测等新领域体现出来，大致说来，就是自动检测每一个可测参数。然而，新型物联网在把资源连接起来的同时，又对安全提出了挑战。新的安全威胁随着物联网连接范围的扩大而产生：因为新的自动检测装置在重要环境中更容易成为攻击者的目标。例如，自动柜员机的传感器一旦失灵，就会导致经济损失。另一方面，物联网在安全监控方面又开辟了新的领域：对恶意行为及攻击的高级识别。上述传感器及软件在重要基础设施中用来监控目标。现代社会越来越依赖重要基础设施，如电网、通信、金融和运输网络。这些重要基础设施的联系越发紧密，因此，可以独立于计算与通信基础设施。从逻辑上讲，有必要阻断由系统连接而带来的一切威胁，因为这些干扰会在物力、财力甚至人力方面造成巨大的损失。所以，对安全级别进行准确的量化评估，无论是对社会还是对个人都具有重大的意义。重要基础设施的互联，通信网络更加关注其弹性性能。如入侵检测系统、分布式防火墙、垃圾邮件检测等，都用到了反应灵敏的通信框架。在各种通信技术中，由于点对点具有鲁棒性和冗余等固有特性，它已经逐渐被认为是保护重要基础设施的手段。这使得保护需要具备精良的设计，并且具有稳定及可测量的特性。采用合作的方式对重要基础设施进行更加有效。由于重要基础设施的每个组成部分都需要受到保护，协同效应随之产生，相关安全信息准确度也将达到一个更高水平，这些都有益于重要基础设施的各个组成部分。点对点防护层类似于覆盖网络中寻找攻击与潜在网络威胁的参与者间的合作关系。通常，还要用到专门收集、处理、传播相关安全数据的中间件。这种中间件的控件本身就是一种重要基础设施，它对于服务水平能否达到参与部件的要求，起到了至关重要的作用。定义几个专用的指标，其计算部分来自遥感实时测量数据的节点，构成监测重要基础设施安全的基础。虽然传感节点重叠在多个方案中被用来实现关键保护机制，但能够定量评估保护加强的方法却十分匮乏。Quan titative measures可以让设计者最大化保护机制的弹性，增加使用者对系统的信任度，方便管理者对投资的评估。

2.5.2 体系结构和系统模型

在讨论了重要基础设施保护过程中可能用到的点对点架构模型后，提出了一个案例分析，其相关系统在本书也都会有所涉及。

（1）架构模型

对于以物联网为基础的重要基础设施保护，可以用两种基本方法加以区别。

侵入性解决方案和非侵入性解决方案。侵入性方式的保护机制是嵌入在重要基础设施中的。侵入性方式并不是总能获得重要基础设施的所有权。

非侵入性方式包括安插从重要基础设施上解耦下来的点对点覆盖。补充的覆盖驱动是双重的：一是满足非侵入性底层的特殊需要；二是避免引入新的安全漏洞。

（2）基于点对点的金融基础设施保护

在这部分，提出一个个案研究，说明如何利用点对点的覆盖性来加强对重要基础设施的保护。金融机构（如银行、股市）、保险公司和评级机构之间联系紧密，每天要处理成千上万笔交易。绝大部分交易都是电子化的。因此，FI高度依赖于底层基础设施。然而，物联网安全是一个高度敏感的问题，并且都是由金融机构自行解决的。不过事实已经证明，联合防御要比独自应付更加奏效。因此，目前的趋势是将互联网安全看做金融机构间的合作项目，而不是竞争领域。金融机构的一个基本特质就是注重隐私。这是每个互联网解决方案中都应满足的基本条件，尤其是那些关系到互联网安全的敏感领域。由于点对点的连续性，它在金融基础设施保护中起着重要作用。此方案突出了金融机构企图通过安全、独立的监控基础设施来共享相关安全信息的愿望。总之，我们为金融机构间的合作提供可行性方案，以此来减轻分布式攻击。欧盟项目 CoMiFin 旨在通过点对点的覆盖来实现对金融机构更为行之有效的保护。核心要求之一便是金融机构之间在不透漏自身相关安全进程的前提下，在安全机制共享方面进行合作。由于金融机构对隐私和非侵入性有很高的要求，只能接受非侵入性方式。金融机构之间共享安全信息，如攻击警报或潜在网络威胁有利于所有参与方。

2.5.3 诚信质量

大家普遍认为，不经过检验的活动不可能得到提升。通过指标测量和控制互联网安全是一个鲜有研究的领域。这些指标是认识、改进和验证重要基础设施安全的前提。由于不可能在这里讨论所有安全指标，因此便着眼于现有的不同种类的指标。首先，将现有安全指标进行分类，这些都有助于新兴的安全指标研究领域。之后，将针对一些最具代表性的安全指标进行讨论。

(1) 安全指标分类

文献中有一些针对现有安全指标的不同分类方法。从业者对其中的一些分类方法进行了完善。由于它们是行业导向，并且要尽量满足市场需要，因此，不能涵盖现有的全部指标。有人提出了一个更高层次的分类方式，包括了组织安全信息管理及产品开发两项指标。国家标准与技术研究院提出从组织的角度来对不同安全指标进行分类。它包含三个不同的类别：管理、技术和业务指标。每一种分类都包含若干子类。信息基础设施保护研究所还制定了安全指标分类。从过程控制系统的角度，它包括三种不同的指标分类：技术、操作和组织度量活动。其中每一项又包含若干子类。Vaughn 等人制定出两项分类：组织安全指标和技术评估指标。Seddigh 等人将咨询网络分为三项：安全、服务质量和可用性。三项分类的每一项都包括技术、组织和操作指标。技术指标包括产品评价、事故统计和安全测试的子类别。组织安全指标包括信息保障方案的制定和资源指标。操作安全指标包括技术准备、敏感性和有效性。Savola 制定出一种高级信息安全指标分类，将组织信息安全指标及产品开发指标纳入其中。从 0 级开始，企业安全指标位于分类中的最高级。余下的指标分类为：① 成本收益分析安全指标包括经济措施在内，如投资回报；② 商业合作的信用指标；③ 企业风险分析安全指标；④ 信息安全管理安全指标；⑤ 通信技术产品、系统、服务的安全指标及可靠性度量指标。Savola 的分类方法涉及新兴的经济驱动安全指标领域，该领域适用于没有互联网安全经验的管理者和决策者。这里提到的分类方式很便于对现存的各种安全指标进行整理。他们从不同的角度对现存指标进行度量：组织管理、产品开发和业务评估等。

(2) CoMiFin 计算指标的说明

安全指标通常依赖于应用程序。只有对给定领域有深入的了解之后，才能制定出一套适合的指标。为了定义经济基础设施方案在 CoMiFin 中的指标，采用目标—问题—指标 GQM 方法，这种方法是一种为用户所广泛采用的指标定义方法。因此，确定出以下指标分类：① 资源指标：这一类包括基本资源使用度量，如 CPU、内存、磁盘或网络使用情况。这些框架监控指令可以将低级指标与高级指标相连，以便及时发现隐藏的异常行为。② 可用性指标：这一组介绍了重叠部分可用性的测量指标。例如，每个组件的平均正常运行时间、可用性、可靠性和平均修复时间。这是 SLAs 中最典型的指标。③ 通信指标：由于重叠部分对于信息共享有着严格的安全要求，应用通信机制的属性便是重要的指标。④具体指标的应用：这一组介绍的是在重叠部分运行的应用程序，如应用程序的运行版本，但尚未安装安全更新程序的特定版本号。⑤具体覆盖指标：这一组包括的是度量整体覆盖的指标，如 k 连接。⑥ 信用指标：这一类包括对 CoMiFin 参与者的信用度量。

2.5.4 QoP 指标评估

这种方法的核心思想包括：SLAs 的指标定义和运行时间指标监测。依次按照以下方法：

① 定义覆盖的相关安全要求。

② 定义一系列指标来监控给定要求的执行情况。

③ 在给定指标的基础上，制定精确的 SLAs，以便可以在运行过程中通过指标监控来检查执行情况。

④ 以物联网为基础的 SLAs 安全协议执行情况监控。

⑤ 任务违法 SLA 协议的行为都会被监测到，并按照 SLA 协议进行处罚。

步骤①、②为目标保护。步骤②～⑤以物联网为基础，通过修复量化指标的方式进行保护。

(1) 诚信设计

这一部分重点论述在设计阶段通过指标定义 QoP。该方法旨在通过指标定义 SLA 来满足用户要求。在设计阶段，需要精确设定重要基础设施的 QoP。为了解决这个问题，假设一种方法，利用 SLAs 作为一种主要方式来界定参与者在一段时间内所应提高的最低服务水平。SLA 管理者负责 SLAs 的创建与管理。设想由 SLA 管理者全程负责管理 SLAs。SLA 管理者为 Section IV－B 中的监控指标提供通信接口。作为证明依据，让 SLA 管理和备忘录相互作用，来监控 SLAs 的预定义执行情况。关系到部分 SLA 的安全性在这方面尤为重要。一旦 SLA 被触犯，与备忘录的相互作用即被激发。以物联网为基础的备忘录监控活动可以对 SLA 违规进行监督，并将结果直接报告给 SLA 管理者。除了这个规定，还有关于如何处罚 SLA 中违规行为的相应对策和措施。接下来讨论的是设计规范和 SLA 的管理实施原型。两个主要子件是用来提供 SLA 管理。此外，发动机报警确保了

SLA 与备忘录正常互动。最后，SLAs 被存放在专门的存储库内。当前 SLA 管理原型具有部分终极功能。它的核心功能是在 SLAs 存储库中进行建立、修改或删除。目前可实现的功能包括：网络应用程序全程控制 SLAs，采用 SLA 管理器存储 SLAs 的数据库组件，能同备忘录相互作用的一组网络服务。

（2）信任修复

通过指标对运行中的 QoP 进行评估，因此触发警报或者覆盖重置，来达到 QoP 的理想水平。

① 指标监控（备忘录）：指标监控负责在运行时收集测量数据，根据这些测量数据计算指标，发生违规行为时进行通知。第一层标有“测量收集”，接收覆盖层节点测量数据，这些覆盖层都是基于路由、组播一类的点对点协议构成。每次测量都是基于指标定义。

这种意义上的代理很小，简单的应用程序就可对这些节点进行测量。在这里强调的是物联网已经提供了一个灵活的，（由于其分散性）可持续测量的基础设施，这有助于提高测量的质量和及时性。使用嵌入式设备作为测量传感器，会加强安全与私密性，书中并未提及，但会在未来进行研究。下一层被称做“指标计算”，在已收集的测量数据基础上计算定义指标。指标计算在备忘录框架中，有两种方式：使用内置机制进行简单、快速的数学运算；使用计算器插件进行高级或复杂运算。计算器插件能够访问收集的测量数据和以前的计算指标。可靠的计算插件是在使用者的信任水平上进行综合评分。

“SLA 子系统”是该体系结构的最上层，负责同 SLA 管理器合作。它在内部负责处理 SLA，并跟踪这些 SLA。一旦 SLA 违规，这个部件就会通知 SLA 管理系统。三层全部采用数据库访问子件来持续存储测量数据、指标、SLA 的通知与说明。

② 备忘录初步实现：备忘录的初步实现集成了多种开源组件。该测量元件是由 Nagios citeNagios 监控服务器和用来收集专门信息的代理框架组成。在后期发展阶段，这个部件很容易被不符合监控设备行业标准的监控系统所取代。内置指标计算功能由 MySQL 数据库提供，该数据库只具备指标计算的简单功能。另一方面，触发计算很奏效。如前所述，规则引擎评估插件在 Drools 规则引擎的基础上被开发出来。计算器插件和指标计算子件间的通信是靠 Java RMI 或 JBoss 网络服务完成的。

③ 监测配置的自动生成：由于物联网基础设施改动日趋成熟，信息技术监控管理系统的系统模型应该保持一致和连贯性。近来，使用 Eclipse Modeling Framework 和相关技术来自动生成 Nagios 的配置设置。目前仍需要人工干预，在发展阶段协助运行配置验证。

2.6 本章小结

本章系统地介绍了支撑物联网发展的信息技术：计算机技术、通信技术与微电子技术。计算机技术为物联网提供了计算工具，通信技术为物联网提供了通信手段，微电子技术是物联网发展的基石。主要内容如下。

物联网智慧地感知中国与世界的目标给计算机领域的数据自动采集、可靠传输与智能处理技术的研究提出了重大的课题。高性能计算为物联网应用提供了重要的计算工具，普适计算的“环境智能化”研究为物联网技术奠定了重要的理论基础，云计算为物联网应用的推广创造了有效的商业模式。

物联网产业链由标识、感知、处理和信息传输4个环节组成，信息传输的主要工具是无线移动通信。3G是无线移动通信与互联网高度融合的产物，它无疑是物联网产业链上重要的一环，并且存在着重大的产业发展机遇。

微电子芯片设计与制造是物联网产业的基石。小型化、造价低的RFID芯片与读写器，传感器芯片、传感器的无线通信芯片，以及无线传感器网络的节点电路与设备的研制都需要使用SoC技术。物联网的应用为我国微电子产业的发展创造了重大的发展机遇。

参考文献

[1] 杨正洪，周发武．云计算和物联网［M］．北京：清华大学出版社，2011.

[2] 朱近之．智慧的云计算［M］．北京：电子工业出版社，2011.

[3] 刘戈舟，杨泽明，刘宝旭．云计算安全与隐私［M］．北京：机械工业出版社，2011.

[4] 雷葆华，饶少阳，汪峰．云计算解码［M］．北京：电子工业出版社，2011

[5] 张云勇，陈清金，潘松柏．云计算安全关键技术分析［J］．电信科学，2010（9）：64－69.

[6] 冯登国，张敏，张妍．云计算安全研究［J］．软件学报，2011，22（1）：71－83.

[7] 桑磊．云计算在物联网中的应用［J］．信息技术，2011（14）：59.

[8] Roman R，Najera P，Lopez J. Securing the Internet of things［J］. Computer，2011，44（9）：51－58.

[9] Leng Ying，Zhao Lingshu. Novel design of intelligent internet-of-vehicles management system based on cloud-computing and Internet-of-things［C］. EMEIT，2011 International Conference on，2011（6）：3190－3193.

[10] Wang Huijuan, Zhu Penghua. Yuan Yu cloud computing based on Internet of things [C]. MACE, 2011 Second International Conference on, 2011: 1106-1108.
[11] Qiao Ying, Chen Hao. The design of smart cloud computing system: the Internet of thing model [C]. ICCIS, 2011 International Conference on, 2011: 185-188.

第3章 支撑物联网的传感器技术

3.1 传感器技术

目前，以能源、信息和材料为三大支柱的新技术革命已在世界范围内蓬勃兴起。人类社会正逐渐由工业化时代向信息化时代迈进。作为感知、采集、转换、传输和处理各种信息必不可少的功能器件之传感器，已成为与微计算机同等重要的技术工具，获得了高度的重视与迅猛的发展[1]。

传感器是信息采集系统的首要部件，也是电子计算机的“五官”，处于现代测量与自动控制（包括遥感、遥测、遥控）的主要环节。可以认为，它既是现代信息产业的源头，又是信息社会赖以存在和发展的物质与技术基础。现在，传感器技术已与通讯技术、计算机技术并列成为支撑整个现代信息产业的三大支柱，并成为现代测量技术与自动化技术的重要基础。可以设想，如果没有高度保真和性能可靠的传感器，没有先进的传感器技术，那么信息的准确获得与精密检测就成为一句空话，通讯技术和计算机技术也就成为无源之水、无本之木。现代测量与自动化技术也会随之变成水中之月、镜中之花。

现阶段，从宇宙探索、海洋开发，到国防建设、工农业生产；从环境保护、灾情预报，到包括生命科学在内的每一项现代科学研究；从生产过程的检测与控制，到人民群众的日常生活等，几乎都离不开传感器和传感器技术。事实表明，传感器和传感器技术已经渗入新技术革命的所有领域，涉及国民经济的每个部门，进入了大众生活的各个方面。可见，应用、研究和发展传感器与传感器技术，是信息化时代的必然要求[2]。

3.1.1 传感器的定义

关于传感器的定义，至今尚无一个比较全面的定论。不过，对以下提法，学者们似乎不持异议：传感器，有时也称为换能器、变换器、变送器或探测器。其主要特征是能感知和检测某一形态的信息，并将其转换成另一形态的信息。因此，传感器是指那些对被测对象的某一确定的信息具有感受（或响应）与检出功能，并使之按照一定规律转换成与之对应的可用于输出信号的元器件或装置。传感器通常由敏感元件与转换元件组成。敏感元件是指传感器中能直接感受（或响应）与检出被测对象的待测信息的部分；转换元件是指传感器中能将敏感元件所感受（或响应）与检出的待测信息转换成适宜于传输和（或）测量的电信号的部分。当输出的信号为规定的标准信号时，通常称之为变送器。

在不少场合，人们把传感器定义为敏感于待测非电量并可将它转换成与之对应的电信号的元件、器件或装置的总称。当然，将非电量转换成电信号并不是仅有的方式。例如，在某些情况下，也可将一种形式的非电量转换成另一种形式的非电量。另外，从发展的眼光来看，将非电量转换成光信号或许更为有利。

此外，也可以从其功能出发，通过形象的比喻对传感器进行定义：所谓传感器，是指那些能够取代甚至超越人的“五官”，具有视觉、听觉、触觉、嗅觉和味觉等功能的元器件或装置。之所以说“超越”，是因为传感器不仅可以被应用于人们无法忍受的高温、高压、辐射等恶劣环境，还可以检测出人类“五官”不能感知的各种信息（如微弱的磁、电、离子和射线的信息，以及那些远远超出人体“五官”感觉功能的高能信息等）。

3.1.2 传感器的分类

传感器的品种极多，原理各异，检测对象门类繁多，因此，其分类方法很多，且至今尚无统一规定。人们通常站在不同的角度，作突出某一侧面的分类。归纳起来，大致有如下几种分类法[3]。

（1）按照工作机理分类

按照传感器的工作机理不同，可分为结构型、物性型和复合型三大类（见图3-1）。其中，前两类已有商品供应市场。“结构型传感器”是利用物理学中关于场与运动的定律等构成的，其性能与构成材料关系不大。这是一类其结构的几何尺寸（如厚度、角度、位置等）在待测量作用下会发生变化，并可获得比例于非电量之电信号的敏感元器件或装置。用于测量压力、位移、流量、温度的力平衡式、振弦式、电容式、电感式等传感器属于此类。这类传感器开发得最早，至今仍然被广泛地应用于工业流程检测仪表中。“物性型传感器”是利用物质的某种或某些客观属性构成的，其性能随构成材料的不同而异。这是一类其构成材料的物理特性、化学特性或生物特性直接敏感于待测非电量，并可将待测非电量转换成电信号的敏感元器件或装置。由于它的“敏感体”本来就是材料本身，所以不存在“结构”，也无所谓“结构变化”，所以，这类传感器通常具有响应速度快的特点；又因为它多以半导体为敏感材料，所以易于实现小型化、集成化、智能化。显然，这对于与电子计算机接口而言是有利的。所有半导体传感器，以及一切利用会因环境发生变化而导致本身性能发生变化的金属、半导体、陶瓷、合金等制成的传感器，都属于物性型传感器。“复合型传感器”是指将中间转换环节与物性型敏感元件复合而成的传感器。之所以要采用中间环节，是因为在大量待测非电量中，只有少数（如应变、光、磁、热、水分和某些气体）可直接利用某些敏感材料的物质特性转换成电信号。所以，为增加非电量的测量种类，必须先将不能直接转换成电信号的非电量变换成上述少数量中的一种，再利用相应的物性型敏感元件将其转换成电信号。可见，复合型传感器实际上是既具有将待测非电量先变换成中间信号之功能，又具有将该中间信号随即转变成电信号之功能的一类敏感元器件或装置。毫无疑问，这类传感器的性能不仅与物性型敏感元件的优劣及选用得当与否密切相关，而且与中间转换环节设计得好坏及选用恰当与否关系甚大。目前，对部分信息的检测工作还主要是靠复合型传感器来完成的。

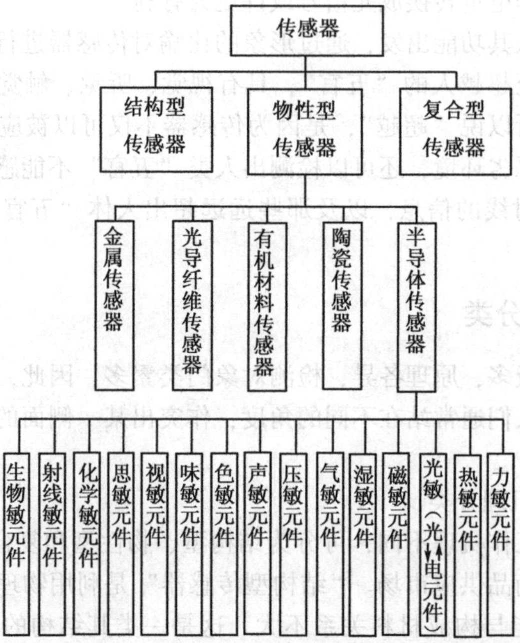

图 3-1　传感器的分类

（2）按照敏感材料分类

这种分类法可分出很多种类，如半导体传感器、陶瓷传感器、光导纤维传感器、金属传感器、有机材料传感器等（见图 3-1）。

（3）按照功能分类

按照敏感元器件的功能之不同，可分为力敏、热敏、光敏、磁敏、湿敏、气敏、压敏、声敏、色敏、味敏、视敏、思敏、化学敏、射线敏、生物敏元件（传感器）等（见图 3-1）。

（4）按照物理原理分类

按照传感器所利用的物理原理不同，可分为电感式、电容式、压电式、压阻式、霍尔式、应变式、涡流式等传感器。采用这种分类法，有利于传感器专业工作者从原理与设计上作归纳性的分析和研究。

（5）按照对能量所起的作用分类

按照传感器对能量所起的作用不同，可分为能量变换型传感器和能量控制型传感器，也称为有源传感器和无源传感器。前者是一种能量变换器，它可将非电量转换为电量；后者本身并不是一个换能器，被测非电量仅对传感器中的能量起控制或调节作用，所以它必须具有辅助能源（电源）。

（6）按照被测量分类

按照被测量不同，可分为物理量传感器、化学量传感器和生物量传感器三大类。各类传感器又可分为若干族，每一族又可分为若干组。

（7）按照用途分类

目前，传感器已经被广泛地应用于国防军工、工农业生产、环境保护、交通运输、自动控制和家用电器等各个领域。因此，通常可分为工业用、农用、民用、科研用、医用、军用、环保用和家电用传感器等。若按照具体的使用场合，还可分为汽车用、舰船用、飞机用、宇宙飞船用、防灾用传感器等。此外，根据使用目的不同，又可分为计测用、监视用、检查用、诊断用、控制用和分析用传感器等。

（8）按照科目分类

这种分类法是指将各大类传感器再划成较小的科目的分类法，如电容传感器、固态图像传感器、高温应变计等。

（9）其 他

除以上几种常用的分类法外，还有一些其他分类法。例如，半导体光色传感器，除可以按照材料分类外，还可以按照结晶形态和结构特征分类。表3-1给出了按照不同方法分类的各种半导体光色传感器的名称。

表3-1 半导体光色传感器的分类

分类方法	传感器名称
按照材料种类分类	Si，Ge，GaAs，InSb，HgCdTe，PbSnTe，InAs，PbS，PbSe，PbTe，CdS，CdSe等光色传感器
按照结晶形态分类	单晶半导体光色传感器、多晶半导体光色传感器、非晶半导体光色传感器
按照结构特征分类	光电导：光电二极管（P_c结、P_{ln}结、雪崩、肖特基势垒、异质结）；光电晶体管（结壁、MIS壁）；固体成像传感器（BBD，CCD，CID，红外CCD，BBD，CCD混合型，纸照度CCD）；光纤传感器；光电池

3.1.3 传感器技术的特点

目前，包括传感器的研究、设计、试制、生产、检测与应用等诸项内容在内的传感器技术，已逐渐形成了一门相对独立的专门学科。与其他学科相比，它具有以下特点。

（1）内容离散

内容离散主要体现在传感器技术所涉及和利用的物理学、化学、生物学中的基础“效应”“反应”“机理”，不仅为数甚多，而且它们往往是彼此独立，甚至是完全不相关的。

(2) 知识密集程度甚高，边缘学科色彩极浓

尽管传感器技术属于“工程学”中的一种（如日本称之为“传感器工程学”），但由于它是以材料的电、磁、光、声、热、力等功能效应和功能形态变换原理为理论基础，并综合了物理学、微电子学、化学、生物工程、材料科学、精密机械、微细加工、试验测量等方面的知识和技术而形成的一门科学，因此，具有引人注目的知识密集性和学科边缘性，所以，它与许多基础科学和专业工程学的关系极为密切。例如，在研制结构型传感器时，人们就运用了有关电场、磁场和力场的大量基本定律，以及涉及到材料学、工艺学、电工学等方面的许多基础知识。又如，伴随着物性型传感器的开发，人们对各种化学反应、生物学现象，甚至有机体和微生物中某些细胞的敏感功能等，表现了日益浓厚的兴趣，并给予了越来越高的重视。正因为如此，可以看到，在上述领域中，一有新的发现，就有人将其迅速应用于传感器技术。下列实例可以说明这个问题：约瑟夫逊效应发现不久，以该效应为工作原理的、可测 10－9Gs 极弱磁场的“超高灵敏度量子型传感器 SQUID”就问世了。

(3) 在开发过程中，个人作用较大

虽然从整体来看，传感器技术内容丰富多样，涉及的知识面广，也不乏高深学问，但就某种具体的传感器而言，其基本原理往往是比较简单独立的，尤其是物性型传感器更是如此。因此，在传感器的研制过程中，研制人员对元件工作原理的选择有较大的自由度，也就是说，为设计一种能检测某种非电量的传感器，设计者可从众多相互独立的原理中，选用一种自认为最合适的原理。从这种意义上说，传感器研制者个人的开发作用，往往比大规模电路或大型系统设计者的作用大得多。

(4) 技术复杂，工艺高难

传感器的制造涉及许许多多的高新技术，如集成技术、薄膜技术、超导技术、键合技术、高密封技术、特种加工技术，以及多功能化、智能化技术等。传感器的制造工艺难度很大，要求极高，例如，微型传感器要求其尺寸等于或小于 1mm，硅片的厚度有时需在 1μm 以下，大压力传感器的耐压能力必须达到数百兆帕等。

(5) 品种繁多

由于在现代科学研究和工农业生产中，需要测量的量（待测量）很多，而且一种待测量往往可用几种传感器来检测，因此，传感器产品的品种极为庞杂、繁多。例如，仅线位移传感器的品种就多达 18 种。

(6) 功能特优，性能极好

功能特优体现在其功能的扩展性好、适应性强。具体地说，传感器不但具备人类“五官”所具有的视、听、触、嗅和味觉功能，而且可以检测人类“五官”不能感觉的信息（如红外线、超声波及 α，β，γ 等各种射线），同时能在人类无法忍受的高温、高压等恶劣环境下工作。性能极好地体现在传感器的量程宽、精度高、可靠性好。

例如，温度传感器的测温范围可低至－196℃以下，最高可达 1800℃以上；压力传

感器的测压范围可从0.01psi至10000psi；精度可达0.1%～0.01%；可靠度可达8～9级。

(7) 应用广泛

传感器和传感器技术的应用范围很广，从航天、航空、兵器、船舶、交通、冶金、机械、电子、化工、轻工、能源、煤炭、石油、医疗卫生、生物工程、宇宙开发等领域，到农、林、牧、副、渔五业，甚至人们日常生活的方方面面，几乎无处不使用传感器，无处不需要传感器技术。

(8) 品种与数量间的矛盾突出

传感器作为商品，用户对其品种的要求通常很多，但对每一品种的需要量往往很少。这一突出矛盾不但把传感器推上了高价商品的位置，而且对传感器的进一步发展增设了障碍。因为市场小既会直接动摇厂家投产的决心，也会使有关方面难于为基础研究投入大量资金。

毋庸置疑，能否认清传感器技术的上述种种特点，并妥善地解决品种与数量之间的矛盾，特别是在开发过程中，能否取得有关部门的足够重视和大力支持，是一个国家的传感器事业能否顺利发展的关键。

3.1.4　传感器的应用

在利用信息的过程中，首先要解决的是获取准确可靠的信息，而传感器就是获取外界信息的主要途径与手段之一。

人们为了从外界获取信息，必须借助感觉器官。而单靠人们自身的感觉器官，在研究及生产领域就远远不够了。为适合这种情况，就需要传感器。因此可以说，传感器是人类五官的延长。

以现代飞行器为例，它装备着各种各样的显示和控制系统，以保证完成飞行任务。反映飞行器的飞行参数和姿态、发动机工作状态的各种物理参数，都要用传感器予以检测。一方面显示出来提供给驾驶人员控制与操纵飞行器；另一方面传输给各种自动控制系统，进行飞行器的自动驾驶和自动调节。例如，“阿波罗10”的运载火箭部分，检测加速度、声学、温度、压力、振动、流量、应变等参数的传感器共有2077个。宇宙飞船部分共有各种传感器1218个。它们的数量很大，要求也很高。在飞行器研制过程中，也要用各种传感器对样机进行地面测试和空中测试，才能确定其是否符合各项技术性能指标。

在工农业生产领域，工厂的自动流水生产线、全自动加工设备、许多智能化的检测仪器设备都大量采用了各种各样的传感器。它们在保障生产，减轻人们的劳动强度等方面发挥了巨大的作用。在现代工业生产尤其是自动化生产过程中，要用各种传感器来监视和控制生产过程中的各种参数，使设备工作在最佳或正常状态，并使产品达到质量要求。在家用电器领域，如全自动洗衣机、电饭煲和微波炉等都离不开传感器。在医疗卫生领域，电子脉搏仪、体温计、医用呼吸机、超声波诊断仪、断层扫描及核磁共振诊断设备等，都大量地使用了各种各样的传感技术。这些对改善人们的生活水平，提高生活质量和健康水平起到了重要作用。在军事、国防领域，各种侦测设备、红外夜视探测、雷达跟踪、武器精确制导等，没有传感器是难以实现的。在航空航天领域，空中管制、导航、飞机的飞行管理和自动驾驶、着陆等，都需要大量的传感器。人造卫星的遥感遥测等都与传感器紧密相关。

在基础学科领域，传感器更具有突出的地位。现代科学技术的发展产生了许多新领域，如在宏观上要观察上千光年的茫茫宇宙，微观上要观察小到 $10e^{-12}$ cm 的粒子世界，纵向上要观察长达数十万年的天体演化，短到 $10e^{-24}$ s 的瞬间反应。此外，还出现了对深化物质认识、开拓新能源和新材料等具有重要作用的各种极端技术的研究，如超高温、超低温、超高压、超高真空、超强磁场、超弱磁场等。许多基础科学研究的障碍首先在于对象信息的获取存在困难，而一些新机理和高灵敏度的检测传感器的出现，往往会导致该领域的突破。一些传感器的发展往往是一些边缘学科开发的先驱。

此外，在矿产资源、海洋开发、生命科学、生物工程等领域中，传感器都有着广泛的用途，传感器技术已经受到各国的高度重视，并已发展成为一种专门的技术学科。

传感器是摄取信息的关键器件，它与通信技术和计算机技术构成信息技术的三大支柱，是现代信息系统和各种装备不可缺少的信息采集手段，也是采用微电子技术改造传统产业的重要方法，对提高经济效益、科学研究与生产技术的水平，有着举足轻重的作用。传感器技术水平高低不但直接影响信息技术水平，而且影响信息技术的发展与应用。目前，传感器技术已渗透到科学和国民经济的各个领域，在工农业生产、科学研究及改善人民生活等方面，起着越来越大的作用。许多尖端科学和新兴技术更加需要新型传感器技术来装备，物联网的形成与推广，离不开传感器，新型传感器与计算机相结合，不但使计算机的应用进入了崭新的时代，也为传感器技术展现了更加广阔的应用领域和发展前景。

3.1.5 传感器与传感技术的发展前景

传感器与传感器技术的发展水平是衡量一个国家综合实力的重要标志，也是判断一个国家科学技术现代化程度与生产水平高低的重要依据。正因为如此，世界各发达国家都极其重视传感器的研究、开发和应用，并把它定为国家优先考虑的重大项目，由政府直接规划，统一安排，同时投入巨额的资金和大量的人力。

日本科学技术厅把传感器技术列为六大核心技术（计算机、通讯、激光、半导体、超导和传感器）之一，作为今后开发的重点，投资额比十年前增加了3倍。通产省发布的资料显示，1978—1984年，由政府重点资助的、直接从事传感器研制的项目共九个，投资总额高达121亿日元。此外，日本政府还在21世纪技术预测中，把传感器列为首位。

美国白宫将20世纪80年代视为传感器时代，还将“传感器及信号处理”列为对国家安全和经济发展有重要影响的关键技术之一。西欧各国在其制定的“尤里卡”发展计划中，均把传感器技术作为优先发展的重点技术。

我国传感器和传感器技术在经历了三十多年风风雨雨的历程后，已越来越受到各方面的重视。我国政府在“863”计划及各重点科技攻关项目中，均把传感器研究摆在十分重要的位置。

随着各国政府的高度重视，目前世界传感器行业的发展很快，每年传感器的专利数、产量和产值都很可观，其市场也在日益扩大。例如，日本有关传感器的专利数一直保持上升态势：1963 年为 300 个，1974 年突破了 1000 个，1980 年又剧增到 4000 多个……在日本，仅称重用应变计早已超过 400 万片。至 1981 年，称重传感器的年产值已高达 105 亿日元。日本有关部门连续九年的调查统计结果显示，1983—1991 年，日本传感器的年产量和年产值均在逐年增长。年产值的平均年增长率为 16%（见表 3-2）。1972—1982 年，美国全国传感器的销售额增加了 4 倍，这还未计及传感器价格逐年下降的因素。1980—1985 年，联邦德国电子工业的总投资为 51 亿马克，其中传感器就占 10 亿马克。有关资料介绍，传感器 1980 年的市场销售额为 3.06 亿美元，至 1990 年上升到 10 亿美元；在同一时期，法国和英国的传感器市场也有长足进展，即分别从 1.93 亿美元和 2.10 亿美元增长至 6.46 亿美元和 7.23 亿美元。从整个欧洲来看，1980—1990 年，其传感器市场的规模已增大至 1980 年的 3 倍多（见表 3-3）。目前，欧洲传感器行业发展得极快，其年总产值的平均增长率已高达 32%；另外，欧洲 20 世纪 80 年代在传感器方面的总投资虽然只有约 10 亿美元，但所获利润却相当惊人：1980 年为 5.04 亿美元；1990 年上升至 19.48 亿美元。这就是说，欧洲在 1990 年仅用半年的时间，就收回了前 10 年的总投资。有关资料报道，1980 年以来，全球传感器年产值的增长率约为 25%；仅先进传感器的市场，1991 年全球就近 165 亿美元，到 2000 年，全球市场已达 400 亿美元。我国的有关情况也令人欣喜。

表 3-2　　九年间日本传感器各年的年产量与产值

年　度	1983	1984	1985	1986	1987	1988	1989	1990	1991
数量/亿个	/	/	/	/	/	/	25.31	28.40	32.65
金额/亿日元	1417	1713	2527	3392	3526	4585	4662	5037	5217

表 3-3　　欧洲各类传感器市场十年增长情况　　百万美元

传感器种类	年　份	
	1980 年	1990 年
温度、溶度传感器	154	360
压力传感器	172	560
位置（位移）传感器	227	911
重量与力传感器	230	830

续表 3-3

传感器种类	年份	
	1980 年	1990 年
流量传感器	170	547
液位传感器	79	255
其他（物、物化）传感器	102	340
总计	1134	3803

另外，从传感器领域中的人员结构、机构设置、研究方向等情况来分析，也可以看出各国对传感器开发工作的重视及传感器技术的巨大生命力。目前，美国、日本等国家的社会劳动力总数的一半以上在从事信息工作。在美国，直接在传感器领域工作的科技人员已占总人数的25%。就世界范围而言，该领域中科技人员、管理人员和工人的比例正朝着1:1:1的结构变化。现在，国际上已建立了为数甚多的中小型传感器研究、开发中心，它们所耗费的投资总额已近3亿美元。各国的研究方向包括：传感器的用材、机理、性能、工艺、检测和推广应用等。据不完全统计，目前，世界上专门或主要从事传感器研究、试制和生产的厂家已超过5000家。其中，日本有1200多家，美国有1000多家，独联体国家也有约1000家，欧洲有750余家。已在近百个领域得到实际应用的传感器有数千种，拥有近万项技术专利。

总之，随着科学技术的迅猛发展，传感器已逐渐家喻户晓，成为与微计算机同等重要的技术工具，传感器技术也渐渐被视为对国民经济和科技发展起关键作用的重大领头技术之一。可以预测，传感器与传感器技术的研究和开发工作的前景是令人振奋的。

3.2 MEMS 技术

3.2.1 MEMS 的基本概念

MEMS（Micro-Electro-Mechanical Systems）是微电子机械系统的缩写。MEMS 主要包括微型机构、微型传感器、微型执行器和相应的处理电路等几部分，它是在融合多种微细加工技术，并应用现代信息技术的最新成果的基础上发展起来的高科技前沿学科。MEMS 技术的发展开辟了一个全新的技术领域和产业，采用 MEMS 技术制作的微传感器、微执行器、微型构件、微机械光学器件、真空微电子器件、电力电子器件等，在航空、航天、汽车、生物医学、环境监控、军事和人们所接触到的所有领域中都有着十分广阔的应用前景。MEMS 技术正发展成为一个巨大的产业，就像近20年来微电子产业和计算机产业给人类带来的巨大变化一样，MEMS 也正在孕育一场深刻的技术变革，并对人类社会产生新一轮的影响。目前，MEMS 市场的主导产品为压力传感器、加速度计、微陀螺仪、墨水喷嘴和硬盘驱动头等。大多数工业观察家预测，未来5年MEMS器件的销售额将呈现出迅速增长之势，年平均增加率约为18%，因此，对机械电子工程、精密机械及仪器、半导体物理等学科的发展提供了极好的机遇和严峻的挑战[4]。

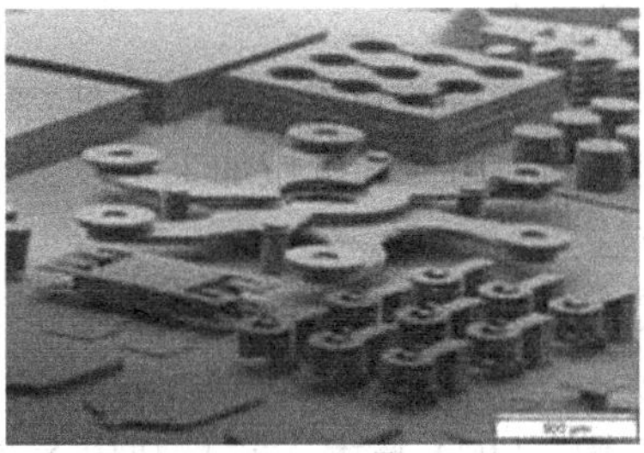

图3-2 微机电系统

MEMS是一种全新的必须同时考虑多种物理场混合作用的研发领域，相对于传统的机械，它们的尺寸更小，最大的不超过1厘米，甚至仅仅为几微米，其厚度就更加微小。采用以硅为主的材料，电气性能优良，硅材料的强度、硬度和杨氏模量与铁相当，密度与铝类似，热传导率接近钼和钨。采用与集成电路类似的生成技术，可大量利用集成电路生产中的成熟技术、工艺，进行大批量、低成本生产，使性价比相对于传统“机械”制造技术大幅度提高。

完整的MEMS是由微传感器、微执行器、信号处理和控制电路、通讯接口和电源等部件组成的一体化的微型器件系统。其目标是把信息的获取、处理和执行集成在一起，组成具有多功能的微型系统，集成于大尺寸系统中，从而大幅度地提高系统的自动化、智能化和可靠性水平[5]。

MEMS的相关技术有以下几种。

（1）微系统设计技术

微系统设计技术主要是微结构设计数据库、有限元和边界分析、CAD/CAM仿真和模拟技术、微系统建模等，还有微小型化的尺寸效应和微小型理论基础研究等课题，如力的尺寸效应、微结构表面效应、微观摩擦机理、热传导、误差效应和微构件材料性能等。

（2）微细加工技术

微细加工技术主要指高深度比多层微结构的硅表面加工和体加工技术，利用X射线的LIGA（即光刻、电铸和塑铸）和利用紫外线的准LIGA加工技术；微结构特种精密加工技术包括微火花加工、能束加工、立体光刻成形加工；特殊材料特别是功能材料微结构的加工技术；多种加工方法的结合；微系统的集成技术；微细加工新工艺探索等。

（3）微型机械组装和封装技术

这种技术主要指黏接材料的黏接、硅玻璃静电封接、硅硅键合技术和自对准组装技术，具有三维可动部件的封装技术、真空封装技术等新封装技术。

(4) 微系统的表征和测试技术

这种技术主要有结构材料特性测试技术，微小力学、电学等物理量的测量技术，微型器件和微型系统性能的表征与测试技术，微型系统动态特性测试技术，微型器件和微型系统可靠性的测量与评价技术。

目前，常用的制作 MEMS 器件的技术主要有三种。

第一种是以日本为代表的利用传统机械加工手段，即利用大机器制造小机器，再利用小机器制造微机器的方法。

第二种是以美国为代表的利用化学腐蚀或集成电路工艺技术对硅材料进行加工，形成硅基 MEMS 器件。

第三种是以德国为代表的 LIGA 技术，它是利用 X 射线光刻技术，通过电铸成型和塑铸形成深层微结构的方法。

上述第二种方法与传统集成电路工艺兼容，可以实现微机械和微电子的系统集成，而且适合于批量生产，已经成为目前 MEMS 的主流技术。LIGA 技术可以用来加工各种金属、塑料和陶瓷等材料，并可以用来制作深宽比大的精细结构（加工深度可以达到几百微米），因此，也是一种比较重要的 MEMS 加工技术。LIGA 技术自 20 世纪 80 年代中期由德国开发出来以后，得到了迅速发展，人们已经利用该技术开发和制造出了微齿轮、微马达、微加速度计、微射流计等。第一种加工方法可以用于加工一些在特殊场合应用的微机械装置，如微型机器人、微型手术台等。下面主要介绍 LIGA 技术和硅基 MEMS 技术[6]。

① LIGA 技术。LIGA 技术是将深度 X 射线光刻、微电铸成型和塑料铸模等技术相结合的一种综合性加工技术，它是进行非硅材料三维立体微细加工的首选工艺。LIGA 技术制作各种微图形的过程主要由两步关键工艺组成，即首先利用同步辐射 X 射线光刻技术光刻出所要求的图形，然后利用电铸方法制作出与光刻胶图形相反的金属模具，最后利用微塑铸制备微结构。

LIGA 技术为 MEMS 技术提供了一种新的加工手段。利用 LIGA 技术可以制造出由各种金属、塑料和陶瓷零件组成的三维微机电系统，而用它制造的器件结构具有深宽比大、结构精细、侧壁陡峭、表面光滑等特点，这些都是其他微加工工艺很难达到的。

② 硅基 MEMS 技术。以硅为基础的微机械加工工艺也分为多种，传统上往往将其归纳为两大类，即体硅加工工艺和表面硅加工工艺。前者一般是对体硅进行三维加工，以衬底单晶硅片作为机械结构；后者则利用与普通集成电路工艺相似的平面加工手段，以硅（单晶或多晶）薄膜作为机械结构。

在以硅为基础的 MEMS 加工技术中，最关键的加工工艺主要包括深宽比大的各向异性腐蚀技术、键合技术和表面牺牲层技术等。各向异性腐蚀技术是体硅微机械加工的关键技术。湿法化学腐蚀是最早用于微机械结构制造的加工方法。常用的进行硅各向异性腐蚀的腐蚀液主要有 EPW 和 KOH 等，EPW 和 KOH 对浓硼掺杂硅的腐蚀速率很慢，因此，可以利用各向异性腐蚀和浓度选择腐蚀的特点，将硅片加工成所需要的微机械结构。利用化学腐蚀得到的微机械结构的厚度可以达到整个硅片的厚度，具有较高的机械灵敏度，但该方法与集成电路工艺不兼容，难以与集成电路集成，且存在难以准确控制横向尺寸精度及器件尺寸较大等缺点。为了克服湿法化学腐蚀的缺点，采用干法等离子体刻蚀技术已经成为微机械加工技术的主流。

随着集成电路工艺的发展，干法刻蚀深宽比大的硅槽已不再是难题。例如，采用感应耦合等离子体、高密度等离子体刻蚀设备等都可以得到比较理想的深宽比大的硅槽。键合技术是指不利用任何黏合剂，只是通过化学键和物理作用将硅片与硅片、硅片与玻璃或其他材料紧密地结合起来的方法。键合技术虽然不是微机械结构加工的直接手段，却在微机械加工中有着重要的地位。它往往与其他手段结合使用，既可以对微结构进行支撑和保护，又可以实现机械结构之间或机械结构与集成电路之间的电学连接。

在MEMS工艺中，最常用的是硅/硅直接键合和硅/玻璃静电键合技术，最近又发展了多种新的键合技术，如硅化物键合、有机物键合等。表面牺牲层技术是表面微机械技术的主要工艺，其基本思路为：首先在衬底上淀积牺牲层材料，并利用光刻、刻蚀形成一定的图形；然后淀积作为机械结构的材料，并光刻出所需要的图形；最后将支撑结构层的牺牲层材料腐蚀掉，这样就形成了悬浮的可动的微机械结构部件。常用的结构材料有多晶硅、单晶硅、氮化硅、氧化硅和金属等，常用的牺牲层材料主要有氧化硅、多晶硅、光刻胶等。

3.2.2　MEMS技术的基本特点

MEMS十分有效地将微电子技术与微机械技术结合，赋予传统机械新的特性[7]。

① 微型化：MEMS器件体积小、精度高、重量轻、耗能低、惯性小、响应时间短。其体积可达亚微米以下，尺寸精度达纳米级，重量可至纳克。

② 以硅为主要材料，机械电气性能优良，硅材料的强度、硬度和杨氏模量与铁相当，密度类似铝，热传导率接近钼和钨。

③ 能耗低、灵敏度和工作效率高：很多的微机械装置所消耗的能量远小于传统机械的十分之一，但却能以10倍以上的速度来完成同样的工作。

④ 批量生产：用硅微加工工艺在一片硅片上可以同时制造成百上千个微机械部件或完整的MEMS，批量生产可以大大降低生产成本。

⑤ 集成化：可以把不同功能、不同敏感和致动方向的多个传感器或执行器集成于一体，形成微传感器阵列或微执行器阵列，甚至可以把器件集成在一起，以形成更为复杂的微系统。微传感器、执行器和集成电路集成在一起，可以制造出高可靠性和高稳定性的MEMS。

⑥ 学科上的交叉综合：以微电子及机械加工技术为依托，范围涉及微电子学、机械学、力学、自动控制学、材料学等多种工程技术和学科。

⑦ 应用上的高度广泛：MEMS的应用领域包括信息、生物、医疗、环保、电子、机械、航空、航天、军事等。它不仅可以形成新的产业，还能通过产品的性能提高、成本

降低，有力地改造传统产业。

3.2.3 MEMS的分类

（1）传感MEMS技术

传感MEMS技术是指用微电子微机械加工出来的、用敏感元件（如电容、压电、压阻、热电耦、谐振、隧道电流等）来感受转换电信号的器件和系统。它包括速度、压力、湿度、加速度、气体、磁、光、声、生物、化学等各种传感器，按照种类划分主要有面阵触觉传感器、谐振力敏感传感器、微型加速度传感器、真空微电子传感器等。目前，传感器的发展方向是阵列化、集成化、智能化。由于传感器是人类探索自然界的触角，是各种自动化装置的神经元，且应用领域广泛，所以未来将备受世界各国的重视。

（2）生物MEMS技术

生物MEMS技术是用MEMS技术制造的化学/生物微型分析和检测芯片或仪器，有一种在衬底上制造出的微型驱动泵、微控制阀、通道网络、样品处理器、混合池、计量、增扩器、反应器、分离器和检测器等元器件并集成为多功能芯片。可以实现样品的进样、稀释、加试剂、混合、增扩、反应、分离、检测和后处理等分析全过程。它把传统的分析实验室功能微缩在一个芯片上。生物MEMS系统具有微型化、集成化、智能化、成本低的特点。功能上有获取信息量大、分析效率高、系统与外部连接少、实时通信、连续检测的特点。国际上生物MEMS的研究已成为热点，不久将为生物、化学分析系统带来一场重大的革新。

（3）光学MEMS技术

随着信息技术、光通信技术的迅猛发展，MEMS发展的又一领域是与光学相结合，即综合微电子、微机械、光电子技术等基础技术，开发新型光器件，称为微光机电系统（MOEMS）。它能把各种MEMS结构件与微光学器件、光波导器件、半导体激光器件、光电检测器件等完整地集成在一起。形成一种全新的功能系统。MOEMS具有体积小、成本低、可批量生产、可精确驱动和控制等特点。目前，较成功的应用科学研究主要集中在以下两个方面：一是基于MOEMS的新型显示、投影设备，主要研究如何通过反射面的物理运动来进行光的空间调制，典型代表为数字微镜阵列芯片和光栅光阀；二是通信系统，主要研究通过微镜的物理运动来控制光路发生预期的改变，较成功的有光开关调制器、光滤波器及复用器等光通信器件。MOEMS是综合性和学科交叉性很强的高新技术，开展这个领域的科学技术研究，可以带动大量的新概念的功能器件开发。

（4）射频MEMS

射频MEMS技术传统上分为固定的和可动的两类。固定的MEMS器件包括本体微机械加工传输线、滤波器和耦合器，可动的MEMS器件包括开关、调谐器和可变电容。按照技术层面，又分为由微机械开关、可变电容器和电感谐振器组成的基本器件层面；由移相器、滤波器和压控振荡器等组成的组件层面；由单片接收机、变波束雷达、相控阵雷达天线组成的应用系统层面。

3.2.4　MEMS 的应用

MEMS 技术经过数十年的发展，已取得了很大的进展。在微传感器方面，除较成熟的压力和加速度传感器之外，在测量力、角速度、流量、声、光、热、磁、气、离子以及生物、化学等领域，也已经取得了非常令人振奋的成功。在微执行器领域，已研制成功了多种微型构件，如微膜、微梁、微探针、微齿轮、微弹簧、微沟道、微喷嘴、微锥体、微轴承、微阀门、微连杆等和多种微执行器，如微阀、微泵、微开关、微扬声器、微谐振器、微马达等。在微系统方面，也有许多成功的例子，如 AD 公司的力平衡式角速度仪（ADXL50），TI 公司的数字化微镜器件等，尚在研究阶段的微系统包括微型机器人、微型飞行器、微型卫星、微型动力系统等，其潜在的军事应用前景不容忽视[8]。

微传感器一直是 MEMS 研究的重点。十多年前，微传感器仅有硅压力传感器具有较大的市场应用，而如今，加速度传感器已异军突起，许多其他微机械器件也正逐步商业化。MEMS 已经在我们的身边，如汽车安全气囊中使用的加速度计、医学上使用的新型血压计都有微传感器的身影。由于复杂程度和磨损问题等缘故，微执行器的发展要落后于微传感器，不过仍有商业化的产品面世，如喷墨打印头、硬盘读写磁头等。

最近几年，在 MEMS 技术中发展起来了一支极具活力的新技术系统，这就是微光机电系统。目前已研制的元器件包括微镜阵列、微光斩波器、微光开关、微光扫描器等。在可以预见的将来，微光机电系统将在全光通讯网络中得到广泛的应用，将极大地促进信息通讯、航天技术和光学方面的发展，对整个信息化时代将产生深远的影响。微机械射频器件（RF – MEMS）是当前国际上研究的又一热点，包括微型电感、可调电容、微波导、微传输线、微型天线、谐振器、滤波器、移相器等。使用 MEMS 技术可以实现各个通讯部件的微型化和集成化，可以提高信号的处理速度和缩小整个个人移动系统的体积。由于移动通信的巨大市场潜力，BF – MEMS 器件具有无限的商机。

生物芯片（Biochip）技术是最近十年内发展起来的、结合生物技术和微细加上技术的一门新技术。利用 MEMS 工艺技术，用硅片制作出了功能完备、价格低廉、携带方便的生物芯片，它往往集样品处理、检测、分析和结果输出为一体，成为一个微型的片上生物实验室，可以完成如体液成分分析、DNA 成分分析等诸多功能。

国际上许多著名的公司（如 Intel，TI，Analog Devices，Honeywell，Motorola 等）均有积极的 MEMS 市场开发计划。目前，非传感器类 MFIVIS 器件的市场还相对较小，但有理由预测，在今后十年，以 MOEMS，RF – MEMS，Biochip 为代表的非传感器类 MEMS 器件将会有明显的增长。

3.2.5　MEMS 的发展前景

MEMS 包括微传感器和微执行器。目前，最成功地推向市场的是压力传感器和加速度传感器。加速度计可能是被市场改变最大的范例。许多公司都是以加速度计的开发作为进入微机械领域的尝试，这是由于小型、便宜的加速度计在汽车电子系统中有巨大的市场。展望21世纪初期的一二十年，MEMS技术将会有更大的发展，新原理、新功能、新结构的微传感器、微执行器、微型机构和微系统将会不断出现。MEMS技术的发展将像微电子技术一样，对科学技术和人类生活产生革命性的影响，并渴望形成类似于微电子的产业[9]。

（1）微型传感器

微型传感器是MEMS的一个重要组成部分。1962年，第一台硅微型压力传感器的问世开创了MEMS技术的先河。现在已形成产品和正在研究中的微型传感器有压力、力、力矩、加速度、速度、位置、流量、电量、磁场、温度、气体成分、湿度、pH值、离子浓度和生物浓度、微陀螺、触传感器等。微型传感器正朝着集成化和智能化的方向发展。

（2）微型执行器

微型电机是一种典型的微型执行器，可分为旋转式和直线式两类，其他微型执行器还有微开关、微谐振器、微阀、微泵等。把微型执行器分布成阵列可以收到意想不到的效果。例如，可用于物体的搬运、定位，用于飞机的控制。微型执行器的驱动方式主要有静电驱动、压电驱动、电磁驱动、形状记忆合金驱动、热双金属驱动、热气驱动等。图3-3给出清华大学研制的微型泵硅微静电电机。微泵有进出口阀，利用双金属热致动的泵膜和泵腔，在一个2英寸硅片上制作了16个泵片。微电机由两层多晶硅组成转子、定子和轴承。在外围的定子和中间的转子间加交变的电压，静电力拉动转子转动，转动直径只有头发丝粗细。

图3-3　清华大学研制的微型泵硅微静电电机

（3）微型光机电器件和系统

随着信息技术、光通信技术的发展，宽带的多波段光纤网络将成为信息时代的主流，光通信中光器件的微小型化和大批量生产成为需求。MEMS技术与光器件融合为一体的微型光机电系统将成为MEMS领域中一个重大的应用。

（4）微型生物化芯片

微型生物化芯片是利用微细加工工艺，在厘米见方的硅片或玻璃上集成样品预处理器、微反应器、微分离管道、微检测器等微型生物化学功能器件、电子器件和微流量件的微型生物化学分析系统。与传统的分析仪器相比，微型生物化学分析系统除了体积小以外，还具有分析时间短、样品消耗少、能耗低、效率高等优点，可广泛地用于临床、环境监测、工业实时控制。

（5）微型机器人

随着电子器件的不断缩小，组装时要求的精密度也不断提高。科学家正研制微型机器人，能在桌面大小的地方组装像营盘驱动器之类的精密小巧的产品。军队也对这种机器人表现了浓厚的兴趣。他们设想制造出大到鞋盒子，小到硬币大小的机器人，它们会爬行、跳跃、到达敌军后方，为不远处的部队和千里之外的总部收集情报。这些机器人是廉价的、可以大量部署，他们可以替代人进入难以进入或危险的地区，进行侦察、排雷和探测生化武器战争。

（6）微型飞行器

微型飞行器（MAV，Micro Air Vehicle）一般是指长、宽、高均小于15cm，重量不超过120克，并能以可接受的成本执行某一有价值的军事任务的飞行器。这种飞行器的设计目标是有16公里的巡航范围，并能以30～60公里/小时的速度连续飞行20～30分钟。美国军方已把这种飞行器装备到陆军排，它将被广泛地应用于战场侦察、通信中继和反恐怖活动。图3-4是荷兰某大学研制的仿昆虫微型飞行器，预计其飞行速度为30～50公里/小时，可以在空中停留1小时，有侦察和导航能力。

（7）微型动力系统

以电、热、动能和机械能的输出为目的，以毫米到厘米级尺寸，产生几瓦到十几瓦的功率。麻省理工学院从1996年开始了微型涡轮发动机的研究。该微型涡轮发动机利用MEMS技术制作。

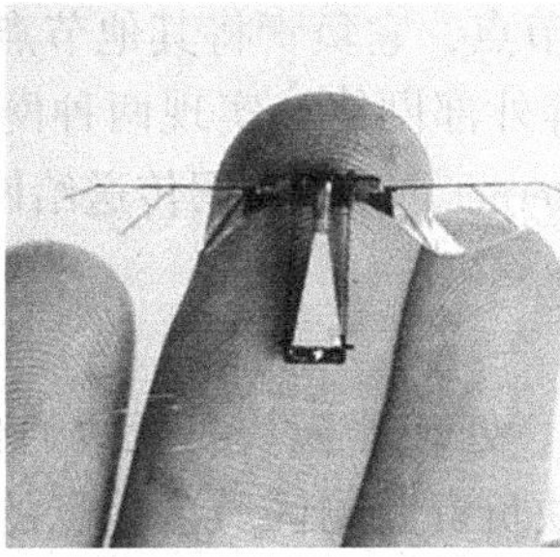

图3-4　荷兰某大学研制的仿昆虫微型飞行器

3.3　无线传感器技术

3.3.1　无线传感器网络的体系结构

无线传感器网络（Wireless Sensor Network，简称WSN）是由部署在监测区域内大量的智能微型传感器节点组成的，通过无线通信方式形成的一个多跳的、自组织的网络系统，其目的是协作地感知采集和处理网络覆盖区域中被感知对象的信息，并发送给观察者。它综合了低功耗传感技术、嵌入式处理技术、无线通信技术、分布式信息处理和网络技术，是多学科交叉的研究方向[10]。

（1）无线传感器网络的系统构成

一个典型的无线传感器网络系统构成如图 3-5 所示。

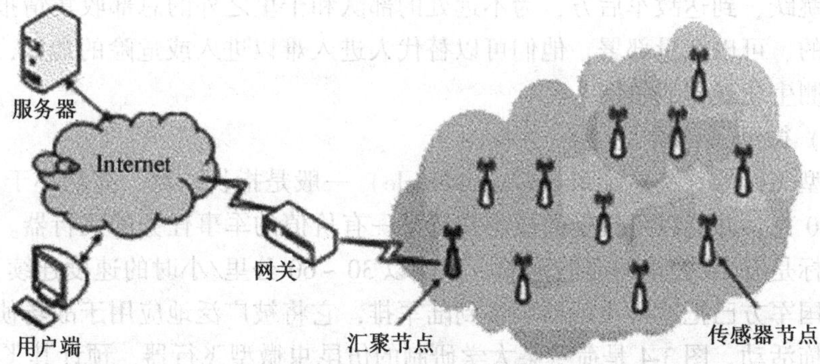

图 3-5 无线传感器网络系统构成

在图 3-5 中，包括分布式传感器节点、网关、互联网和用户等。传感器节点用于采集传感器数据，是一个微型的嵌入式系统，构成无线传感器网络的基础层支持平台。在监测区域内部署的多个传感器节点除了进行本地信息收集和数据处理外，还对其他节点转发来的数据进行存储、管理和融合处理，同时与其他节点协作完成一些特定任务。在这些节点中，通常有一个汇聚节点，它负责将其他节点的数据传送至网关，网关的功能是连接传感器网络与 Internet 等外部网络，实现两种网络之间的通信协议转换，从而使得无线传感器网络可以接入 Internet，并把数据传送给网络服务器，用户可以方便地通过 Internet 访问和获取所需的数据。

（2）无线传感器网络节点

传感器节点由传感器模块、处理器模块、无线通信模块和能量供应模块 4 部分组成，如图 3-6 所示。传感器模块负责监测区域内信息的采集和数据转换；处理器模块负责整个传感器节点的操作、存储和处理本身采集的数据，以及其他节点发来的数据；无线通信模块负责与其他传感器节点进行无线通信、交换控制消息和收发采集数据；能量供应模块为传感器节点提供运行所需的能量，通常采用微型电池。

汇聚节点的处理能力、存储能力和通信能力相对比较强，它连接传感器网络与 Internet 等外部网络，实现两种协议栈直接的通信协议转换，同时发布管理节点的监测任务，并把收集的数据转发到外部网络上。

（3）无线传感器网络的网络拓扑结构

WSN 网络拓扑结构可以根据 IEEE 802. 15. 4 标准的规定，分为星型拓扑和对等拓扑两种网络拓扑结构。

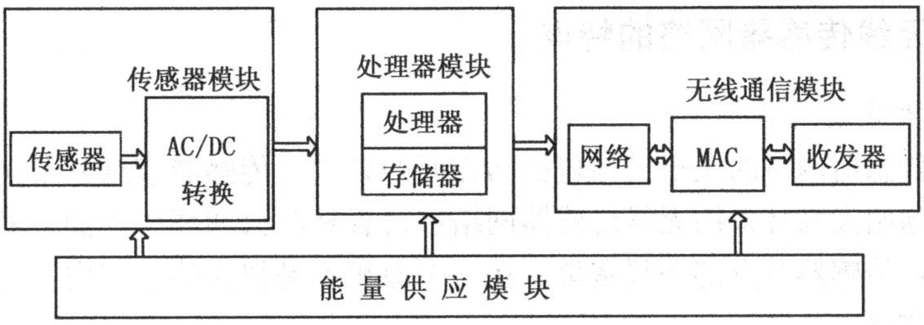

图 3-6 无线传感器节点构成

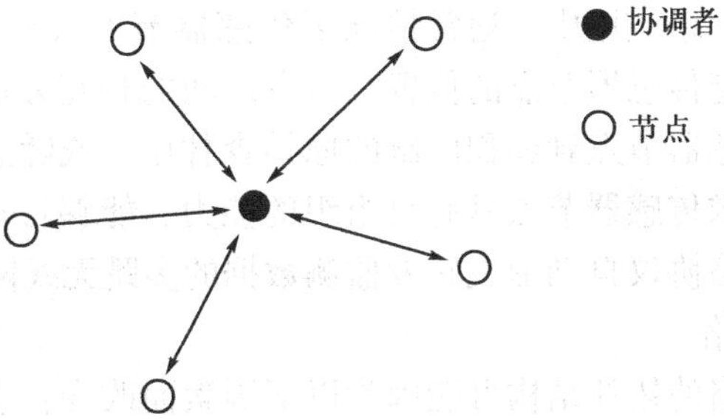

图 3-7 星型拓扑

① 星型拓扑。如图 3-7 所示。在星型拓扑中，所有的网络设备都与一个中央控制器设备进行通信，该中央控制器称为网络协调者，该协调者是整个网络的主要控制者。网络中的节点只能与网络协调者进行通信，若要与其他节点通信，则需要通过网络协调者进行转发。

② 对等拓扑。对等拓扑结构也有网络协调者，但与星型结构不同的是，只要网络中两个节点处于彼此的通信范围内，它们就可以互相通信，而不需要通过网络协调者转发，如图 3-8 所示。

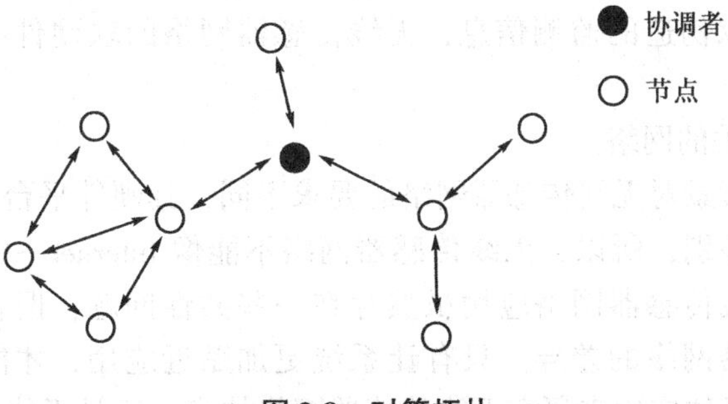

图 3-8 对等拓扑

对等拓扑网络可以自我组织和自我调整，支持将网络中的一台设备的消息多跳路由至另一台设备。对等拓扑可以实现更加复杂的网络结构，如簇型拓扑。

3.3.2 无线传感器网络的特点

（1）大规模网络

无线传感器网络的大规模性包括两方面的含义：传感器节点分布在很大的地理区域内，如在原始大森林采用无线传感器网络进行森林防火和环境监测，需要部署大量的传感器节点；传感器节点部署很密集，在一个面积不是很大的空间内，密集地部署了大量的传感器节点。

（2）自组织网络

在无线传感器网络应用中，通常情况下传感器节点被放置在没有基础结构的地方。不能预先精确地设定传感器节点的位置，节点之间的相互邻居关系预先也不知道，如通过飞机播撒大量传感器节点到面积广阔的原始森林中，或随意放置到人不可到达或危险的区域。这样就要求传感器节点具有自组织的能力，能够自动地进行配置和管理，通过拓扑控制机制和网络协议自动形成转发监测数据的多跳无线网络系统。

（3）动态性网络

无线传感器网络的拓扑结构可能因为以下因素而改变：①环境因素或电能耗尽造成的传感器节点出现故障或失效；②环境条件变化可能造成无线通信链路带宽变化，甚至时断时通；③无线传感器网络的传感器、感知对象和观察者 3 个要素都可能具有移动性；④新节点的加入。这就要求无线传感器网络系统能够适应这些变化，具有动态的系统可重构性。

（4）可靠的网络

无线传感器网络特别适合部署在恶劣环境或人类不宜到达的区域，传感器节点可能工作在露天环境中，遭受太阳的曝晒或风吹雨淋，甚至遭到无关人员或动物的破坏。传感器节点往往采用随机部署，如通过飞机撒播或发射炮弹到指定区域进行部署。这些都要求传感器节点非常坚固，不易损坏，适应各种恶劣的环境条件。并且由于要防止监测数据被盗取和获取伪造的监测信息，无线传感器网络的软硬件必须具有鲁棒性和容错性。

（5）应用相关的网络

不同的应用背景对无线传感器网络的要求不同，其硬件平台、软件系统和网络协议必然会有很大的差别，所以，无线传感器网络不能像 Internet 一样，有统一的通信协议平台。不同的无线传感器网络应用虽然存在一些共性问题，但在开发传感器网络应用中，更关心传感器网络的差异。只有让系统更加贴近应用，才能做出最高效的目标系统。针对每一个具体应用来研究无线传感器网络技术，这是无线传感器网络设计不同于传统网络的显著特征。

（6）以数据为中心的网络

对于用户来说，以数据为中心的传感器网络的核心是感知数据，而不是网络硬件。在网络中的每个节点不需要全局唯一的标识或地址，如在某个与温度相关的传感器网络中，用户并不关心第几号传感器的温度，而是需要知道某区域内的温度分布。以数据为中心的特点要求传感器网络的设计必须以感知数据管理和处理为中心，把数据库技术和网络技术紧密地结合。

3.3.3 无线传感器网络的关键技术

无线传感网络作为信息领域新的研究热点，其中的许多关键技术问题尚未得到解决，现简要列举如下[11]。

（1）网络协议

目前，网络协议研究的重点是 MAC 协议和路由协议。

无线传感网络的 MAC 协议决定无线信道的使用方式，传统的无线 MAC 协议既需要考虑能源有效性，也需要全局协调，因此，需要根据传感器网络的特点，设计简单高效的 MAC 层协议。几种典型的 MAC 协议有 TDMA，IEEE 802.15.4，S－MAC 和 T－MAC 协议，它们各有自身的特点。

用于无线传感网络的路由协议可分为能量感知路由、基于查询的路由、地理位置路由和可靠路由协议。由于路由协议的设计思想和网络逻辑结构密切相关，因此，可以从网络逻辑视图这个角度，将这些路由算法分为平面路由协议和集群路由协议两类。

平面路由协议主要包括：SPIN（Sensor Protocol for Information via Negotiation）、DD（Directed Diffusion）、SAR（Sequential Assignment Routing）和 SMENCE（Small Minimum Energy Communication Network）。集群路由协议主要包括：LEACH（Low Energy Adaptive Clustering Hierarchy）和 EARSN（Energy-Aware Routing for Cluster-Based Sensor Network），如图 3-9 所示。其中，HREEMR（Highly-Resilient，Energy-Efficient Multipath Routing）是对 DD 路由协议的改进，TEEN（Threshold Sensitive Energy-Efficient Sensor Network Protocol）和 PEGASIS（Power Efficient Gathering in Sensor Information Systems）是对 LEACH 路由协议的改进。

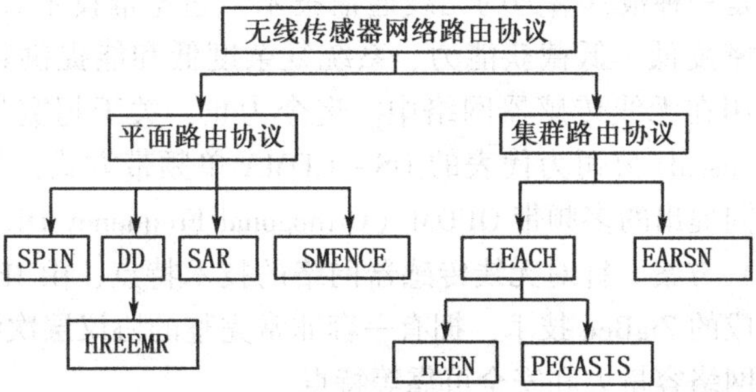

图 3-9 无线传感器网络路由协议

（2）网络拓扑控制

目前，拓扑控制方面的主要研究问题是在满足网络覆盖度和连通度的前提下，通过功率控制和骨干网节点选择，剔除节点之间不必要的无线通信链路，生成一个高效的、数据转发的网络拓扑结构。除了传统的功率控制和层次型拓扑结构，启发式的节点唤醒和休眠机制也开始引起人们的关注。这种机制重点在于解决节点在睡眠状态和活动状态之间的转换问题，不能独立地作为一种拓扑结构控制机制，需要与其他拓扑控制算法结合使用。

（3）节点定位

节点定位是指确定传感器节点的相对位置或绝对位置。根据定位过程中是否实际测量节点间的距离或角度，节点定位可分为基于距离的定位和与距离无关的定位。前者根据点到点的绝对距离或角度来估计位置，需要复杂的硬件来实现，对于传感器节点而言，成本太高，消耗电能也太多。为了克服基于距离的定位机制存在的问题，近年来，相关学者提出了与距离无关的定位机制，该技术比较适合于传感器网络。常见的与距离无关的定位算法有质心算法、DV-Hop 算法、Amorphous 算法和 APIT 算法。这 4 种算法是完全分布式的，仅需要相对少量的通信和简单的计算，具有良好的扩展性。

（4）数据融合

以数据为中心和面向特定应用的特点，要求无线传感网络能够脱离传统网络的寻址过程，快速有效地组织起各个节点的信息，并融合提取出有用信息，直接传送给用户。由于网络存在能量约束，减少数据传输量可以有效地节省能量，故可以在传感节点收集数据的过程中，利用节点的计算和存储能力，处理数据的冗余信息，以达到节省能量及提高信息准确度的目的。目前用于数据融合的方法很多，常用的有贝叶斯方法、神经网络法和 D-S 证据理论等。数据融合技术可以结合网络中多个协议层次进行，只有面向应用需求，设计针对性强的数据融合方法，才能最大限度地获益。

（5）无线通信技术

无线传感网络是以无线的方式进行通信的，需要低功耗、短距离的无线通信技术来实现。由于 IEEE 802.15.4 标准的网络特征与无线传感网络存在很多相似之处，目前很多机构将 IEEE 802.15.4 作为无线传感网络的无线通信平台。

超宽带技术是一种极具潜力的无线通信技术。超宽带技术具有对信道衰落不敏感、发射信号功率谱密度低、低截获能力、系统复杂度低和能提供数厘米的定位精度等优点，非常适合应用在无线传感器网络中。迄今为止，关于超宽带技术，有两种技术方案，一种是以 Freescale 公司为代表的 DS-CDMA 单频带方式；另一种是由英特尔、德州仪器等公司共同提出的多频带 OFDM（Orthogonal Frequency Division Multiplexing，正交分频分复用技术）方案。针对无线传感器网络的技术特点，由 IEEE 802.15.4 和 ZigBee 联盟共同制定完成的 ZigBee 技术，拥有一套非常完整的协议层次结构，具有低功耗、低成本、延时短、网络容量大和安全可靠等特点。

（6）网络安全

为了保证任务的机密布置和任务执行结果的安全传递与融合，无线传感器网络需要实现一些最基本的安全机制：机密性、点到点的消息认证、完整性鉴别、新鲜性、认证广播和安全管理。除此之外，为了确保数据融合后数据源信息的保留，水印技术也成为无线传感器网络安全的研究内容。

3.3.4　无线传感器网络的应用

（1）军事应用

无线传感器网络具有快速部署、自组织、隐蔽性和容错性等特点，非常适合军事应用。通过飞机或炮弹直接将传感器节点撒播到监测区域内，就能非常隐蔽而近距离地收集战场信息，它可以用于我军兵力、装备的监控、战场侦察、敌占区监测、目标定位、战斗损失评估和生化武器的侦察与探测。

（2）环境监测

美国研制的ALERT系统，通过监测降雨量、水位和土壤水分等环境条件，预测山洪暴发的可能性。美国加州大学伯克利分校的Intel实验室和大西洋学院联合在大鸭岛部署了一个多层次的传感器网络系统，用来监测岛上海鸟的生活习性。

（3）医疗健康

在住院病人身上安装特殊用途的传感器节点（如心率和血压监测设备），利用传感器网络，医生就可以随时地了解病人的病情，进行及时处理；还可以利用传感器网络长时间地收集人的生理数据，这些数据在研制新药品的过程中非常有用。

（4）其他用途

无线传感器网络还被应用于一些危险的工业环境，如矿井、核电厂等，工作人员可以通过其实施安全监测；在交通领域，可作为车辆监控的工具；还可用在工业自动化生产线等许多领域。

无线传感器网络有着十分广泛的应用前景，随着一系列关键技术的逐步解决，无线传感器网络将是未来一个无孔不入的十分庞大的网络，完全融入人们的生活，其应用可以涉及人类日常生活和社会生产活动的各个领域。总体来说，国内对无线传感器网络的研究还处于刚刚起步阶段，但这是一项新兴的技术，国内外的差距并不是很大。因此，应该抓住机遇，及时开展对这项影响深远的前沿科学的研究，使其对我国社会的进步和经济的发展发挥巨大的推动作用。

3.4　本章小结

本章系统地介绍了支撑物联网的传感器技术：传感器与传感技术、MEMS技术、无线传感器技术。传感器技术支撑物联网正常通信的主要内容如下。

通过对传感器定义、分类，重点介绍了传感器技术的特点和传感器的应用，并且分析了传感器与传感技术的发展前景。

介绍了MEMS的基本概念、特点、分类，分析了当前MEMS技术的应用和MEMS的发展前景。

介绍了无线传感器网络的体系结构，通过对无线传感器网络特点和关键技术的分析，讲述了无线传感器网络的应用。

参考文献

[1] 宋文．无线传感器网络技术与应用［M］．北京：电子工业出版社，2007.

[2] 王文光，刘士兴，谢武军．无线传感器网络概述［J］．合肥工业大学学报，2010，33（9）：1416－1419.

[3] 刘成刚．MEMS 技术的发展与应用［J］．济南职业学院学报，2007（1）：75－77.

[4] 谢志萍．传感器与检测技术［M］．北京：电子工业出版社，2004.

[5] Sundaram A，Maddela M，Ramadoss R. MEMS-based electronically steerable antenna array fabricated using PCB technology［J］．Microelectromechanical Systems，2008，17（2）：356－362.

[6] 杨亲民，肖瑞芸．传感器的分类与传感器技术的特点［J］．传感器世界，1997（5）：1－8.

[7] Khoshnoud F，de Silva C W. Recent advances in MEMS sensor technology-biomedical applications［J］．Instrumentation & Measurement Magazine，IEEE，2012，15（1）：8－14.

[8] Amiya Nayak. 无线传感器及执行器网络［M］．北京：机械工业出版社，2012.

[9] Zhu Qian，Wang Ruicong，Qi Chen. IOT gateway：bridging wireless sensor networks into Internet of things［C］. EUC，2010 IEEE/IFIP 8th International Conference on，2010：347－352.

[10] Hong Sungmin，Daeyoung Kim，Minkeun Ha. SNAIL：an IP-based wireless sensor network approach to the Internet of things［J］．Wireless Communications，IEEE，2010，17（6）：34－42.

[11] Mainetti L，Patrono L，Vilei A. Evolution of wireless sensor networks towards the Internet of things：a survey［C］．SoftCOM，2011 19th International Conference on，2011：1－6.

第 4 章　支撑物联网的无线网络技术

无线网络技术涵盖的范围很广，既包括允许用户建立远距离无线连接的全球语言和数据网络，也包括为近距离无线连接进行优化的红外线技术及射频技术等。通常用于无线网络的设备包括便携式计算机、台式计算机、手持计算机、个人数字助理、移动电话、笔式计算机等。无线技术用于多种实际用途，例如，手机用户可以使用移动电话查看电子邮件；使用便携式计算机的旅客可以通过安装在机场、火车站和其他公共场所的基站连接到互联网；在家中，用户可以连接桌面设备来传输数据和发送文件。

为降低成本、保证互操作性，并促进无线技术的广泛应用，许多组织，如电子和电气工程师协会、Internet 工程任务组、无线以太网兼容性联盟和国际电信联盟都参加了若干主要的标准化工作。例如，电子和电气工程师协会工作组正在定义如何将信息从一台设备传送到另一台设备（例如，是使用无线电波，还是使用红外光波），以及怎样、何时使用传输介质进行通信。在开发无线网络标准时，有些组织着重于电源管理、带宽、安全性和其他无线网络特有的问题[1]。

4.1　无线网络的类型

无线网络根据数据传输的距离，分为以下几种类型。

(1) 无线个人网

无线个人网是在小范围内相互连接数个装置所形成的无线网络，通常是个人可及的范围内。如蓝牙连接耳机及膝上电脑，ZigBee 也提供了无线个人网的应用平台。

蓝牙是一个开放性的、短距离无线通信技术标准。它面向的是移动设备间的小范围连接，因而从本质上说，它是一种代替线缆的技术。它可以用来在较短距离内取代目前多种线缆连接方案，穿透墙壁等障碍，通过统一的短距离无线链路，在各种数字设备之间实现灵活、安全、低成本、小功耗的话音和数据通信。蓝牙力图做到：必须像线缆一样安全；降到和线缆一样的成本；可以同时连接移动用户的众多设备，形成微微网；支持不同微微网间的互联；支持高速率；支持不同的数据类型；满足低功耗、致密性的要求，以便嵌入小型移动设备；最后，该技术必须具备全球通用性，以方便用户徜徉于世界的各个角落。从专业角度看，蓝牙是一种无线接入技术。从技术角度看，蓝牙是一项创新技术，它带来的产业是一个富有生机的产业，因此说蓝牙也是一个产业，它已被业界看成整个移动通信领域的重要组成部分。蓝牙不仅仅是一个芯片，而是一个网络，在不远的将来，由蓝牙构成的无线个人网将无处不在。它还是 GPRS 和 3G 的推动器。

（2）无线区域网

无线区域网（Wireless Regional Area Network，简称 WRAN）基于认知无线电技术，IEEE 802. 22 定义了适用于 WRAN 系统的空中接口。WRAN 系统工作在 47 ~ 910MHz 高频段/超高频段的电视频带内，由于已经有用户（如电视用户）占用了这个频段，因此，802. 22 设备必须要探测出使用相同频率的系统，以避免干扰。

（3）无线城域网

无线城域网是连接数个无线局域网的无线网络形式。2003 年 1 月，一项新的无线城域网标准 IEEE 802. 16a 正式通过。致力于此标准研究的组织是 WiMax 论坛——全球微波接入互操作性组织。作为一个非赢利性的产业团体，WiMax 由 Intel 及其他众多领先的通信组件及设备公司共同创建。吸引了 AT & T、电讯盈科等运营商，以及西门子移动和我国的中兴通讯等通信厂商的参与。WiMax 总裁兼主席 LaBrecque 认为，这是该组织发展的一个里程碑。作为 WiMax 的主要成员，Intel 一直致力于 IEEE 802. 16 无线城域网芯片的开发。Intel 在 2004 年下半年开始销售基于 IEEE 802. 16d 标准的芯片，该芯片将能够帮助实现终端设备与天线的无线高速连接。而 WiMax 的户外安装工作也已于 2005 年上半年开始，下半年进行了 WiMax 天线的室内安装。带有基于 IEEE 802. 16e 标准的 WiMax 芯片设备已在 2006 年初面市。

4.2 无线网络的设备类型

在无线局域网里，常见的设备有无线网卡、无线网桥和无线天线等[2]。

（1）无线网卡

无线网卡的作用类似于以太网中的网卡，作为无线局域网的接口，实现与无线局域网的连接。无线网卡根据接口类型不同，主要分为三种类型，即 PCMCIA 无线网卡、PCI 无线网卡和 USB 无线网卡。

PCMCIA 无线网卡仅适用于笔记本电脑，支持热插拔，可以非常方便地实现移动无线接入。

PCI 无线网卡适用于普通的台式计算机。其实，PCI 无线网卡只是在 PCI 转接卡上插入一块普通的 PCMCIA 卡。

USB 接口无线网卡适用于笔记本和台式机，支持热插拔，如果网卡外置有无线天线，那么 USB 接口就是一个比较好的选择。

（2）无线网桥

从作用上来理解无线网桥，它可以用于连接两个或多个独立的网络段，这些独立的网络段通常位于不同的建筑内，相距几百米到几十公里。所以，它可以被广泛地应用在不同建筑物间的互联。同时，根据协议不同，无线网桥又可以分为 2. 4GHz 频段的

802.11b 或 802.11G 和采用 5.8GHz 频段的 802.11a 无线网桥。无线网桥有三种工作方式，即点对点、点对多点、中继连接。特别适用于城市中的远距离通讯。

在无高大障碍（山峰或建筑）的条件下，野外作业的临时组网作用距离取决于环境和天线，现为 7km 的点对点微波互联。一对 27dbi 的定向天线可以实现 10km 的点对点微波互联。12dbi 的定向天线可以实现 2km 的点对点微波互联；一对只实现到链路层功能的无线网桥是透明网桥，而具有路由等网络层功能、在网络 24dbi 的定向天线可以实现异种网络互联的设备叫做无线路由器，也可以作为第三层网桥使用。

无线网桥通常适用于室外，主要用于连接两个网络，使用无线网桥不可能只使用一个，必需使用两个以上，而网络访问节点可以单独使用。无线网桥功率大、传输距离远（最大可达约 50km）、抗干扰能力强，不自带天线，一般配备抛物面天线实现长距离的点对点连接。

（3）无线天线

当计算机与无线网络访问节点或其他计算机相距较远时，随着信号的减弱，或者传输速率明显下降，或者根本无法实现与网络访问节点或其他计算机之间的通讯，此时，必须借助无线天线对所接收或发送的信号进行增益（放大）。

无线天线有多种类型，但常见的有两种。一种是室内天线，优点是方便灵活，缺点是增益小、传输距离短。另一种是室外天线。室外天线的类型比较多，一种是锅状的定向天线，另一种是棒状的全向天线。室外天线的优点是传输距离远，比较适合远距离传输。

4.3 无线网络的接入方式

根据不同的应用环境，目前无线局域网采用的拓扑结构主要有网桥连接型、访问节点连接型、HUB 接入型和无中心型四种[3]。

（1）网桥连接型

该结构主要用于无线或有线局域网之间的互联。当两个局域网无法实现有线连接或使用有线连接存在困难时，可使用网桥连接型实现点对点的连接。在这种结构中，局域网之间的通信是通过各自的无线网桥来实现的，无线网桥起到网络路由选择和协议转换的作用。

（2）访问节点连接型

这种结构采用移动蜂窝通信网接入方式，各移动站点间的通信首先通过就近的无线接收站将信息接收下来，然后将收到的信息通过有线网传入到“移动交换中心”，最后由移动交换中心传送到所有无线接收站上。这时在网络覆盖范围内的任何地方都可以接收到该信号，并可以实现漫游通信。

(3) HUB 接入型

在有线局域网中，利用 HUB 可组建星型网络结构。同样，也可以利用无线 HUB 组建星型结构的无线局域网，其工作方式和有线星型结构很相似。但在无线局域网中，一般要求无线 HUB 应具有简单的网内交换功能。

(4) 无中心型结构

该结构的工作原理类似于有线对等网的工作方式。它要求网中任意两个站点间均能直接进行信息交换。每个站点既是工作站，也是服务器。

自动化仓库管理系统应用以集中服务为核心，针对仓库管理的需求，移动节点之间无须通信，在仓库内部设计的无线 RF 网络拓扑结构为访问节点连接型。RF 移动终端的操作区域遍及仓库的各个角落，要求移动终端在仓库内部的任何地点，都能和服务器主机保持实时的通讯。因此，在系统网络架构中，必须保证安装的网络访问节点能对整个仓库进行无线信号的全覆盖。如果仓库的面积较大，在进行无线网络设计时，可以充分利用无线 RF 技术的网络扩展能力和无缝漫游特性，对仓库的无线信号进行多个网络访问节点的组合，即通过设置多个网络访问节点，作到信号的全覆盖，而且相邻网络访问节点之间互为冗余，提高无线网络的可靠性。同时，考虑到大型仓库的办公区可能与仓库不在同一区域，而且不便使用有线网络连接，因此，仓库与办公区之间可以采用无线网桥连接，使之成为统一的网络体系，便于网络的扩展和拆除。

第四代移动通信系统应具备以下几种基本特性。

① 完全集中的服务。个人通信、信息系统、广播和娱乐等各项业务将会结合成一个整体，提供给用户比以往更广泛的服务和应用；系统的使用将会更加安全、方便和照顾用户的个性。

② 无所不在的移动接入。在 4G 系统中，移动接入将是提供话音、高速信息业务、广播和娱乐等业务的主要接入方式，人们可以随时、随地接入到系统中。

③ 各式各样的用户设备。用户将使用各式各样的移动设备接入到 4G 系统中来。设备与人之间的交流不再仅仅是简单的听、说、看，还可以通过其他途径与用户进行交流。这将大大地方便人们的使用，特别是某些残疾用户的使用。

④ 自治的网络结构。4G 系统的网络将是一个完全自治的、自适应的网络，它可以自动管理、动态改变自己的结构，以满足系统变化和发展的要求。

4.4 无线宽带网的特点

早在 2000 年年底就已有 Atheros 公司等厂商和其他机构开始重视 802.11a，到 2001 年年初，802.11a 更是备受青睐。目前，对该技术标准深感兴趣的全球知名厂商就有 Cisco，Lucent，3Com，Intel，Compaq 和 Dell 等。这些厂商提供的产品都为基础电信运营商、ISP、驻地网服务商、行业企业客户提供了有力的解决方案，实现在很短的时间内低成本地架设起“最后一公里”宽带接入系统[4]。

无线宽带网的客户具有可移动性，可以在各接入点间漫游，而且可以达到较高的数据传输速率。对于电信运营商而言，无线网络作为有线网络的延伸和补充，首先可以在传统有线网络难以实施或来不及实施的场所进行网络覆盖。在不能实施或需要临时实施的场所架设无线网络，提供无线宽带网服务，是业务进入的一个良好切入点[5]。

无线宽带网具有以下特点。

（1）安装便捷

一般在网络建设中，施工周期最长、对周边环境影响最大的，是网络布线施工工程。在施工过程中，往往需要破墙掘地、穿线架管。而建设无线网络最大的优势就是免去或减少网络布线的工作量，一般只要安装一个或多个接入点设备，就可以建立覆盖整个建筑或地区的局域网络。

（2）使用灵活

在有线网络中，网络设备的安放位置受网络信息点位置的限制。而一旦无线网络建成后，在无线网的信号覆盖区域内，任何一个位置都可以接入网络。

（3）经济节约

由于有线网络缺少灵活性，这就要求网络规划者尽可能地考虑未来发展的需要，这就往往导致预设大量利用率较低的信息点。而一旦网络的发展超出了设计规划，又要花费较多的费用进行网络改造。而无线网络可以避免或减少以上情况的发生。

（4）易于扩展

无线网络有多种配置方式，能够根据需要灵活选择。这样，无线网络就能胜任从只有几个用户的小型局域网到上千用户的大型网络，并且能够提供像“漫游”等有线网络无法提供的特性。

（5）更好的安全性（802.11a的一大特色）

已经被广泛地应用于远程访问的VPN采用了多种安全机制，其中，互联网协议安全规范是使用最广泛的一种。它能够确保只有授权用户可以访问网络，数据不会被截取。802.11a通过VPN和IPSec的完美结合，解决了现今对无线网络的安全需要。利用这一解决方案，无线接入点只需简单配置来支持开放访问，而无需任何WEP加密，因为VPN信道即可保证安全性（VPN服务器提供对WLAN的鉴权和完全加密）。同时，通过使用数字证书，提供了系统的鉴权能力（即使发生未经授权的访问，WLAN通信也不会被读取或改写）。另外，与WEP和MAC地址过滤不同，此种解决方案可以扩展到非常多的用户，使组建WLAN更加轻松和经济[6,7]。

4.5 3G技术

国际电信联盟在2000年5月确定W-CDMA、CDMA2000、TD-SCDMA和WiMAX四大主流无线接口标准，写入3G技术指导性文件《2000年国际移动通讯计划》。CDMA是Code Division Multiple Access（码分多址）的缩写，是第三代移动通信系统的技术基础。第一代移动通信系统采用频分多址的模拟调制方式，这种系统的主要缺点是频谱利用率低，信令干扰话音业务。第二代移动通信系统主要采用时分多址的数字调制方式，提高了系统容量，并采用独立信道传送信令，使系统性能大大改善，但时分多址的系统容量仍然有限，越区切换性能仍不完善[8]。

CDMA系统以其频率规划简单、系统容量大、频率复用系数高、抗多径能力强、通信质量好、软容量、软切换等特点显示出巨大的发展潜力。下面分别介绍3G的几种标准。

（1）W-CDMA

也称为WCDMA，全称为Wideband CDMA，也称为CDMA Direct Spread，意为宽频分码多重存取，这是基于GSM网发展出来的3G技术规范，是欧洲提出的宽带CDMA技术，它与日本提出的宽带CDMA技术基本相同，目前正在进一步融合。W-CDMA的支持者主要是以GSM系统为主的欧洲厂商，日本公司也或多或少地参与其中，包括欧美的爱立信、阿尔卡特、诺基亚、朗讯、北电，以及日本的NTT、富士通、夏普等厂商。该标准提出了GSM（2G）—GPRS—EDGE—WCDMA（3G）的演进策略。这套系统能够架设在现有的GSM网络上，对于系统提供商而言，可以较轻易地过渡，但是GSM系统相当普及的亚洲对这套新技术的接受度预料会相当高。因此，W-CDMA具有先天的市场优势。

（2）CDMA2000

CDMA2000是由窄带CDMA（CDMA IS95）技术发展而来的宽带CDMA技术，也称为CDMA Multi-Carrier，它是由美国高通北美公司为主导提出的，摩托罗拉、Lucent和后来加入的韩国三星都有参与，韩国现在成为该标准的主导者。这套系统是从窄频CDMA One数字标准衍生出来的，可以从原有的CDMAOne结构直接升级到3G，建设成本低廉。但目前使用CDMA的地区只有日本、韩国和北美，所以，CDMA2000的支持者不如W-CDMA多。不过CDMA2000的研发技术却是目前各标准中进度最快的，许多3G手机已经率先面世。该标准提出了从CDMA IS95（2G）—CDMA20001x—CDMA20003x（3G）的演进策略。CDMA20001x被称为2.5代移动通信技术。CDMA20003x与CDMA20001x的主要区别在于应用了多路载波技术，通过采用三载波使带宽提高。目前，中国电信正在采用这一方案向3G过渡，并已经建成了CDMA IS95网络。

(3) TD-SCDMA

全称为Time Division-Synchronous CDMA（时分同步CDMA），该标准是由我国独自制定的3G标准，1999年6月29日，原中国邮电部电信科学技术研究院（大唐电信）向国际电信联盟提出。该标准将智能无线、同步CDMA和软件无线电等当今国际领先技术融于其中，在频谱利用率、对业务支持具有灵活性、频率灵活性及成本等方面的独特优势。另外，由于中国国内市场庞大，该标准受到各大主要电信设备厂商的重视，全球一半以上的设备厂商都宣布可以支持TD-SCDMA标准。该标准提出不经过2.5代的中间环节，直接向3G过渡，非常适用于GSM系统向3G升级。

(4) WiMAX

WiMAX的全名是微波存取全球互通（Worldwide Interoperability for Microwave Access），又称为802.16无线城域网，是又一种为企业和家庭用户提供“最后一英里”的宽带无线连接方案。将此技术与需要授权或免授权的微波设备相结合之后，由于成本较低，将扩大宽带无线市场，改善企业与服务供应商的认知度。2007年10月19日，国际电信联盟在瑞士日内瓦举行的无线通信全体会议上，经过多数国家投票通过，WiMAX正式被批准成为继WCDMA，CDMA2000和TD-SCDMA之后的第四个全球3G标准。

4.6 TD-SCDMA技术

TD标准是我国确定的3G标准。TD-SCDMA（Time Division—Synchronous Code Division Multiple Access）的中文含义为时分同步码分多址接入，该项通信技术也属于一种无线通信的技术标准，它是由中国第一次提出并在此无线传输技术的基础上与国际合作，完成了TD-SCDMA标准，成为CDMA TDD标准的一员的，这是中国移动通信界的一次创举，也是中国对第三代移动通信发展的贡献。在与欧洲、美国各自提出的3G标准的竞争中，中国提出的TD-SCDMA已正式成为全球3G标准之一，这标志着中国在移动通信领域已经进入世界领先之列。该方案的主要技术集中在大唐公司手中，它的设计参照了时分双工在不成对的频带上的时域模式。

时分双工模式是基于在无线信道时域里的周期地重复TDMA帧结构实现的。这个帧结构被再分为几个时隙。在时分双工模式下，可以方便地实现上/下行链路间的灵活切换。这一模式的突出优势是，在上/下行链路间的时隙分配可以被一个灵活的转换点改变，以满足不同的业务要求。这样，运用TD-SCDMA技术，通过灵活地改变上/下行链路的转换点，就可以实现所有3G对称和非对称业务。合适的TD-SCDMA时域操作模式可以自行解决所有对称和非对称业务，以及任何混合业务的上/下行链路资源分配问题。

TD-SCDMA的无线传输方案灵活地综合了FDMA，TDMA和CDMA等基本传输方法。通过与联合检测相结合，它在传输容量方面表现非凡。通过引进智能天线，还可以进一步提高容量。智能天线凭借其定向性降低了小区间频率复用所产生的干扰，并通过更高的频率复用率来提供更高的话务量。基于高度的业务灵活性，TD-SCDMA 无线网络可以通过无线网络控制器连接到交换网络，如同三代移动通信中对电路和包交换业务所定义的那样。在最终的版本里，计划让 TD-SCDMA 无线网络与 Internet 直接相连。

TD-SCDMA 呈现的先进的移动无线系统是针对所有无线环境下对称和非对称的 3G 业务所设计的，它运行在不成对的射频频谱上。TD-SCDMA 传输方向的时域自适应资源分配可取得独立于对称业务负载关系的频谱分配的最佳利用率。因此，TD-SCDMA 通过最佳自适应资源的分配和最佳频谱效率，可支持速率从 8kb/s 到 2Mb/s 的语音、互联网等所有的 3G 业务。

TD-SCDMA 为时分双工模式，在应用范围内，有其自身的特点：一是终端的移动速度受现有 DSP 运算速度的限制，只能做到 240km/h；二是基站覆盖半径在 15km 以内时，频谱利用率和系统容量可以达到最佳，在用户容量不是很大的区域，基站最大覆盖可达 30～40km。所以，TD-SCDMA 适合在城市和城郊使用，在城市和城郊这两个不足均不影响实际使用。因为在城市和城郊，车速一般都小于 200km/h，城市和城郊人口密度高，由于容量的原因，小区半径一般都在 15km 以内。而在农村及大区全覆盖时，用 WCDMA FDD 方式也是合适的，因此，时分双工和 FDD 模式是互为补充的。

TD-SCDMA 的优势主要体现在以下三个方面。

（1）TD-SCDMA 的抗干扰和容量得到很好的均衡

移动通信发展的核心问题是抗干扰和容量能够得到很好的均衡：一方面由于频率资源的有限性，希望在有限的频率资源上能够传送更多的业务；另一方面由于业务的增加使系统的干扰增加，减低干扰和提升灵敏度来保证业务正确传送的难度加大。第一代移动通信系统主要采用频分复用和模拟技术来实现，用户之间的干扰通过不同频点来隔离，每个频点只能传送一个用户，用户业务通过模拟技术来提供，系统容量和抗干扰能力相当有限。第二代 GSM 移动通信系统主要采用频分复用、时分复用和数字技术来实现，用户之间的干扰通过不同频点和不同时隙来隔离，每个频点可以传送多个用户，用户业务通过数字技术来提供，系统容量和抗干扰比第一代有质的飞跃。在第三代移动通信系统中，不同的 3G 标准都采用 CDMA 技术来提升容量，但由于多个 CDMA 用户存在严重的自干扰，不同的 3G 标准采用了不同的自干扰抑制技术，使得不同的 3G 标准在抗干扰方面有较大的差别，这些差别使系统能力差异显著，并集中体现在组网应用中的根本性差别。自干扰通过智能天线和联合检测得到很好的解决。可见，TD－SCDMA 系统通过 CDMA、FDMA、TDMA、智能天线和联合检测等多种技术，解决了干扰和容量之间的均衡问题，不仅使系统容量增大，而且系统的干扰可控，而干扰可控直接决定了 TD-SCDMA 在组网时具有不可抗拒的优势，从容量和抗干扰的良好均衡上来说，GSM 是一代向二代的平滑演进，TD-SCDMA 是二代向三代的平滑演进。

CDMA2000 的抗干扰和容量得到一定程度的均衡。在容量上，CDMA2000 采用的 CDMA 技术极大地提高了系统容量。在抗干扰方面，CDMA2000 的抗干扰能力有三个特点。一是采用低带宽频点（1.25×2MHz），与 TD-SCDMA 一样，低带宽可以提供更多的频点，使组网干扰得到抑制。二是将全部CDMA用户分配到一个时隙上，对于12.2K的话音用户，一个1.25×2MHz频点有30个信道，30个用户的自干扰是主要干扰，自干扰因素比较高。三是CDMA2000是一个干扰受限系统，而不是码道受限系统，自干扰主要靠功率控制技术来降低干扰，功率控制的实质是在存在干扰的前提下，实现容量的最大化方法，并无法从根本上消除干扰，当用户数量达到一定程度时，系统必然会出现呼吸效应和难于边缘覆盖。可见，CDMA2000由于没有采用时分复用等干扰消除技术，系统容量虽然得到增大，但抗干扰技术要落后二代GSM移动通信系统，干扰问题引起的呼吸效应现象和难于边缘覆盖将无时无刻地影响着组网、业务发展、网络质量、网络稳定性等。

（2）TD-SCDMA可以高效地支持混合业务

3G的发展一方面是由于GSM网络的发展使GSM的频点日渐紧张，对高频率利用率的移动通讯系统提出了需求，另一方面随着因特网的发展，使数据业务日趋普及，移动数据业务的发展迫在眉睫，因此，衡量3G技术的好坏主要体现在移动通信系统的可用性、频率利用率、对混合业务的支持三个方面，并最终体现在网络建设和运营的综合成本上。

TD-SCDMA对混合业务的支持具有极高的灵活性和扩展性，一方面是因为时分双工方式支持不对称业务的效率更高，另一方面是因为TD-SCDMA标准充分考虑了对混合业务的支持。TD-SCDMA与其他3G系统的根本区别是时分双工与FDD的差别，工作在时分双工模式下的TD-SCDMA系统在同一载波上进行上/下行链路传输，不需要像FDD系统需要上/下行对称频谱，TD-SCDMA所采用的动态信道分配技术可以在时域、空域和码域实现对无线资源的灵活配置，通过上/下行切断换点动态调整上/下行业务的容量，从而灵活地支持对称业务和/或非对称业务。

（3）TD-SCDMA具有技术演进优势

相对于其他模式而言，TD-SCDMA向B3G平滑演进有较大的优势。在未来B3G架构上，系统关键技术主要是HSPA（High Speed Packet Access，高速分组接入）技术、MIMO（Multiple-Input Multiple-Out-put，多输入多输出技术）技术、智能天线、联合检测、软件无线电等技术。由于TD-SCDMA的时分双工模式，其上/下行信道是互惠的，因此，TD-SCDMA提供HSPA可以采用信道预测技术，以提高系统的吞吐量。由于智能天线和联合检测是一种很好的消除干扰技术，将在B3G中得到持续发展。TD-SCDMA的采用1.28Mc/s低码片速率，接收机对采样数字接收信号的处理要求大大降低，适合采用软件无线电技术，基带处理的全软件技术实现方法和自适应智能天线的技术体制，使得TD-SCDMA设备完全能够通过软件的升级支持B3G的关键技术。MIMO技术只需要极少的硬件设备更换和升级，这是目前任何其他模式无法达到的[9]。

4.7 Wi-Fi 技术

Wi-Fi 是一种可以将个人电脑、手持设备（如 PDA、手机）等终端以无线方式互相连接的技术。Wi-Fi 一词由 Wi-Fi 产业联盟（Wi-Fi Alliance）提出。

Wi-Fi 的出现是 1985 年美国联邦通信委员会（FCC）决定开放几个无需政府许可证即可使用的无线频段的结果。这些所谓的“垃圾频段”已经分配给设备，如使用无线电波加热食物的微波炉。为了在这些频段工作，设备需要使用“扩频”技术。该技术将无线电信号扩展为宽范围的频率，以使信号受到干扰更少并更难截获。

Wi-Fi 是一种基于 802.11b，802.11a 和尚未最后成形的 802.11g 标准的无线网络技术，它可以使用户实现无线接入和共享网络资源。架设无线网络的好处是免除布线的麻烦，同时也更容易存取网络数据。在新标准下，Wi-Fi 的无线距离从 300 英尺拓展到几英里，信号遇到阻碍会反弹，而且可以穿透墙壁。此外，该标准可以修复安全漏洞，并可以传输高质量通话。高频率 Wi-Fi 可以使相距几英里之遥的两个天线间发生联系，交换数据。它的短途无线数据传输速度是拨号方式的 200 倍，但价格丝毫不比拨号贵。而与 3G 相比，Wi-Fi 的优势在于终端先行，早已深入人心的笔记本电脑让每个用户都感觉使用方便，英特尔“迅驰”的标记更是深化了这种推动。从某种意义上说，3G 的终端品牌似乎已被 Wi-Fi 抢先塑造了。于是，有人认为，Wi-Fi 很可能在未来一段时间内超越 3G。

4.7.1 Wi-Fi 技术架构

（1）一个 Wi-Fi 连接点网络成员和结构

① 站点，网络最基本的组成部分。

② 基本服务单元。网络最基本的服务单元。最简单的服务单元可以只由两个站点组成。站点可以动态地连接到基本服务单元中。

③ 分配系统。分配系统用于连接不同的基本服务单元。分配系统使用的媒介逻辑上和基本服务单元使用的媒介是截然分开的，尽管它们在物理上可能会是同一个媒介，如同一个无线频段。

④ 接入点。它既有普通站点的身份，又有接入到分配系统的功能。

⑤ 扩展服务单元。由分配系统和基本服务单元组合而成。这种组合是逻辑上的，并非物理上的，不同的基本服务单元很有可能在地理位置上相去甚远。分配系统也可以使用各种各样的技术。

⑥ 关口，也是一个逻辑成分。用于将无线局域网和有线局域网或其他网络联系起来。

（2）三种媒介

包括站点使用的无线的媒介、分配系统使用的媒介，以及和无线局域网集成在一起的其他局域网使用的媒介。物理上它们可能互相重叠。IEEE 802.11 只负责在站点使用的无线的媒介上的寻址。分配系统和其他局域网的寻址不属于无线局域网的范围。

(3) 任　务

IEEE 802.11 没有具体定义分配系统，只定义了分配系统应该提供的服务。整个无线局域网定义了 9 种服务，5 种服务属于分配系统的任务，分别为连接、结束连接、分配、集成、再连接；4 种服务属于站点的任务，分别为鉴权、结束鉴权、隐私、MAC 数据传输。

Wi-Fi 是一种无线传输的规范，带有这个标志的产品表明了你可以利用它们方便地组建一个无线局域网。

4.7.2　Wi-Fi 技术的应用发展趋势

对于 GPRS、CDMA1x、1xRTT、EV－DO、EV－DV 等技术而言，上下链路数据业务的对称性是 WiFi 的一个明显优势。对于 3G 室内的 2Mbit 数据速率，WiFi 也具有绝对的优势，它目前采用的是 802. 11b 标准，理论数据速率可达 11Mbit，实际的物理层数据速率支持 1、2、5. 5、11Mbit 可调，覆盖范围从 100－300m。随着 802. 11g/a、802. 16e、802. 11i、WiMAX 等技术、协议标准的制定和完善，加上 WiFi 联盟对市场快速的反应能力，WiFi 正在进入一个快速发展的阶段。其中，作为 802. 11b 发展的后继标准 802. 16（WiMAX－Worldwide Interoperability for Microwave Access 全球微波接入互操作性），已经在 2003 年 1 月正式获得批准，虽然它采用了与 802. 11b 不同的频段（10－66GHz），但是作为一项无线城域网（WMAN）技术，它可以和 802. 11b/g/a 无线接入热点互为补充，构筑一个完全覆盖城域的宽带无线技术。WiFi/WiMAX 作为 Cable 和 DSL 的无线扩展技术，它的移动性与灵活性为移动用户提供了真正的无线宽带接入服务，实现了对传统宽带接入技术的带宽特性和 QoS 服务质量的延伸。

对于 WiFi 技术而言，漫游、切换、安全、干扰等方面都是运营商组网时需考虑的重点。随着骨干传输网容量和传输速率的提高，无论采用平面或者两层的架构都不会影响到用户的宽带快速接入；随着 IAPP 以及 MobileIP 技术的完善、IPv6 的发展也可以最终解决漫游和切换的问题；802. 11i 标准的产生将提供更多的包括 WPA2、多媒体认证等安全策略；不断成熟的组网方案和干扰预检测机制都可以减少频率资源开发带来的干扰。

事实上，不同的标准化组织的工作与各类标准的制订，正是 NGN 发展进程中各方加强合作与标准融合工作的体现。WiFi/WiMAX 的市场目标是成为宽带无线接入城域网技术，基本目标是要提供一种城域网领域点对多点的多厂商环境下可有效地互操作的宽带无线接入手段，以实现满足 3G 标准的以无线广域网 WWAN 为基本模式、以公众语音及多媒体数据为内容、在全球范围内漫游的个人手机终端的基本市场定位。WiFi/WiMAX 也可以作为 3G 无线广域/城域、多点基站互联支持手段的补充。

按 NGN 概念演进的下一代移动网，以终端、应用、服务为主导将成为市场发展的重要驱动力也是运营商赢利的关键。其互操作性和后向兼容性将成为不同标准化组织的工作考虑的一个重点。如果进行无生命力的重覆，其产品和技术终将为市场所淘汰，其唯一出路是在 NGN 及 3G 演进的基本概念上彼此融合，共同作出贡献。而且随着 WiFi/WiMAX 接入技术成本的逐步下降，电信运营商选择 WiFi/WiMAX 技术为消费者提供 VoWLAN 语音服务将成为可能。

综上所述，WiFi/WiMAX 的发展方向包括：

• 网络技术，覆盖更大的范围，从热点到热区到整个城市，

• WiFi 手持终端和 VoWLAN 业务必然成为潜在的应用模式。

• 基于 IP 的 WiFi/WiMAX 的交换技术和开放的业务平台，将使 WLAN 网络更智能、更易管理。

• 基于多层次的安全策略（WEP、WPA、WPA2、AES、VPN 等）提供不同等级的安全方案，将使企业、个人用户可以根据不同的性价比来选择满足自己需要的安全策略。

（1）与 3G 技术的融合

① 基于全 IP 的网络架构。不管是现在商用的还是正在试验的（CDMA2000/WCDMAR99/R4/TD－SCDMA）3G 标准都不是基于全 IP 的网络，比如 CDMA2000 是基于 ANSI－41；WCDMA99/TD－SCDMA 是基于传统的 GSM－MAP、R4 软交换的承载和控制分离方式，而直到 R5 引入了 IMS 才实现全 IP 的核心网。显然全 IP 的核心网络也是 3G 发展的方向，采用基于全 IP 的核心网不但可以与无线接入方式独立地发展，还可以支持包括 WiFi/WiMAX、WCDMA、Bluetooth 等多种无线接入方式。在 3G 的 R6 中已经开始把 WLAN 和 3G 一同考虑了。

② 共用开放的业务平台和运营支撑系统。WiFi/WiMAX 和 3G 不同的承载特性（吞吐量、延时、QoS、对称性等）为用户享受语音、数据、多媒体业务提供更多的接入方式选择；它们可通过共用开放的业务平台融合不同的业务引擎实现网络间互通；根据网络服务区内的性能，用户可以手工或者自动选择接入哪个网络；同时支持 WLAN 和 3G 网络的运营支撑系统，可以对双网实现统一的运营管理、计费、甚至用户身份认证，最大限度降低网络建设、维护成本。

（2）应用的互补

两种网络技术在移动通信技术发展中将实现局部的融合，各自发挥优势、扬长避短，互补趋势集中体现在以下几个方面。

① 语音和 VoWLAN。相对于满足大话务量、多用户数的 3G 技术，基于 IP 技术的 WLAN 网络更适合开展广播式的语音业务（PTT、多方会议、长途通话、广告发布等。

② 广域覆盖和区域覆盖下的数据业务。相对于 3G 技术覆盖范围大、快速移动时仍能保持 144kbit 的数据速率的特点，WLAN 技术在特定区域内满足用户高速数据传输的

需求具有绝对优势。

③ 无线信道资源的利用。3G 分配的频率资源是有限的，而数据业务对信道的占用率极高，影响其同时接入的语音用户数量。如果规划特定区域（比如商业中心人群密集区）内把数据业务转移到 WiFi/WiMAX 的公共数据通道无疑将大大提高 3G 无线网络资源利用率。

④ 手持终端和 Laptop/PDA 结合。传输数据速率高、AlwaysOnLine 和低使用费的 Laptop/PDA 可以满足商业用户大信息量的需求：携带更为方便、小巧的 3G 手持终端可以满足个人用户对快速消息的需求。

⑤ 手机和电脑连接再也不用有线了，无线完全可以解决。

4.8 近距离无线通信技术

NFC 是 Near Field Communication 缩写，即近距离无线通讯技术。由飞利浦公司和索尼公司共同开发的 NFC 是一种非接触式识别和互联技术，可以在移动设备、消费类电子产品、PC 和智能控件工具间进行近距离无线通信。NFC 提供了一种简单、触控式的解决方案，可以让消费者简单直观地交换信息、访问内容与服务[10]。

NFC 将非接触读卡器、非接触卡和点对点功能整合进一块单芯片，为消费者的生活方式开创了不计其数的全新机遇。这是一个开放接口平台，可以对无线网络进行快速、主动设置，也是虚拟连接器，服务于现有蜂窝状网络、蓝牙和无线 802.11 设备等。

(1) 技术特点

与 RFID 一样，NFC 信息也是通过频谱中无线频率部分的电磁感应耦合方式传递的，但两者之间还存在很大的区别。首先，NFC 是一种提供轻松、安全、迅速的通信的无线连接技术，其传输范围比 RFID 小，RFID 的传输范围可以达到几米甚至几十米，但由于 NFC 采取了独特的信号衰减技术，相对于 RFID 来说，NFC 具有距离近、带宽高、能耗低等特点。其次，NFC 与现有非接触智能卡技术兼容，目前已经成为得到越来越多主要厂商支持的正式标准。再次，NFC 还是一种近距离连接协议，提供各种设备间轻松、安全、迅速而自动的通信。与无线世界中的其他连接方式相比，NFC 是一种近距离的私密通信方式。最后，RFID 更多地被应用在生产、物流、跟踪、资产管理上，而 NFC 则在门禁、公交、手机支付等领域发挥着巨大的作用。

同时，NFC 还优于红外和蓝牙传输方式。作为一种面向消费者的交易机制，NFC 比红外更快、更可靠而且简单得多，不用向红外那样必须严格地对齐才能传输数据。与蓝牙相比，NFC 面向近距离交易，适用于交换财务信息或敏感的个人信息等重要数据；蓝牙能够弥补 NFC 通信距离不足的缺点，适用于较长距离数据通信。因此，NFC 和蓝牙互为补充，共同存在。事实上，快捷轻型的 NFC 协议可以用于引导两台设备之间的蓝牙配对过程，促进了蓝牙的使用。

NFC 手机内置 NFC 芯片，组成 RFID 模块的一部分，既可以当做 RFID 无源标签使用（支付费用），也可以当做 RFID 读写器（用做数据交换与采集）。NFC 技术支持多种应用，包括移动支付与交易、对等式通信及移动中信息访问等。通过 NFC 手机，人们可以在任何地点、任何时间，通过任何设备，与他们希望得到的娱乐服务与交易联系在一起，从而完成付款、获取海报信息等。NFC 设备可以用做非接触式智能卡、智能卡的读写器终端和设备对设备的数据传输链路，其应用主要可分为以下四种基本类型：用于付款和购票、用于电子票证、用于智能媒体、用于交换和传输数据。

（2）发展前景

根据 ABIRerearch 的研究，NFC 市场可能最先启动各种移动型手持设备。研究机构 Strategy Analytics 统计，至 2011 年，全球基于移动电话的非接触式支付额超过 360 亿美元。如果 NFC 技术能得到普及，它将在很大程度上改变人们使用许多电子设备的方式，甚至改变使用信用卡、钥匙和现金的方式。NFC 作为一种新兴的技术，大致总结了蓝牙技术协同工作能力差的弊病。但它的目标并非完全取代蓝牙、Wi-Fi 等其他无线技术，而是在不同的场合、不同的领域起到相互补充的作用。因为 NFC 的数据传输速率较低，仅为 212Kbps，不适合诸如音视频流等需要较高带宽的应用。

需要密切关注的是，中国政府正在制定自己的 RFID 标准，而飞利浦的 NFC 技术是否完全兼容并得到中国政府的认可对消费者相当重要。中国国家标准化管理委员会成立了国家标准工作组，负责起草、制定中国有关 RFID 的国家标准，据称，这样既能使中国获得相关的自主知识产权，又能将 RFID 发展纳入标准化、规范化的轨道。整个认证过程很可能需要飞利浦等公司公开一些关键的技术，这可能成为 NFC 在中国推广应用的绊脚石。

4.9 蓝牙技术

蓝牙是一种支持设备短距离通信（一般在 10m 之内）的无线电技术。能在包括移动电话、PDA、无线耳机、笔记本电脑、相关外围设备等众多设备之间进行无线信息交换。蓝牙的标准是 IEEE 802.15，工作在 2.4GHz 频带，带宽为 1Mb/s。

“蓝牙”（Bluetooth）原是一位在 10 世纪统一丹麦的国王，他将当时的瑞典、芬兰与丹麦统一起来。用他的名字来命名这种新的技术标准，含有将四分五裂的局面统一起来的意思。蓝牙技术使用高速跳频和时分多址等先进技术，在近距离内，最廉价地将几台数字化设备（各种移动设备、固定通信设备、计算机及其终端设备、各种数字数据系统，如数字照相机、数字摄像机等，甚至各种家用电器、自动化设备）呈网状链接起来。蓝牙技术将是网络中各种外围设备接口的统一桥梁，它消除了设备之间的连线，取而代之以无线连接。

蓝牙是一种短距的无线通讯技术，电子装置彼此可以透过蓝牙而连接起来，省去了传统的电线。透过芯片上的无线接收器，配有蓝牙技术的电子产品能够在 10 公尺的距离内彼此相通，传输速度可以达到每秒钟 1 兆字节。以往红外线接口的传输技术需要电子装置在视线之内的距离，而现在有了蓝牙技术，这样的麻烦也可以免除了。

蓝牙是由东芝、爱立信、IBM、Intel 和诺基亚于 1998 年共同提出的近距离无线数字通信的技术标准。其目标是实现最高数据传输速度 1Mb/s（有效传输速度为 721kb/s）、最大传输距离为 10m，用户不必经过申请便可利用 2. 4GHz 的工业、科技、医学频带，在其上设立 79 个带宽为 1MHz 的信道，用每秒钟切换 1600 次的频率、滚齿方式的频谱扩散技术来实现电波的收发。

4. 9. 1　蓝牙技术的优势

（1）全球可用

蓝牙无线技术规格供全球的成员公司免费使用。许多行业的制造商都积极地在其产品中实施此技术，以减少使用零乱的电线，实现无缝连接、流传输立体声，传输数据或进行语音通信。蓝牙技术在 2. 4GHz 波段运行，该波段是一种无需申请许可证的工业、科技、医学无线电波段。正因如此，使用蓝牙技术不需要支付任何费用。但必须向手机提供商注册使用 GSM 或 CDMA，除了设备费用外，不需要为使用蓝牙技术再支付任何费用。

（2）设备范围

蓝牙技术得到了空前广泛的应用，集成该技术的产品从手机、汽车到医疗设备，使用该技术的用户从消费者、工业市场到企业等，不一而足。低功耗，小体积以及低成本的芯片解决方案，使得蓝牙技术甚至可以应用于极微小的设备中。

（3）易于使用

蓝牙技术是一项即时技术，它不要求固定的基础设施，且易于安装和设置。不需要电缆即可实现连接。新用户使用也不费力，只需拥有蓝牙品牌产品，检查可用的配置文件，将其连接至使用同一配置文件的另一蓝牙设备即可。后续的 PIN 码流程就如同在 ATM 机器上操作一样简单。外出时，用户可以随身带上个人局域网，甚至可以与其他网络连接。

（4）全球通用的规格

蓝牙无线技术是当今市场上支持范围最广泛，功能最丰富且安全的无线标准。全球范围内的资格认证程序可以测试成员的产品是否符合标准。自 1999 年发布蓝牙规格以来，总共有超过 4000 家公司成为蓝牙特别兴趣小组的成员。同时，市场上蓝牙产品的数量也成倍地迅速增长。

4.9.2 蓝牙的应用场所

(1) 居　家

现代家庭与以往的家庭有许多不同之处。在现代技术的帮助下，越来越多的人开始居家办公，生活更加随意而高效。他们还将技术融入居家办公以外的领域，将技术应用扩展到家庭生活的其他方面。

通过使用蓝牙技术产品，人们可以免除居家办公电缆缠绕的苦恼。鼠标、键盘、打印机、膝上型计算机、耳机和扬声器等均可以在PC环境中无线使用，这不但增加了办公区域的美感，还为室内装饰提供了更多创意和自由（设想，将打印机放在壁橱里）。此外，通过在移动设备和家用PC之间同步联系人和日历信息，用户可以随时随地存取最新的信息。

蓝牙设备不仅可以使居家办公更加轻松，还能使家庭娱乐更加便利：现在用户不必撇开客人，单独离开去选择音乐。用户可以在30英尺以内无线控制存储在PC或Apple iPod上的音频文件。蓝牙技术还可以用在适配器中，允许人们从照相机、手机、膝上型计算机向电视发送照片，以便与朋友共享。

(2) 工　作

过去的办公室因为各种电线纠缠不清而非常混乱。从为设备供电的电线到连接计算机至键盘、打印机、鼠标和PDA的电缆，无不造成一种杂乱无序的工作环境。在某些情况下，这会增加办公室的危险，如员工可能会被电线绊倒或被电缆缠绕。现在，通过蓝牙无线技术，办公室里再也看不到凌乱的电线，整个办公室也像一台机器一样有条不紊地高效运作。PDA可与计算机同步，以共享日历和联系人列表，外围设备可以直接与计算机通信，员工可以通过蓝牙耳机在整个办公室内行走时接听电话，所有这些都无需电线连接。

蓝牙技术的用途不仅限于解决办公室环境的杂乱情况。启用蓝牙的设备能够创建自己的即时网络，让用户能够共享演示稿或其他文件，不受兼容性或电子邮件访问的限制。蓝牙设备能方便地召开小组会议，通过无线网络与其他办公室对话，并将白板上的构思传送到计算机。

不论在一个未联网的房间里工作，还是试图召开互动会议，蓝牙无线技术都可以帮助用户轻松地开展会议、提高效率并增进创造性协作。目前，市场上有许多产品都支持通过蓝牙连接从一台设备向另一台设备无线传输文件。类似eBeam Projection之类的产品支持以无线方式将会议记录保存在计算机上，而其他设备则支持多方参与献计献策。

消除台式机杂乱的连线，实现无线高效办公。蓝牙无线键盘、鼠标及演示设备可以简化工作空间。将PDA或手机与计算机无线同步，可以及时有效地更新并管理用户的联系人列表和日历。

现在，有越来越多的移动销售设备支持蓝牙功能，销售人员也得以使用手机进行连接，并通过GPRS，EDGE或UMTS移动网络传输信息。用户可以使用蓝牙技术，将移动打印机连接至膝上型计算机，现场为客户打印收据。不管是在办公室、餐桌上，还是在途中，您的工人都可以减少文书处理，缩短等待时间，为客户实现无缝事务处理，提高物流效率。通过使用蓝牙技术连接，货运巨擘 UPS 和 FedEx 已成功地减少了需要置换的线缆的使用，并显著地提高了工人的工作效率。

(3) 出　行

人们经常穿梭于工作场所、家庭和其他目的地之间，而蓝牙技术恰好为人们提供了在途中访问重要信息或通信的个人连接能力。

具有蓝牙技术的手机、PDA、膝上型计算机、耳机和汽车等，能够在旅途中实现免提通信，让用户身处热点或有线宽带连接范围之外，仍能保持 Internet 网络连接，以及在 PC 和移动设备之间同步联系人和日历条目，以访问重要信息。启用蓝牙的膝上型计算机和其他便携计算设备能够通过启用蓝牙的手机，使用 GPRS，EDGE 或 UMTS 移动网络，无线地将 PC 和 PDA 连接到 Internet，随时随地自由创建无限热点，让用户即使在途中也能高效工作。

目前，蓝牙技术在日常生活中应用最广的就是在支持蓝牙的手机通话设备上，如手机蓝牙耳机、车载免提蓝牙。

(4) 娱　乐

玩游戏、听音乐、结交新朋、与朋友共享照片等，消费者希望能够方便即时地享受各种娱乐活动，而又不想再忍受电线的束缚。蓝牙无线技术是唯一能够真正实现无线娱乐的技术。内置了蓝牙技术的游戏设备，让用户能够在任何地方与朋友展开游戏竞技，如在地下通道、飞机场或起居室中。人们能使用蓝牙技术将 MP3 播放器手机连接到内置了立体声耳机的滑雪头盔和帽子上。通过蓝牙技术，向启用类似设置的手机发送消息，结交新朋友。借助蓝牙技术，可以扩大人们的社交网络。

4.10 ZigBee 技术

ZigBee 又称为“紫蜂”，是一种近距离、低功耗的无线通信技术。这个名称来源于蜜蜂的八字舞，其特点是近距离、低复杂度、低功耗、低数据速率、低成本，主要适用于自动控制和远程控制领域，可以嵌入各种设备。

ZigBee 是一种采用成熟无线通讯技术的全球统一标准的开放的无线传感器网络。它以 IEEE 802.15.4 协议为基础，使 182 2006.24 计算机工程与应用在全球免费频段通讯，能够在三个不同的频段上通讯。全球通用的频段是 2.400 ~ 2.484GHz，欧洲采用的频段是 868.00 ~ 868.66MHz，美国采用的频段是 902 ~ 928MHz，传输速率分别为 250，20，40kb/s，通讯距离的理论值为 10 ~ 75m。

ZigBee 最显著的技术特点是它的低功耗和低成本，由于采用较低的数据传输率、较低的工作频段和容量更小的 Stack，并且将设备的 ZigBee 模块在未使用的情况下进入休眠状态，所以，从整体上降低了其功耗。

ZigBee 体系结构中物理层、介质访问层和数据链路层基于 IEEE 802.15.4 无线个人局域网标准协议；ZigBee 在 IEEE 802.15.4 标准基础之上，建立网络层和应用支持层，包括巨大数量节点的处理，最大节点数可以达到 6.5 万个，ZigBee 设备对象，用户定义的应用轮廓和应用支持层等。应用层则由用户根据需要开发。

在蓝牙技术使用过程中，人们发现，蓝牙尽管有许多优点，但是仍存在许多缺陷。例如，对家庭自动控制领域和工业遥测遥控领域而言，蓝牙技术显得太复杂、功耗大、距离近、组网规模太小等，而工业自动化对于数据通信的需求越来越强烈，并且对于工业现场，这种无线数据传输必须是高可靠的，能抵抗工业现场的各种电磁干扰。因此，经过长期努力，ZigBee 协议在 2003 年正式问世。另外，ZigBee 使用看在它之前研究过的面向家庭网络的通信协议。

长期以来，低价格、低传输率、短距离、低功率的无线通讯市场一直存在着。自从蓝牙技术出现以后，曾让工业控制、家用自动控制、玩具制造商等业者雀跃不已，但是蓝牙的售价一直居高不下，严重地影响了这些厂商的使用意愿。如今，这些业者都参加了 IEEE 802.15.4 小组，负责制定 ZigBee 的物理层和媒体介入控制层。

IEEE 802.15.4 规范是一种经济、高效、低数据速率（小于 250kbps）、工作在 2.4GHz 和 868/928MHz 的无线技术，用于个人区域网和对等网络。它是 ZigBee 应用层和网络层协议的基础。

4.10.1　ZigBee 读写设备

ZigBee 读写器是短距离、多点、多跳无线通讯产品，能够简单、快速地为串口终端设备增加无线通讯的能力。产品有效识别距离可达 1500m，最高识别速度可达 200km/h，同时识别 200 张标签。具有性能稳定、工作可靠、信号传输能力强、使用寿命长等优势。该设备已经被广泛地应用于门禁、考勤、会议签到、高速公路、油站、停车场、公交收费系统等。该产品的主要功能优势是防水、防雷、防冲击，满足工业环境要求。

4.10.2　ZigBee 采用的自组织网通信方式

（1）ZigBee 的自组织网络形式

所谓自组织网络举，一个简单的例子就可以说明这个问题：当一列伞兵空降 ZigBee 自组织网通信方式后，每个人持有一个 ZigBee 网络模块终端，降落到地面后，只要他们彼此间在网络模块的通信范围内，通过彼此自动寻找，很快就可以形成一个互联互通的 ZigBee 网络。而且，随着人员的移动，彼此间的联络还会发生变化，因而模块还可以通过重新寻找通信对象，确定彼此间的联络，对原有网络进行刷新，这就是自组织网。

（2）ZigBee 自组织网络通信方式的优点

网状网通信实际上就是多通道通信，在实际工业现场，由于各种原因，往往并不能保证每一个无线通道都能够始终畅通，就像城市的街道一样，可能因为车祸、道路维修等，使得某条道路的交通出现暂时中断，此时由于有多个通道，车辆（相当于控制数据）仍然可以通过其他道路到达目的地。而这一点对工业现场控制而言则非常重要。

（3）自组织网络的动态路由方式

动态路由是指网络中数据传输的路径并不是预先设定的，而是传输数据前，通过对网络当时可利用的所有路径进行搜索，分析它们的位置关系和远近，然后选择其中的一条路径进行数据传输。在网络管理软件中，路径的选择使用的是"梯度法"，即先选择路径最近的一条通道进行传输，如传不通，再使用另外一条稍远一点的通道进行传输，以此类推，直到数据送达目的地为止。在实际工业现场，预先确定的传输路径随时都可能发生变化，或者由于各种原因路径被中断了，或者过于繁忙不能进行及时传送。动态路由结合网状拓扑结构，就可以很好地解决这个问题，从而保证数据的可靠传输。

4.10.3 ZigBee 的技术优势

① 低功耗。ZigBee 模块在低耗电待机模式下，使用 2 节 5 号干电池就可以支持 1 个节点工作 6 ~ 24 个月，甚至更长。这样，在部分需要掩埋或特殊需要的地方，ZigBee 具有无法比拟的优势。相比较而言，现行蓝牙能工作数周，而 Wi-Fi 仅能工作数小时，都无法与 ZigBee 相比较。

② 低成本。ZigBee 通过简化的协议（不到蓝牙的 1/10），降低了对通信控制器的要求，而且 ZigBee 免协议专利费，每块芯片的价格大约为 2 美元，使得构建网络的总体成本下降，有利于商业大规模生产。

③ 高容量。ZigBee 通信网络可以采用星型网、树型网和网状网络结构，网络可以设置一个主节点管理若干子节点，最多一个主节点可以管理 254 个子节点；同时，主节点由上一层网络节点管理，最多可以组成高达 6.5 万个网络节点的大网。

④ 免执照频段。通过采用直接序列扩频方式，使用在工业、科技、医疗频段，2.4GHz（全球）、915MHz（美国）和 868MHz（欧洲）都是开放的频段。

⑤ 低速率。ZigBee 工作在 20 ~ 250kb/s 的较低速率，分别提供 250kb/s（2.4GHz）、40kb/s（915MHz）和 20kb/s（868MHz）的原始数据吞吐率，满足低速率传输数据的应用需求。

⑥ 短时延。ZigBee 的响应迅速，从睡眠状态转入工作状态只需要 15ms，节点模块连接进入网络只需要 30ms，节省了传输延时浪费的电能。与此相比较，Wi-Fi 需要 3s。蓝牙技术则需要 3 ~ 10s，反应较慢。

⑦ 近距离。点间传输范围一般为 10 ~ 100m，通过增加 RF 发射功率后，可以增加到 1 ~ 3km。可变的传输距离有利于适应复杂的环境，并且，如果通过路由和节点间的接力方式，传输距离将可以更远，实现全网络的大范围和无差别覆盖。

⑧ 高安全。ZigBee 采用直接序列扩频方式，并且 ZigBee 提供了三级安全模式，包括无安全设定、使用接入控制清单防止非法获取数据和采用高级加密标准的对称密码，以灵活地确定其安全属性。

4.10.4 ZigBee 联盟和应用前景

ZigBee 联盟成立于 2002 年，现已拥有 300 多家企业及机构，是一个非盈利性的业界组织，成员囊括了国际半导体生产商（三星、TI 等）、技术提供者、技术集成商和最终使用者。联盟制定了基于 IEEE 802.15.4 协议的具有高可靠、低成本、低功耗的网络应用规格，可以说，ZigBee 联盟是整个 ZigBee 发展的推动者。

ZigBee 并不是用来与蓝牙或者其他已经存在的标准竞争，它的目标定位于现存的系统还不能满足其需求的特定的市场，它有着广阔的应用前景。ZigBee 联盟预言，在未来的四到五年，每个家庭将拥有 50 个 ZigBee 器件，最后将达到每个家庭 150 个。2007 年，ZigBee 市场价值已达到数亿美元。其主要应用领域如下。

① 家庭和楼宇网络：空调系统的温度控制、照明的自动控制、窗帘的自动控制、煤气计量控制、家用电器的远程控制等。

② 工业控制：各种监控器、传感器的自动化控制。

③ 商业：智慧型标签等。

④ 公共场所：烟雾探测器等。

⑤ 农业控制：收集各种土壤信息和气候信息。

⑥ 医疗：老人与行动不便者的紧急呼叫器和医疗传感器等。

4.10.5 ZigBee 基础分析

（1）Zigbee 协议概述

无线传感器网络的网络节点间要进行数据传递，需要相应的无线网络协议（包含 MAC 层、路由、网络层、应用层等），以实现网络的物差错传输。传统的无线协议无法满足现行无线网络低功耗、低成本、高容错率的要求，由于这些原因，使 ZigBee 协议得以诞生，ZigBee 的基础前身是 IEEE 802.15.4，其协议包含 MAC 层与物理层，ZigBee 联盟在此基础进行了扩展。增加了标准化的网络层协议和 API。因此，ZigBee 是一种新型的近距离、低速率、大容量的无线网络通信技术，主要用做近距离无线连接，由于具有自身协议标准，所以能够实现大量的传感器之间的相互通信，其最大网络容量可达 6.5 万个网络节点。网络节点传感器具有低功耗的性能，能够长时间工作，并且通过设定的算法进行网络接力，使数据实现最优化传输，这样，数据从一个传感器传输到另一传感器只需要极少的能量，通信率很高。可以类似地看，由于 ZigBee 是一个由可多达 6.5 个无线节点组成的一个无线传输网络平台，与现有的移动通信的 CDMA 网或 GSM 网十分相似，每一个 ZigBee 网络传输模块类似于移动网络的一个基站，而在整个网络范围内，它们之间可以进行相互通信；每个网络节点间的距离可以从标准的 75 米，扩展到几百米甚至几公里；另外，整个 ZigBee 网络还可以与现有的其他各种网络相互连接。在符合以下类似的条件时，就可以考虑采用 ZigBee 网络进行数据传输：需要采集数据或网络监控的节点多；要求传输的数据量不大，要求设备成本低；要求数据传输可靠性高、安全性高；设备体积很小，适应特殊要求或不便放置较大的电池或电源模块；地形情况复杂，网络监测点多，需要较大的网络作无差别式的覆盖；现有移动网络的覆盖盲区；不便使用现有网络进行低数据量传输的遥测遥控系统；无法使用 GPS 或效果不明显，或成本太高的局部区域移动目标的定位应用。但值得注意的是，在已经发布的 ZIGBEEV 1.0 中并没有规定具体的路由协议，具体协议由协议栈实现，使用时应注意。现在较为通用的版本为 ZigBee 2006 版。

（2）ZigBee 协议栈

ZigBee 协议是在 IEEE 802.15.4 标准基础上进行修改建立的，其中，IEEE 802.15.4 定义了协议的 MAC 和物理层。ZigBee 协议应该包括 IEEE 802.15.4 的物理层和 MAC 层，以及在此基础上的 ZigBee 堆栈层：网络层、应用层和安全服务提供层，如图 4-1 所示。由此可见，ZigBee 协议对应与 TCP/IP 的五层传输协议，具有类似之处。

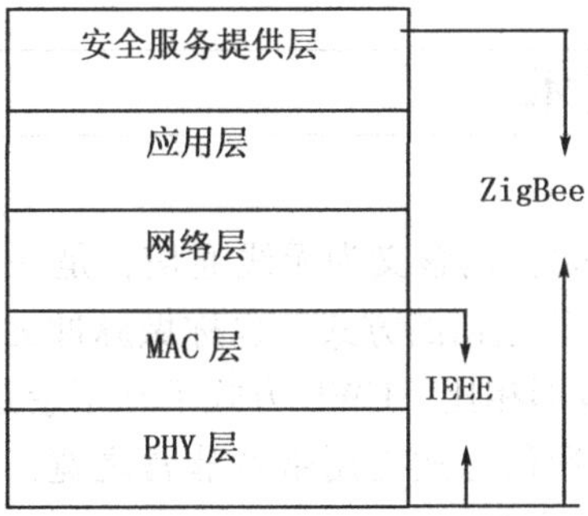

图 4-1　ZigBee 堆栈层

（3）802.15.4 MAC 层

IEEE 802.15.4 标准为低速率无线个人域网定义了 OSI 模型开始的两层。PHY 层定义了无线射频应该具备的特征，它支持两种不同的射频信号，分别位于 2450MHz 波段和 868/915MHz 波段。2450MHz 波段射频可以提供 250kb/s 的数据速率和 16 个不同的信道。在 868/915MHz 波段中，868MHz 支持 1 个数据速率为 20kb/s 的信道，915MHz 支持 10 个数据速率为 40kb/s 的信道。MAC 层负责相邻设备间的单跳数据通信。它负责建立与网络的同步，支持关联和去关联及 MAC 层安全：它能提供两台设备之间的可靠链接。

（4）ZigBee 堆栈容量和 ZigBee 设备

根据 ZigBee 堆栈规定的所有功能和支持，很容易推测 ZigBee 堆栈实现需要用到设备中的大量存储器资源。但 ZigBee 规范定义了三种类型的设备，每种都有自己的功能要求：ZigBee 协调器是启动和配置网络的一种设备。协调器可以保持间接寻址用的绑定表格，支持关联，同时能设计信任中心和执行其他活动。一个 ZigBee 网络只允许有一个 ZigBee 协调器。ZigBee 路由器是一种支持关联的设备，能够将消息转发到其他设备。ZigBee 网格或树型网络可以有多个 ZigBee 路由器。ZigBee 星型网络不支持 ZigBee 路由器。ZigBee 终端设备可以执行它的相关功能，并使用 ZigBee 网络到达其他需要与其通信的设备。它的存储器容量要求最少。然而，需要特别注意的是，网络的特定架构会戏剧性地影响设备所需的资源。网络层支持的网络拓扑有星型、树型和网格型，如图 4-2 所示。在这几种网络拓扑中，星型网络对资源的要求最低。

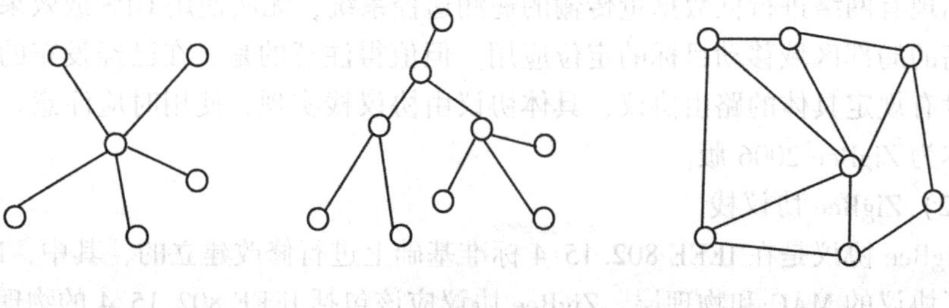

图 4-2 星型、树型和网格型的网络拓扑

4.11 UWB 技术

UWB（Ultra Wideband）的含义为无线通信，是一种不用载波，而采用时间间隔极短（小于 1ns）的脉冲进行通信的方式，也称做脉冲无线电、时域或无载波通信。与普通二进制移相键控信号波形相比，UWB 方式不利用余弦波进行载波调制而发送许多小于 1ns 的脉冲，因此，这种通信方式占用带宽非常之宽，且由于频谱的功率密度极小，所以它具有通常扩频通信的特点。

UWB 是一种无载波通信技术，利用纳秒至微微秒级的非正弦波窄脉冲传输数据。通过在较宽的频谱上传送极低功率的信号，UWB 能在 10m 左右的范围内实现每秒钟数百兆比特至数吉比特的数据传输速率。UWB 具有抗干扰性能强、传输速率高、带宽极宽、消耗电能小、发送功率小等诸多优势，主要被应用于室内通信、高速无线 LAN、家庭网络、无绳电话、安全检测、位置测定、雷达等领域。

UWB 技术最初是被作为军用雷达技术开发的，早期主要用于雷达技术领域。2002 年 2 月 14 日，美国 FCC 批准了 UWB 技术用于民用，UWB 的发展步伐开始逐步加快。

4.11.1 UWB 的特点

(1) UWB 的优点

与蓝牙和 WLAN 等带宽相对较窄的传统无线系统不同，UWB 能在宽频上发送一系列非常窄的低功率脉冲。较宽的频谱、较低的功率、脉冲化数据，意味着 UWB 引起的干扰小于传统的窄带无线解决方案，并能够在室内无线环境中提供与有线相媲美的性能。UWB 具有以下优点。

① 抗干扰性能强：UWB 采用跳时扩频信号，系统具有较大的处理增益，在发射时，将微弱的无线电脉冲信号分散在宽阔的频带中，输出功率甚至低于普通设备产生的噪

声。接收时将信号能量还原出来，在解扩过程中产生扩频增益。因此，与 IEEE 802. 11a，IEEE 802. 11b 和蓝牙相比，在同等码速条件下，UWB 具有更强的抗干扰性。

② 传输速率高：UWB 的数据速率可以达到每秒钟几十兆比特到几百兆比特，有望高于蓝牙 100 倍，也可以高于 IEEE 802. 11a 和 IEEE 802. 11b。

③ 带宽极宽：UWB 使用的带宽在 1GHz 以上，高达几吉赫兹。超宽带系统容量大，并且可以和目前的窄带通信系统同时工作而互不干扰。这在频率资源日益紧张的今天，开辟了一种新的时域无线电资源。

④ 消耗电能小：在通常情况下，无线通信系统在通信时需要连续发射载波，因此，要消耗一定的电能。而 UWB 不使用载波，只是发出瞬间脉冲电波，也就是直接按 0 和 1 发送出去，并且在需要时才发送脉冲电波，所以，消耗电能小。

⑤ 保密性好：UWB 保密性表现在两方面。一方面是采用跳时扩频，接收机只有已知发送端扩频码时，才能解出发射数据；另一方面是系统的发射功率谱密度极低，用传统的接收机无法接收。

⑥ 发送功率非常小：UWB 系统发射功率非常小，通信设备可以用小于 1mW 的发射功率就能实现通信。低发射功率大大延长，系统电源的工作时间。而且，发射功率小，其电磁波辐射对人体的影响也会很小，应用面就广。

⑦ 穿透力较高：UWB 有较高的穿透力，其纳秒级的高速脉冲可以穿透墙壁和其他物体，可以起到与雷达相同的作用。因此，UWB 除被应用于通信领域外，还兼有定位、车辆防撞、测距、透视等功能，且这些功能均可集于一体。

（2）UWB 的局限性

① 影响 UWB 使用的一个非常实际的问题是干扰问题，它有两个方面。

一方面是 UWB 对其他无线系统的干扰。到目前为止，UWB 用非常宽的带宽来收发无线电信号，而实际上并不存在如此宽的空闲频带，总要有部分频带与现有无线系统（如航空、军事、安全、天文等领域的无线系统）使用的频带相重叠，甚至会对 GPS 等其他窄带无线通信形成干扰。因此，在目前，UWB 只能得到有限的应用，可以说，UWB 是一种以共享其他无线通信频带为前提的通信技术，其对窄带系统潜在或严重的干扰仍在研究之中。

另一方面是 UWB 受其他无线系统的干扰。如果 UWB 信号低于传统超外差式接收机的门限值成立，那么传统发射机发射的窄带信号也会大于 UWB 接收机的门限值，因此，在 UWB 接收机的频带内，就极易受到传统窄带通信机的干扰，其匹配滤波器的精度、超宽带的天线等也都不易得到满足。

② 其他方面的局限性。由于脉冲持续时间短，要作为相关检测接收脉冲，就需要精确的定时。另外，来自板载的微控制器产生的噪声也是一个严重的问题，因为如果是传统的收发信机，只要抑制带外噪声就可以了，而对于 UWB 来说，是不可行的。

从本质上讲，UWB 可以用更窄的脉冲（得到高信号/符号率）去换取其他两个可变的参量，即带宽（变宽）和信噪比。但要使用更大的带宽却需要得到批准，同时信号在高带宽上会平均降低信噪比，导致信号/符号率和信道容量（数据速率）下降。如果UWB的目标是得到高信道容量或高速数据速率，那么可以通过将平均脉冲频率提高到2GHz以上或将发送信号的功率提高（如果允许且不造成干扰）的方法来达到这一目的，这就会与常规的无线通信系统一样，即UWB系统也需要在带宽效率、发送峰值功率、复杂度、灵活支持多速率和用BER表示的性能之间取得平衡。

4.11.2 UWB与其他短距离无线技术的比较

从UWB的技术参数来看，UWB的传输距离只有10m左右，因此，只拿常见的短距离无线技术与UWB加以对比，从中更能显示出UWB的杰出的优点。常见的短距离无线技术有IEEE 802.11a、蓝牙、HomeRF。

（1）IEEE 802.11a与UWB

IEEE 802.11a是由电子和电气工程师协会制定的无线局域网标准之一，物理层速率为54Mb/s，传输层速率为25Mb/s，它的通信距离可能达到100m，而UWB的通信距离在10m左右。在短距离的范围（如10m以内），IEEE 802.11a的通信速率与UWB相比却相差太大，UWB可以达到上千兆，是IEEE 802.11a的几十倍；超过这个距离范围（即大于10m），由于UWB发射功率受限，UWB的性能就差很多（目前，从演示的产品来看，UWB的有效距离已扩展到20m左右）。因此，从总体来看，10m以内，802.11a无法与UWB相比；但是在10m以外，UWB无法与802.11a相比。另外，与UWB相比，802.11a的功耗相当大。

（2）蓝牙与UWB

蓝牙技术是爱立信、IBM等5家公司在1998年联合推出的一项无线网络技术。随后成立的蓝牙技术特殊兴趣组织负责该技术的开发和技术协议的制定，如今，全世界已有1800多家公司加盟该组织。蓝牙的传输距离为0.1～10m。它采用2.4GHz ISM频段和调频、跳频技术，速率为1Mbps。从技术参数来看，UWB的优越性是比较明显的，有效距离差不多，功耗也差不多，但UWB的速度却快得多，是蓝牙速度的几百倍。从目前的情况来看，蓝牙唯一比UWB优越的地方是蓝牙的技术已经比较成熟，但是随着UWB的发展，这种优势就不会再是优势，因此，有人在UWB刚出现时，把UWB看成蓝牙的杀手，不是没有道理的。

（3）HomeRF与UWB

HomeRF是专门针对家庭住宅环境而开发的无线网络技术，借用了802.11规范中支持TCP/IP传输的协议；而其语音传输性能则来自无绳电话标准。HomeRF定义的工作频段为2.4GHz，这是不需要许可证的公用无线频段。HomeRF使用了跳频空中接口，每秒跳频50次，即每秒钟信道改换50次。收发信机最大功率为100mW，有效范围约为50m，其速率为1～2Mb/s。与UWB相比，各有优势：HomeRF的传输距离远，但速率太低；UWB传输距离只有HomeRF的五分之一，但速度却是HomeRF的几百倍甚至上千倍。

总而言之，这些流行的短距离无线通信标准各有千秋，这些技术之间存在着相互竞争，但在某些实际应用领域，它们又相互补充。单纯地说“UWB 或取代某种技术”是一种不负责任的说法，就好像飞机又快又稳，也没有取代自行车一样，各有各的应用领域。

4.11.3　UWB 的应用

多年来，UWB 技术一直是美国军方使用的作战技术之一，但由于 UWB 具有巨大的数据传输速率优势，同时受发射功率的限制，在短距离范围内提供高速无线数据传输将是 UWB 的重要应用领域，如当前 WLAN 和 WPAN 的各种应用。此外，通过降低数据率提高应用范围，具有对信道衰落不敏感、发射信号功率谱密度低、安全性高、系统复杂度低、能提供数厘米的定位精度等优点；UWB 也适用于短距离数字化的音视频无线链接、短距离宽带高速无线接入等相关民用领域。

总的说来，UWB 的用途很多，主要分为军用和民用两个方面。在军用方面，主要用于如下领域，如 UWB 雷达、UWB L PI/D 无线内通系统（预警机、舰船等）、战术手持和网络的 PLI/D 电台、警戒雷达、UAV/U GV 数据链、探测地雷、检测地下埋藏的军事目标或以叶簇伪装的物体；在民用方面，自从 2002 年 2 月 14 日 FCC 批准将 UWB 用于民用产品以来，UWB 的民用主要包括以下 3 个方面：地质勘探及可穿透障碍物的传感器，汽车防冲撞传感器等，家电设备及便携设备之间的无线数据通信。

下面以地理定位和家庭数字娱乐中心两个领域为例进行介绍。

（1）精确定位

UWB 技术介于雷达和通信之间的重要应用是精确地理定位，如使用 UWB 技术能够提供三维地理定位信息的设备。该系统由无线 UWB 塔标和无线 UWB 移动漫游器组成。其基本原理是通过无线 UWB 漫游器和无线 UWB 塔标间的包突发传送而完成航程时间测量，再经往返（或循环）时间的测量值的对比和分析，得到目标的精确定位。此系统使用的是 2.5ns 宽的 UWB 脉冲信号，其峰值功率为 4W，工作频带范围为 1.3 ~ 1.7GHz，相对带宽为 27%，符合 FCC 对 UWB 信号的定义。如果使用小型全向垂直极化天线或小型圆极化天线，其视距通信范围可超过 2km。在建筑物内部，由于墙壁和障碍物对信号的衰减作用，系统通信距离被限制在 100m 以内。

UWB 地理定位系统最初的开发和应用是在军事领域，其目的是战士在城市环境条件下，能够以 0.3m 的分辨率来测定自身所在的位置。目前，其主要商业用途之一为路旁信息服务系统。它能够提供突发且高达 100Mb/s 的信息服务，其信息内容包括路况信息、建筑物信息、天气预报和行驶建议，还可以用做紧急援助事件的通信。

（2）家庭数字娱乐中心

UWB 第二个重要应用领域是家庭数字娱乐中心。在过去几年里，家庭电子消费产品层出不穷。PC、DVD、DVR、数码照相机、数码摄像机、HDTV、PDA、数字机顶盒、MD、MP3、智能家电等出现在普通家庭里，正是“旧时王谢堂前燕，飞入平常百姓家”。家庭数字娱乐中心的概念是：将来人们住宅中的 PC、娱乐设备、智能家电和 Internet 都连接在一起，用户可以在任何地方使用它们。举例来说，你储存的视频数据可以在 PC、DVD、TV、PDA 等设备上共享观看，可以自由地同 Internet 交互信息，用户可以遥控你的 PC，让它控制自己的信息家电，让它们有条不紊地工作，也可以通过 Internet 联机，用无线手柄结合音像设备，营造出逼真的虚拟游戏空间。如何把这些相互独立的信息产品有机地结合起来，这是建立家庭数字娱乐中心一个关键的技术问题。从前面介绍的 UWB 的技术特点来看，UWB 技术无疑是一个很好的选择。

4.11.4　UWB 的发展前景

如前所述，UWB 系统在很低的功率谱密度情况下，已经证实能够在户内提供超过 480Mb/s 的可靠数据传输。与当前流行的短距离无线通信技术相比，UWB 具有巨大的数据传输速率优势，最大可以提供高达 1Gb/s 以上的传输速率。UWB 技术在无线通讯方面的创新性、利益性已经引起了全球业界的关注，越来越多的研究者投入到 UWB 领域，有的单纯开发 UWB 技术，有的开发 UWB 应用，有的兼而有之。相信，UWB 技术不仅为低端用户所喜爱，而且在一些高端技术领域，在军事需求和商业市场的推动下，UWB 技术将会进一步发展和成熟。

同先进国家相比较，我国的无线通信领域仍处于待开发状态，通过 UWB 技术的研究，可以充分发挥后发优势，研究将会更有方向性和针对性，因而有可能在该领域达到并超过世界先进水平，促进我国在 UWB 技术方面的全面发展，同时对我国在该研究领域拥有自主知识产权和相关产品，建立新的经济增长点，具有重大意义。

4.12　无线网络标准与协议

无线局域网最通用的标准是电子和电气工程师协会定义的无线网络通信工业标准——IEEE 802.11 系列。

IEEE 是电子和电气工程师协会（Institute of Electrical and Electronics Engineers）的简写，于 1963 年 1 月 1 日由美国电气工程师学会和美国无线电工程师学会合并而成，是美国规模最大的专业学会，也是世界上最大的专业技术组织之一，拥有来自 175 个国家的 36 万名会员。

目前，IEEE 在工业界所定义的标准有着极大的影响。IEEE 定位在“科学和教育，并直接面向电子电气工程、通讯、计算机工程、计算机科学理论和原理研究的组织，以及相关工程分支的艺术和科学”。为了实现这一目标，IEEE 承担着多个科学期刊和会议组织者的角色，它也是一个广泛的工业标准开发者。

IEEE 802.11 是 IEEE 在 1997 年为无线局域网定义的一个无线网络通信的工业标准。此后，这一标准又不断得到补充和完善，形成 802.11x 的标准系列。802.11x 标准是现在无限局域网的主流标准，也是 Wi-Fi 的技术基础。目前，WLAN 领域主要是 IEEE

802.11x 系列与 HiperLAN/x（欧洲无线局域网）系列两种标准。在以下标准中，平时应用最多的应该是 802.11a/b/g 三个标准，均得到了相当广泛的应用。

（1）802.11

802.11 是 IEEE 最初制定的一个无线局域网标准，主要用于解决办公室局域网和校园网中用户与用户终端的无线接入，业务主要限于数据存取，速率最高只能达到 2Mbps。由于它在速率和传输距离上都不能满足人们的需要，因此，IEEE 小组又相继推出了 802.11b 和 802.11a 两个新标准，前者已经成为目前的主流标准，而后者也被很多厂商看好。

（2）802.11a

802.11a 是 802.11 原始标准的一个修订标准，于 1999 年获得批准。802.11a 标准采用了与原始标准相同的核心协议，工作频率为 5GHz，使用 52 个正交频分多路复用副载波，最大原始数据传输率为 54Mbit/s，这达到了现实网络中等吞吐量（20Mbit/s）的要求。如果需要，数据率可降为 48，36，24，18，12，9，6Mbit/s。802.11a 拥有 12 条不相互重叠的频道，8 条用于室内，4 条用于点对点传输。它不能与 802.11b 进行互操作，除非使用了对两种标准都采用的设备。

由于 2.4GHz 频带已经被到处使用，采用 5GHz 的频带让 802.11a 具有更少冲突的优点。然而，高载波频率也带来了负面效果。802.11a 几乎被限制在直线范围内使用，这导致必须使用更多的接入点；同样，还意味着 802.11a 不能传播得像 802.11b 那么远，因为它更容易被吸收。

尽管 2003 年世界无线电通信会议让 802.11a 在全球的应用变得更容易，但不同的国家还是有不同的规定支持。美国和日本已经出现了相关规定对 802.11a 进行了认可，但是在其他地区，如欧盟，管理机构却考虑使用欧洲的 HIPERLAN 标准，而且在 2002 年中期禁止在欧洲使用 802.11a。在美国，2003 年中期联邦通信委员会的决定可能会为 802.11a 提供更多的频谱。

（3）802.11b

就在 802.11a 发布的同一年，IEEE 又发布了另外一个无线标准——802.11b。802.11b（即 Wi-Fi）由 IEEE 在 1998—1999 年制订完成，到 2002 年底，已在超过 3000 万个无线基站中应用。IEEE 802.11b 是无线局域网的一个标准。其载波的频率为 2.4GHz，传送速度为 11Mbit/s。IEEE 802.11b 是所有无线局域网标准中最著名，也是普及最广的标准。当动态速率转换当射频情况变差时，可将数据传输速率降低为 5.5，2，1Mbit/s。使用范围支持的范围是在室外为 300m，在办公环境中最长为 100m。802.11b 使用与以太网类似的连接协议和数据包确认，来提供可靠的数据传送和网络带宽的有效使用。

802.11b 标准确保了用户可以获得设备互操作能力。无线以太网兼容性联盟是一个非盈利性的国际组织，它的宗旨是检验基于 802.11b 标准的无线局域网产品的互操作能力，并在所有市场中推广该标准。随着 802.11b 标准的迅速普及，用户开始可以选择多种可互操作的、低成本的、高性能的无线设备。

最重要的是，各种类型的企业现在都可以通过将无线技术加入自己的企业局域网而获得巨大的利益。多年以来，膝上型电脑和笔记本电脑一直承诺可以随时随地进行计算。但是，随着对局域网和互联网的访问日益成为开展业务的不可或缺的组成部分，人们需要通过无线连接来真正实现随时随地进行计算的承诺。无线设备让用户几乎从任何地方都可以接入网络：办公桌、会议室、咖啡厅，或者企业园区和校园中的另外一个建筑物。这种能力为用户提供了最大限度的灵活性、生产率和效率，同时可以极大地促进同事、商业伙伴和客户之间的合作。此外，无线技术还可以为难以铺设电缆或者布线成本过高的场所提供局域网访问。

IEEE 802.11b 无线局域网与 IEEE 802.3 以太网的原理很类似，都是采用载波侦听的方式来控制网络中信息的传送。不同之处是以太网采用的是载波侦听/冲突检测技术，网络上所有工作站都侦听网络中有无信息发送，当发现网络空闲时，即发出自己的信息，如同抢答一样，只能有一台工作站抢到发言权，而其余工作站需要继续等待。若有两台以上的工作站同时发出信息，则网络中会发生冲突，冲突后，这些冲突信息都会丢失，各工作站则将继续抢夺发言权。而 802.11b 无线局域网则引进了冲突避免技术，从而避免了网络中冲突的发生，可以大幅度地提高网络效率。

(4) 802.11g

802.11g 产品在目前的市场上占有主流地位，无论是价格还是传输速率都受到很多消费者的欢迎。随着无线 IEEE 802.11 标准开始深入人心，各集成电路制造商开始寻求为以太网平台提供更为快速的协议和配置。而蓝牙产品和无线局域网（802.11b）产品的逐步应用，解决两种技术之间的干扰问题显得日益重要。为此，IEEE 成立了无线 LAN 任务工作组，专门从事无线局域网 802.11g 标准的制定，力图解决这一问题。802.11g 其实是一种混合标准，它既能适应传统的 802.11b 标准，在 2.4GHz 频率下提供每秒 11Mbit/s 数据传输率，也符合 802.11a 标准在 5GHz 频率下提供 56Mb/s 数据传输率。

当出现 802.11a 与 802.11b 标准以后，似乎已经能够满足大部分的应用需求，802.11g 标准却又在制定中，虽然现在正式标准还没有正式出台，但草案已经到了 6.0 版本。也许一些用户会认为制定 802.11g 是多余的，但实际情况并非如此。

802.11a 与 802.11b 两个标准都存在缺陷，802.11b 的优势在于价格低廉，但速率较低（最高为 11Mb/s）；而 802.11a 的优势在于传输速率快（最高为 54Mb/s）且受干扰少，但价格相对较高。

802.11g 存在的第一个必要性是用户需要一种低价格、高速率的产品，802.11g 标准就能够满足用户这些需求。802.11g 虽然同样运行于 2.4GHz，但由于该标准中使用了与 802.11a 标准相同的调制方式 OFDM，使网络达到了 54Mb/s 的高传输速率，而基于该标准的产品价格也只略高于 802.11b 标准产品。这样就可以为用户提供更高性能、更低价格的无线网络。

802.11g存在的第二个必要性是满足用户无线网络升级的需求。随着用户应用的增加，无线网络的性能成为制约应用的“瓶颈”。因此，用户为满足应用，必须对现有网络进行升级，当然，出现这种问题的大多是选用了802.11b标准的用户。802.11g的出现为那些准备升级的用户提供了一套可保留原有投资的解决方案。因为802.11g不但使用了OFDM作为调制方式以提高速率，同时，仍然保留了802.11b中的调制方式，且又是运行在2.4GHz频段。所以，802.11g可以向下兼容802.11b。

（5）802.11n

各种无线局域网技术竞争惨烈，然而，WLAN却依然存在着很多差距和缺陷，为了实现高带宽、高质量的WLAN服务，使无线局域网达到以太网的性能水平，802.11n应运而生。

2007年初，Wi-Fi联盟通过传输速度更快的IEEE802.11n以取代目前无线局域网中最主流的802.11g标准。802.11n作为新一代的Wi-Fi标准，可以提供更高的连接速度，其理论传输速度高达500Mb/s。在802.11n标准获得批准后，英特尔也在去年年中推出了新一代的Wireless—N网络连接架构，并将802.11n无线网卡作为新一代笔记本迅驰平台SantaRosa的标准组件，宣称新标准的传输速率提升5倍、传输距离提升2倍。

802.11n将使WLAN传输速率达到目前传输速率的10倍，而且可以支持高质量的语音、视频传输，这意味着人们可以在写字楼中用Wi-Fi手机来拨打IP电话和可视电话。802.11n采用智能天线技术，通过由多组独立天线组成的天线阵列，可以动态地调整波束，保证让WLAN用户接收到稳定的信号，并可以减少其他信号的干扰。因此，其覆盖范围可以扩大到几平方公里，极大地提高了WLAN的移动性。这使得使用笔记本电脑和PDA可以在更大的范围内移动，可以让WLAN信号覆盖到写字楼、酒店和家庭的任何一个角落，真正体验移动办公和移动生活带来的便捷与快乐。

802.11n采用了一种软件无线电技术，它是一个完全可编程的硬件平台，使得不同系统的基站和终端都可以通过这一平台的不同软件实现互通与兼容，这使得WLAN的兼容性得到极大的改善。这意味着WLAN将不但能实现802.11n向前后兼容，而且可以实现WLAN与无线广域网络的结合。

802.11n协议的出现给我们带来了美好的愿景，在办公室，我们可以不再使用手机、桌面电话，而是使用Wi-Fi手机，也可以使笔记本电脑不必中断网络连接而在各个办公室、会议室中移动办公，还享受着高速的无线网络传输速度。在家庭中，我们可以享受到各种宽带的无线应用，从IPTV到可视电话，都可以通过WLAN实现，更重要的是各种智能家电都可以通过WLAN实现连接，与通信系统相连，可以实现更加智能的控制。

4.13　无线网络展望

在新一代技术刚推出市场之后，更高的技术应用已经在实验室进行研发。目前，日本的 NTT DoCoMo 公司已经表示，4G 通信的试验网络已经部署在公司的横须贺研发园内，该网络集结了试验基站和移动终端，同时 NTT DoCoMo 公司还表示，4G 通信服务将于近几年推出，网络的下载速度可以达到 100Mb/s，上载速度为 20Mb/s。据说，美国 AT & T 公司推出的 4G 通信网络的试验可以配合目前的 EDGE 进行无线上传，并通过 OFDM 技术达到快速下载的目的。美国 AT & T 公司声称，大约到 2014 年，这项技术才能发布；再有十年左右的时间，4G 才能真正投入到商用阶段。在 2011 年 2 月份，欧洲的四家移动设备生产商——阿尔卡特、爱立信、诺基亚和西门子——组成了世界无线研究论坛，以研究 3G 以后的发展方向。世界无线研究论坛预计 4G 技术将在 2014 年开始投入应用。这一代通信技术可以将不同的无线局域网络和通信标准、手机信号、无线电通信、电视广播、卫星通信结合起来，这样，手机用户就可以随心所欲地漫游了。目前在欧洲地区，无线区域回路与数字音讯广播已针对其室内应用而进行相关的研发，测试项目包括 10Mbps 与 MPEG 影像传输应用，而第四代移动通信技术则将是现有两项研发技术的延伸，先从室内技术开始，再逐渐扩展到室外的移动通信网络。爱立信公司的一位高级官员表示，该公司在经济不景气的情况下，不会减少研发第四代无线通讯技术的预算，该公司的负责人同时表示，该公司的研发工作具有 3～10 年的前瞻性，暂时的需求不振不会使该公司放慢研究的速度。

国际电信联盟无线电通信部也已经达成共识，将把移动通信系统同其他系统结合起来，在 2014 年之前使数据传输速率达到 100Mb/s。对于更高级的 3G 系统，国际电信联盟决定同时发展 IMT-2000 的两个标准——提高数据包和声音文件的传输速率，被日本 NTT DoCoMo 和 J-Phone 两家公司采用的 WCDMA 最大能达到 8Mb/s 的下载速率，而 CDMA2000 系统也将达到 2.4Mb/s 的速率。同时，国际电信联盟对外发表声明说，目前第四代移动通信的频段尚未被讨论与制订，但原则上将以高频段频谱为主，另外也将会使用到微波相关的技术与频段。

4.14 本章小结

本章系统地介绍了支撑物联网的无线网络技术，无线网络技术为物联网的快速发展提供了技术保障，主要内容如下。

① 无线网络的类型：无线个人网、无线区域网、无线城域网。

② 无线网络的设备类型：无线网卡、无线网桥、无线天线。

③ 无线网络的接入方式：网桥连接型、访问节点连接型、HUB 接入型、无中心型结构。

④ 无线宽带网的特点：安装便捷、使用灵活、经济节约、易于扩展、更好的安全性。

⑤ 3G 技术：W-CDMA，CDMA2000，TD-SCDMA，WiMAX。

⑥ 本章还介绍了其他相关的无线网络技术，如 TD-SCDMA 技术、Wi-Fi 技术、近距离无线通信技术、蓝牙技术、ZigBee 技术、UWB 技术、无线网络标准与协议。

参考文献

[1] 马建峰，朱建明．无线局域网安全：方法与技术［M］．北京：机械工业出版社，2005.

[2] 周武旸，姚顺铨．无线 Internet 技术［M］．北京：人民邮电出版社，2006.

[3] Li Li，Hu Xiaoguang，Chen Ke. The applications of WiFi-based wireless sensor network in Internet of things and smart grid［C］. ICIEA，2011 6th IEEE Conference on，2011：789－793.

[4] Mao Xufei，Zhou Chi，He Yuan. Guest editorial：special issue on wireless sensor networks，cyber-physical systems，and Internet of things［J］. Tsinghua Science and Technology，2011，16（6）：559－560.

[5] 刘元安．宽带无线接入和无线局域网［M］．北京：北京邮电大学出版社，2003.

[6] 张彦．无线网状网：架构、协议与标准［M］．北京：电子工业出版社，2008.

[7] 刘书生．蓝牙技术应用［M］．沈阳：东北大学出版社，2001.

[8] Xiao Y，Pan Y，Li J. Design and analysis of location management for 3G cellular networks［J］. Parallel and Distributed Systems，IEEE Transactions on，2004，15（4）：339－349.

[9] Xu Rui，Jin Y，Nguyen C. Power-efficient switching-based CMOS UWB transmitters for UWB communications and radar systems［J］. Microwave Theory and Techniques，IEEE Transactions on，2006，54（8）：3271－3277.

[10] Morak J. Design and evaluation of a telemonitoring concept based on NFC-Enabled mobile phones and sensor devices［J］. Information Technology in Biomedicine，IEEE Transactions on，2012，16（1）：17－23.

第5章 支撑物联网的 RFID 技术

近年来，射频识别（Radio Frequency Identification，简称 RFID）作为新兴产业的一座里程碑，正发挥着越来越大的作用。本章将较详细地展现 RFID 相关知识，从 RFID 概念到 RFID 关键技术，再到 RFID 的典型应用。

5.1 RFID 概述

5.1.1 了解 RFID

RFID 技术是一种无线自动识别技术，又称为电子标签技术，是自动识别技术的一种创新。RFID 技术具有众多优点，被广泛地应用于交通、物流、安全和防伪带领域，其很多应用是作为条形码等识别技术的升级换代产品。下面简述 RFID 的基本原理、分类和典型应用[1]。

5.1.1.1 RFID 的基本原理

典型 RFID 的应用系统相对简单而清晰，其基本组成如图 5-1 所示。

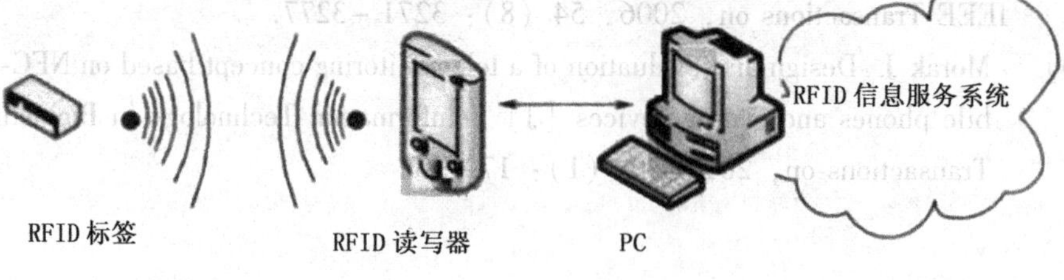

图 5-1 RFID 前端系统简图

通常的 RFID 系统包括前端的射频部分和后台的计算机信息管理系统。射频部分由读写器和标签组成。标签中植有集成电路芯片，标签和读写器通过电磁波进行信息的传输和交换。因此，标签用于存储所标识物品的身份和属性信息；读写器作为信息采集终端，利用射频信号对标签进行识别，并与计算机信息系统进行通信。在 RFID 的实际应用中，电子标签附着在被识别的物体表面或者内部。当带有电子标签的物品通过读写器的识读范围时，读写器自动地以非接触的方式将电子标签中的约定识别信息读取出来，依据需要，有时可以对标签中的信息进行改动，从而实现非接触甚至远距离自动识别物品功能。有关RFID射频关键技术，将在本章后续内容加以详述[2]。

5.1.1.2 分类与应用

在RFID系统中，标签和读写器是核心部件。依据两者不同的特点，可以对RFID进行以下分类[3]。

(1) 按照标签的供电形式

按照标签的供电形式，射频标签可以分为有源和无源两种形式。有源标签使用标签内电源提供的能量，识别距离较远（可以达到几十米甚至上百米），但寿命相对有限，并且价格相对较高。无源标签内不含电源，工作时，从读写器的电磁场中获取能量，其重量轻、体积小，可以制作成各种薄片或者挂扣的形式，寿命很长且成本很低，但通信距离受到限制，需要较大的功率读写器。

(2) 按照标签的数据调制方式

根据标签数据调制方式不同，可以分为主动式、被动式、半主动式。主动式的射频标签用自身的射频能量主动发送数据给读写器，调制方式可以是调幅、调频或者调相。被动式的射频标签使用调制散射的方式发送数据，必须利用读写器的载波来调制自身基带信号，读写器可以保证只激活一定范围内的射频标签。

在实际应用中，必须给标签提供能量才能工作。主动式标签内部自带电池进行供电，因而工作可靠性高，信号传输的距离远，但其主要缺点是因为电池的存在，其使用寿命受到限制，随着电池电力的消耗，数据传输的距离也会越来越短，从而影响系统的正常工作。

被动式标签内部不带电池，要靠外界提供能量才能正常工作。被动式标签产生电能的典型装置是天线与线圈。当标签进入系统的工作区域时，天线接收到特定的电磁波，线圈就会产生感应电流，在经过整流电路时，激活电路上的微型标签以给标签供电。而被动式标签的主要缺点在于其传输距离较短，信号的强度受到限制，所以需要读写端的功率较大。

此外，还有半主动式RFID系统。半主动式标签本身也带有电池，只起到对标签内部数字电路供电的作用，标签并不利用自身能量主动发送数据，只有被读写器发射的电磁信号激活时，才能传送自身的数据。

(3) 按照工作频率

按照工作频率，分为低频、中高频、超高频和微波系统。低频系统的工作频率一般在30～300kHz。低频系统典型的工作频率是125kHz和133（134）kHz，有相应的国际标准。其基本特点是标签的成本较低，标签内保存的数据量较少，读写距离较短（通常是10cm左右），电子标签外形多样，阅读天线方向性不强，这类标签在畜牧业和动物管理方面应用较多。

中高频系统的工作频率一般为3～30MHz。这个频段典型的RFID工作频率为13.56MHz，在这个频段上，有众多的国际标准予以支持。其基本特点是电子标签及读写器成本比较低，标签内保存的数据量较大，读写距离较远（可达到1m以上），适应性强，性能能够满足大多数场合的需要，外形一般为卡状，读写器和标签天线均有一定的方向性。目前，在我国，13.56MHz的RFID产品的应用相当广泛，如我国第二代居民身份证系统、北京公交“一卡通”、广州“羊城通”及大多数校园一卡通等都是该频段RFID系统。图5-2所示为一款双天线13.56MHz门禁系统，其作用距离可达到1.2m。

图5-2　13.56MHz RFID无障碍门禁系统

超高频和微波频段典型RFID系统的工作频率一般为0.3～3GHz或者大于3GHz。典型的工作频率为433.92MHz，862(902)～928MHz，2.45GHz和5.8GHz。根据各频段电磁波传播的特点，可适用于不同的应用需求，例如，433MHz有源标签常用于近距离通信及工业控制领域；915MHz无源标签系统是物流领域的首选；2.45GHz除被广泛地应用于近距离通信之外，还被广泛地应用于我国的铁道运输识别管理中；5.8GHz的RFID系统更是作为我国电子收费系统、高速公路不停车收费系统的工作频段，并率先制定了国家电子收费系统标准。

（4）按照耦合类型

按照耦合类型，分为电感耦合系统和电磁反向散射耦合系统。在电感耦合系统中，读写器和标签之间的信号传输类似变压器模型。其原理是通过电磁感应定律实现空间高频交变磁场的耦合。

电感耦合方式一般适用于中低频工作的近距离射频识别系统，其典型频率有125kHz，134kHz和13.56MHz。其识别距离一般小于1m，系统的典型作用距离为10～20cm。

在电磁反向散射耦合系统中，读写器在电子标签之间的通信实现依照雷达系统模型，即读写器发射出去的电磁波碰到标签目标后，由反射信号带回标签信息，依据的是电磁波的空间传输规律。

电磁反向散射耦合系统一般适用于高频及微波频段工作的远距离RFID系统，典型频率为433MHz，915MHz，2.45GHz和5.8GHz。其识别距离一般在1m以上，如915MHz无源标签系统的典型作用距离为3～15m，被广泛地应用于物流、跟踪及识别领域。

射频识别技术在北美、欧洲、澳洲、日本、韩国等国家和地区已经被广泛地应用于工业自动化、商业自动化、交通运输管理等众多领域，如汽车、火车等交通监控，高速公路自动收费系统，停车场管理系统，特殊物品管理，安全出入检查，流水线生产自动化，仓储管理，动物管理，车辆防盗等领域。在我国，由于射频识别技术起步稍晚一些，目前主要应用于公共交通、地铁、校园、社会保障等方面。很多城市陆续采用了射频识别公交一卡通。其中，我国射频标签应用最大的项目是第二代居民身份证。

射频识别技术在未来的发展中，还可以结合其他高新技术（如全球定位系统、生物识别等），由单一识别朝功能识别方向发展。同时，还将结合现代通信及计算机技术，实现跨地区、跨行业的应用。

5.1.2　RFID国内外发展现状

作为一种全新的技术，射频识别在国外发展很快，产品种类较多，因此，应用也很广泛。像TI，MOTOROLA，PHILIPS等世界著名厂商都生产RFID产品，并且各厂商的产品各具特色。在国外的应用中，已经形成了从低频到高频、从低端到高端的产品系列，并且已经形成了相对比较成熟的RFID产业链。

随着RFID技术的迅猛发展，RFID市场潜力巨大。2008年，全球RFID市场总价值达到52.5亿美元，RFID在国外的应用正在迅速发展。国内在低频RFID技术应用方面比较成熟，低频RFID市场规模较大；在高频RFID应用上，国内在铁道、航空、海关、物流和制造业等领域取得到了小规模的应用。5.8GHz的电子收费系统由国标制定后，正在蓬勃发展。

近年来，RFID低频产业规模增长幅度很大，高频市场增长较快。继2006年6月国家科学技术部联合14家部委发布了《中国射频识别（RFID）技术政策白皮书》之后，同年10月，科学技术部“863”计划先进制造技术领域办公室正式发布《国家商业技术研究发展计划先进制造技术领域“射频识别技术与应用”重大项目2006年度课题申请指南》，投入了1.28亿元扶持RFID技术的研究和应用，对我国RFID产业的发展起到了重要的推动作用。据报道，2009年中国RFID产业全年市场规模达到115亿元，2010年达到300亿元。2005—2010年的RFID市场规模复合年平均增长率高达82.4%，可以说，RFID已是信息技术产业发展的一个新的增长点[4]。

5.2　RFID系统关键技术

5.2.1　读写器

在RFID系统中，读写器是核心部件，起到了举足轻重的作用。作为连接后端系统和前端标签的主要通道，读写器主要完成以下功能：① 读写器和标签之间的通信功能。在规定的技术条件和标准下，读写器与标签之间可以通过天线进行通信。② 读写器和计算机之间可以通过标准接口（如RS232、传输控制协议/网际协议、通用串行总线等）进行通信。有的读写器还可以通过标准接口与计算机网络连接，并提供本读写器的识别码、读出标签的时间等信息，以实现多个读写器在网络中运行。③ 能够在有效读写区域内实现多标签的同时识读，具备防碰撞的功能。④ 能够进行固定和移动标签的识读。⑤ 能够校验读写过程中的错误信息。⑥ 对于有源标签，往往能够识别与电池相关的信息，如电量等。

对于多数 RFID 应用系统，读写器和标签的行为一般由后端应用系统控制来完成。在后端应用程序与读写器的通信中，应用系统作为主动方向读写器发出若干命令，获取应用所需的数据，而读写器作为从动方作出回应，建立与标签之间的通信。在读写器和标签的通信中，读写器又作为主动方触发标签，并对所触发的标签进行认证、数据读取等，进而读写器将获得的标签数据作为回应传给应用系统（有源标签也可以作为主动方与读写器通信）。

由此可以看出，读写器的基本作用就是作为连接前向信道和后向信道的核心数据交换环节，将标签中所含的信息传递给后端应用系统，从这个角度来看，读写器可以被看做一种数据采集设备。

RFID 系统的基本工作原理如图 5-3 所示。

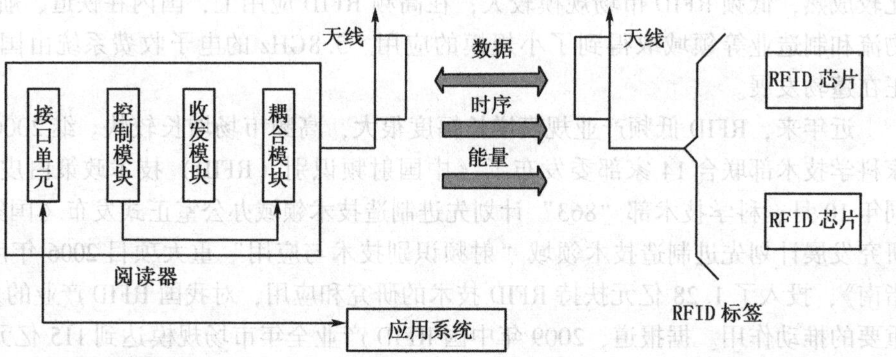

图 5-3　RFID 系统的基本工作原理

读写器的硬件通常由三部分组成：射频通道模块、控制处理模块和天线。其硬件结构图如图 5-4 所示。

射频通道模块主要完成射频信号的处理，将信号通过天线发送出去，标签对信号作出响应，并将自身信息返回给读写器。

在射频通道模块中，一般有两个分开的信号通道，称为发送电路和接收电路。传送到标签上的数据经过发送电路发送，而来自标签的数据则经过接收电路来处理。

控制处理模块主要由基带信号处理单元和智能单元组成。基带处理单元实现的任务主要有两个：第一，将读写器智能单元发出的命令编码变为便于调制到射频信号的编码调制信号；第二，对经过射频通道模块解调处理的标签回送信号进行处理，并将处理后的结果送入读写器的智能单元中。

从原理上讲，智能单元是读写器的控制核心；从实现角度来讲，通常采用嵌入式微处理器，并通过编制相应的嵌入式微处理器控制程序实现以下功能：实现与后端应用程序之间的 API 规范；控制与电子标签的通信过程；执行防碰撞算法，实现多标签识别；对读写器与标签之间传送的数据进行加密和解密；进行读写器和标签之间的身份验证。

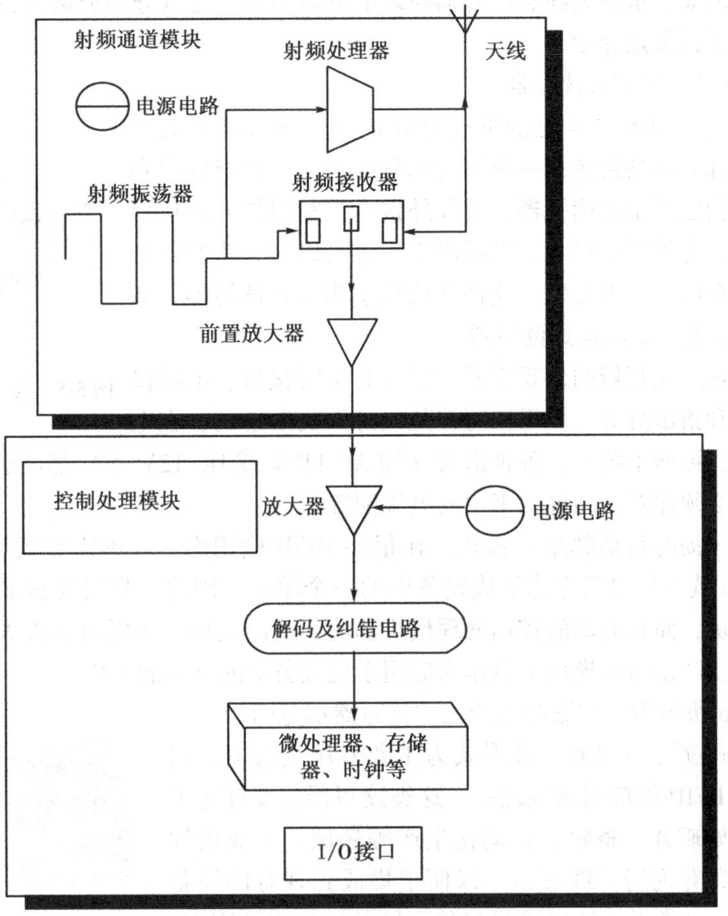

图 5-4　读写器硬件结构

随着微电子技术的发展，以数字信号处理器为核心的，辅助以必要的外围电路，基带信号处理和控制处理的软件化等方法，可以实现读写器对不同协议标签的兼容和改善读写器的多标签读写性，既方便了读写器的设计，又改善了读写器的性能。

读写器射频通道模块与处理模块之间的接口主要为调制、解调信号和控制信号。由于接口位于读写器设备内部，各厂家的约定可能并不相同。实际上，在接口的归属上，业内有不同的意见，不过更为一般的情况是将射频通道模块集成化，提供单芯片的射频通道模块，比如 TI 公司的 S6700 模块等[5]。

后端应用系统与读写器智能单元之间的数据交换通过读写器接口来完成。读写器接口可以采用串口 RS232 或 RS485、以太网接口、USB 接口，还可以采用 802.11b/g 无线接口。当前的发展趋势是集成多通信接口方式，甚至包括全球移动通信系统、通用分组无线业务、码分多址等无线通信接口。

根据应用系统的功能需求和不同厂商的产品接口，读写器具有各种各样的结构和外观形式。例如，根据天线和读写器模块的分离与否，可以分为分离式读写器和集成式读写器，以下详细地介绍。

5.2.1.1　固定式读写器

分离式读写器最常见的形式是固定式。读写器除天线外，其余部分都被封装在一个固定的外壳内，完成射频识别的功能，构成固定式读写器，天线外接在读写器外壳的接口上。有时，为了减小尺寸和降低成本，也可以将天线和射频模块封装在同一个外壳中，这样就构成了集成式读写器，如图 5-5 所示为一款固定式读写器。

图 5-5　固定式 RFID 读写器

从固定式读写器的外观来看，它具有读写接口、电源接口、托架和指示灯等。如果读写器是国外厂商制造的，在电源配置上，可能不统一，各种形式（如 AC 110V 或 DC 12V 等）都可能存在，因此，在使用时，必须注意产品说明书中的电源配置。

值得一提的是贴牌生产模块。在很多 RFID 应用中，并不需要读写器的外壳封装，同时 RFID 读写器也只作为集成设备中的一个单元。因此，只需要标准读写器前端的射频通道模块，而其后端的控制处理模块和输入输出接口单元则可以大大简化，经过简化后的贴牌生产读写器模块可以作为应用系统设备中的一个嵌入单元。

图 5-6 所示为一款贴牌生产化的读写器示意图。

固定式读写器的另一种形式为工业专用读写器，同时这也是 RFID 的应用领域之一。这类读写器主要针对工业应用，如矿井、畜牧、自动化生产等领域。工业用读写器大都具有现场总线接口，以便于集成到现有的设备中，此外，这类设备还要满足多种不同的应用保护需求，如矿井专用的读写器必须有防爆功能。

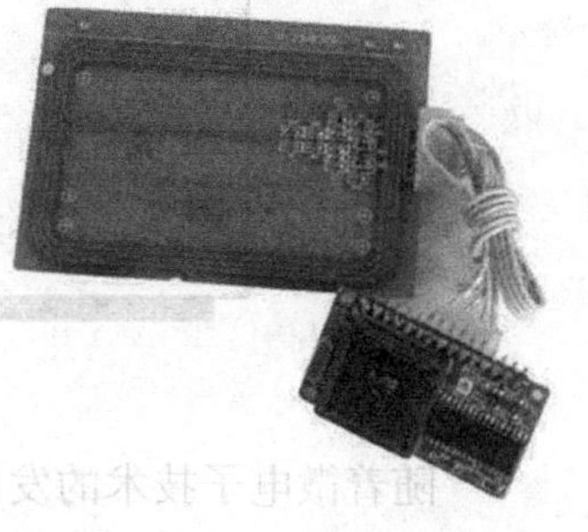

图 5-6　PHILIPS MFRC500 读写器模块

发卡机也是一种常见的固定式读写器，主要用来对标签进行具体内容的操作，包括建立档案、消费、挂失、补卡和信息修改等，它通常与计算机放在一起。从本质上看，发卡机实际上是小型射频标签读写装置。发卡机经常与发卡管理软件联合起来使用。发卡机的主要特点是发射功率小、读写距离短，所以，通常只固定在某一地点，用于标签发行及为标签使用者提供挂失、充值等各种服务[6]。

5.2.1.2　便携式读写器

便携式读写器是典型的集成式读写器，是适合用户手持使用的一类 RFID 读写装置，常用于动物识别、巡检、付款扫描、测试、稽查和仓库盘点等场合，从外观上看，便携式读写器一般带有液晶显示屏，并配有键盘来进行操作或者输入数据，也可以通过各种选接口来实现与计算机的通信。与固定式读写器的不同点在于，便携式（或简称为手持式）读写器可能会对系统本身的数据存储量有要求，同时对某些功能进行了一定的缩减，如有些仅限于读取标签数据，或读写距离有所缩短等。

便携式读写器一般采用大容量可充电的电池进行供电，操作系统可以采用 WinCE，Linux 等嵌入式操作系统。根据使用环境不同，便携式读写器还需要具备一些其他特性，如防水、防尘等。

随着条形码的大量使用，可以在便携式读写器上加一个条形码扫描模块，使之同时具备 RFID 识别和条形码扫描的功能。部分读写器甚至还加上了红外、蓝牙及全球移动通信系统等功能。图 5-7 所示为一款手持式 RFID 读写器示意图。

图 5-7　手持 RFID 读写器

从原理上讲，便携式读写器的基本工作原理与一般读写器大致相同，同时还具有以下一些自身的特性。

① 省电设计。便携式读写器由于要自带电源工作，因而其所有电源需求大多由内部电池供给。由于读写功率要求、电源转换效率和对设备长时间工作的期望等因素，省电设计已经成为便携式读写器需要考虑的重要问题之一。

② 自带操作系统或监控程序。由于便携式读写器在大多数情况下是独立工作的，因而必须具备小型操作系统。一种较为简便的处理方法是采用监控程序代替操作系统，但系统的可扩展性会受到较大的影响。

③ 天线与读写器的一体化设计。便携式的特点决定了读写器主机与天线应当采用一体化的设计方案。在个别情况下，也可以采用可替换的外接天线，以满足不同读写范围和距离的要求。

④ 目前，便携式读写器的需求量很大，其价格可能更低。在通常情况下，便携式读写器是一种功能有缩减、适合短时工作、成本相对低廉且方便手持的设备。在成熟的 RFID 应用系统中，便携式读写器很可能是应用最为广泛的一类设备，大多数 RFID 系统都需要配备便携式读写器。

以上介绍了读写器的基本工作原理及分类，下面介绍读写器天线。

天线可以理解为是一种能将接收到的电磁被转换成电流信号，或者将电流信号转换成电磁波的装置。天线具有不同的形式和结构，如偶极子天线、阵列天线、平板天线和环形天线等。

天线的主要特性参数有工作中心频率、频带宽度、方向性增益、极化方式和波瓣宽度等。

（1）天线的工作频率和频带宽度

天线的工作频率和频带宽度应当符合 RFID 系统的频率要求，如我国市场上典型的超高频系统的天线中心频率为 915MHz，带宽为 26MHz。

（2）天线的增益

天线的增益定义为：在输入功率相等的条件下，实际天线在其最大辐射方向上某点产生的功率密度与理想的辐射单元在空间同一点处所产生的信号功率密度之比。它定量地描述了一个天线把输入功率集中辐射到某个方向上的程度。增益显然与天线的方向图有密切的联系，方向图主瓣越窄、副瓣越小，增益就越高。增益的实质就是，从最大辐射方向上的辐射效果来说，与元方向性的理想点辐射源相比把功率放大的倍数。例如，915MHz RFID 系统中常用的一款天线的增益为 6～8dB。

（3）天线的极化方向

天线向周围空间辐射电磁波，电磁波由电场分量和磁场分量构成，在 RFID 工程应用中，电场分量的方向定义为天线的极化方向（与电磁场理论中的定义不同）。天线的极化方式有线极化（水平极化和垂直极化）和圆极化（左旋圆极化和右旋圆极化）等方式。不同的 RFID 系统采用的天线极化方式可能不同。有些方向性比较明确的应用可以采用线极化的方式，但在大多数场合中，由于标签的放置方向可能是随机的，所以，很多系统采用了圆极化和线极化相结合的方式，使系统对标签的方位敏感性降低。

（4）天线的波瓣宽度

将天线最大辐射方向两侧的辐射强度降低 3dB（即功率密度降低一般）的两点间的夹角定义为波瓣宽度（又称为波束宽度、主瓣宽度、半功率角）。波瓣宽度越窄，方向性越好，作用距离越远，抗干扰能力越强，但同时天线的覆盖范围也越小。在实际应用中，要根据不同的环境进行选择。

具体到 RFID 系统的应用中，读写器必须通过天线来发射能量，形成电磁场，通过电磁场来对电子标签进行识别，因此，天线也是 RFID 系统中的重要组成部分。按照天线的基本原理，它所形成的电磁场范围就是射频系统的可读区域。任意一个 RFID 系统至少应该包含一根天线（无论是内置还是外置），以发射和接收射频电磁信号。有些 RFID 读写器是由一根天线同时完成发射和接收的；也有些 RFID 读写器由一根天线完成发射而由另一根天线承担接收的功能，所采用的天线形式及数量应视具体应用而定。

在电感耦合 RFID 系统中，可以根据读写器的频率范围和使用不同的方法，将天线线圈连接到读写器发送器的射频输出端。通过功率匹配，将功率输出极直接连接到天线，或者通过同轴电缆送到天线线圈。前者适用于低频读写器，而后者则适用于高频和部分低频读写器产品[7]。

这里需要强调一个概念性问题：在很多场合，人们喜欢将 RFID 的通信距离作为天线的性能指标，这是不妥的，天线本身也没有作用距离的指标。通信距离主要由读写器发射功率、天线性能及标签灵敏度共同决定。例如，其他条件不变，读写器发射功率越大，通信距离就会越远；当其他条件不变，增益越高的天线，作用距离越远，但波束宽度会降低。

天线设计是 RFID 系统的重要关键技术之一。读写器天线有时候也作为独立的终端机具出售和使用，此时天线就是独立的产品。如果是有源标签，其天线设计类似于读写器天线；如果是无源标签，其微型天线的设计、加工、贴焊（有时印刷）是标签的关键技术之一，也是标签附加值最高的部分。

天线设计内容丰富，本书不作为重点详述，请参阅专业的天线设计书籍。

5.2.2 标　签

5.2.2.1 概　述

射频标签即RFID标签（也称为电子标签、射频卡等），有源标签除了没有与计算机接口电路外，有点类似读写器，其本身就是终端机具，以下主要讨论无源标签，它是指由集成电路芯片和微型天线组成的超小型的小标签。标签中一般保存约定格式的电子数据，在实际应用中，标签附着在待识别物体的表面。存储在芯片中的数据，可以由读写器通过电磁波以非接触的方式读取，并通过读写器的处理器进行信息的解读，并可以进行修改和管理。按照一般的说法，RFID标签是一种非接触式的自动识别技术，可以理解为目前使用的条形码的无线版本。无源标签十分方便于大规模生产，并能够做到日常免去维护的麻烦，因此，RFID标签的应用将给零售、物流、身份识别、防伪等产业带来革命性的变化。

RFID射频系统工作时，读写器发出查询信号，标签收到该信号后，将一部分整流为直流电源提供无源标签内的电路工作，另一部分能量信号将电子标签内保存的数据信息调制后返回读写器。读写器接收反射信号，从中提取信息。在系统工作过程中，读写器发出的信号和接收反射回来的信号是同时进行的，但反射信号的强度比发射信号要弱得多。

标签是物品身份及属性的信息载体，是一个可以通过无线通信的、随时读写的“条形码”加上标签的其他优点（如数据存储量相对较大，数据安全性较高，可以多标签同时识读等），使得RFID的应用前景十分广阔。

在此说明RFID标签和条形码的共性与区别。条形码在提高商品流通效率方面起到了积极的作用，但是自身也存在一些无法克服的缺陷。比如，扫描仪必须“看到”条形码才能读取，因此，工作人员必须亲手扫描每件商品，将商品条码接近光学读写器，才能读取商品信息，不仅效率低，而且容易出现差错。另外，如果条码被撕裂、污损或者丢失，扫描仪将无法扫描。此外，条形码的信息容量有限，通常只能记录生产厂商和商品类别，即使目前最先进的二维条形码，对于沃尔玛或者联邦快递这样的使用者来说，信息量的可用程度已经捉襟见肘。更大的缺陷在于用红外设备进行扫描，无法穿透商品包装，更难以实现大批量或移动物品的识别与统计。

RFID的出现使这一情况大大改观。RFID可以让物品实现真正的自动化管理，不再需要接触式扫描。在RFID标签中，存储着可以互用的规范信息，通过无线通信，可以将其自动采集到计算机信息系统中，RFID标签可以以任意形状附带在包装中，不需要条形码那样固定占用某块空间。另一方面，RFID不需要人工去识别标签，读写器也可以以一定的时间间隔在其作用范围内扫描，从而得到商品的位置和相关数据。在电视台新闻节目中，德国总理默克尔推着满满一车刚刚从超市采购的商品穿过RFID读写器，然后直接结账的镜头展示了这一技术的方便可用性。这也直观地指出了RFID和条形码最大的区别。

这里需要说明的是，RFID 标签的成本和 RFID 系统的成本比条形码高很多，因此，条形码的存在仍然是长期的，尤其是低端类产品的标识。目前，RFID 标签可能更适合高端产品或者包装箱。RFID 和条形码的并存形成了良好的互补，例如，很多商家将已装箱内的物品以条形码标识，而在包装箱（或托盘、集装箱等）外使用 RFID 标签（包含箱的识别号和箱内物品的品种及数量等），这是一种非常科学的搭配使用方法。

根据射频识别系统不同的应用场合和不同的技术性能参数，考虑到系统的成本、环境等要求，可以将 RFID 标签采用不同材料封装成不同厚度、不同大小、不同形状的标签。下面介绍几种不同形状的标签[8]。

(1) 信用卡与半信用卡标签

信用卡标签和半信用卡标签是电子标签常见的形式，其外观大小类似于信用卡，厚度一般不超过 3mm。

(2) 线形标签

线形标签的形状主要由附着的物品形状决定，如固定在卡车车架上或者异形集装箱等大型货物的识别。

(3) 盘形标签

盘形电子标签是将标签放置在丙烯脂、丁二烯、苯乙烯喷铸的外壳里，直径从几毫米到 10cm。在中心处，大多有一个用于固定螺钉的圆孔，适用的温度范围较大，如动物的耳标。

(4) 自粘标签

自粘标签既薄又灵活，可以被理解为一种薄膜型构造的标签，通过丝网印刷或刻蚀技术，将标签安放在只有 0.1mm 厚的塑料膜上。这种薄膜往往与一层纸胶黏合在一起，并在背后涂上胶黏剂。具有自粘能力的电子标签可以方便地附着在需要识别的物品上，可以做成具有一次性粘贴或者多次粘贴的形式，主要取决于具体应用的不同需求。

(5) 片上线圈

为了进一步微型化，可以将电子标签的线圈和芯片结合成整体，即片上线圈。片上线圈是通过特殊的微型电镀过程实现的。这种微型电镀过程可以在普通的互补金属氧化物 MOS 生产工艺晶片上进行。线圈作平面螺旋线直接排列在绝缘的硅芯片上，并通过钝化层中的掩膜孔开口与其下的电路触点接通。这样，可以得到宽度为 5 ~ 10μm 的导线。为了保证线圈和芯片结合体中的非接触存储器组件的机械承受能力，最后要用聚酰胺进行钝化。

(6) 其他标签

除了以上主要的结构形式外，还有一些专门应用的特殊结构标签。如 PHILIPS 公司的塑料 RFID 标签，如图 5-8 所示。

作为射频识别系统的重要组成部分，标签中也含有天线。作为射频标签的天线必须满足以下性能要求：足够小，以至能够制造到尺寸本来就很小的标签上；有全向或半球

图 5-8 塑料 RFID 标签

覆盖的方向性；提供最大可能的信号给标签的芯片，并供应标签能量；无论标签处于什么方向，天线的极化都能与读写器的发射信号相匹配；具有鲁棒性；作为耗损件的一部分，天线的价格必须非常便宜。因此，在选择标签的天线时，必须考虑以下因素：天线的类型，天线的阻抗，在应用到电子标签上后的性能变化，在有其他物品围绕贴标签物品时天线的性能。

在实际应用系统中，标签的使用有两种基本形式：一种是标签移动，通过固定的读写器来识别；另一种是标签不动，通过手持机等移动式读写器识别。考虑到天线的阻抗问题、辐射模式、局部结构、作用距离等因素的影响，为了以最大功率传输，天线后端的芯片的输入阻抗必须和天线的输出阻抗匹配。

针对不同应用的电子标签，需要采取不同形式的电子标签天线，因而也会具有不同的性能。

电子标签可能有两种形式：一种是自我供电的（主动型），另一种需要从外界获得电力（被动性），在通常情况下，读取器或者混合物同时使用外部和内部的电力资源。与标签有关的信息都被分成标签数据和物品信息。标签数据包含支持标签运行所需的数据，如标签机密（密匙）、唯一标识符等。另一方面，物品信息由与物品相关的数据（如产品描述、所有权、生产商等）或者产品相关的行为及服务（如进厂管控程序、库存管理等）组成。

为了使电子标签系统从经济角度考虑可行而设定了严格的限制，主要是在标签方面，标签需要在电力、空间和时间上都高效运行。然而，这些限制也引发了安全性和隐私方面的问题，因为类似于公用密钥加密技术的众所周知的解决方案已经不适用了，需要其他高效率的替代方案。

Chien 提出了一个粗略分级的电子标签授权协议，这一协议是建立在由标签支持的内存消耗及计算运行的基础之上的。如表 5-1 所示，根据硬件要求递减次序，可以将协议分为四个等级，即重量级、简单级、轻量级、超轻量级。为了保证标签持有者的隐私并提供充分的安全性，一份安全协议需要满足以下重要的条件。

① 标签模拟抵制力：对方不能够模拟合法读取器的标签。

② 读取器模拟抵制力：对方不能够模拟合法标签的读取器或者服务器。

③ 拒绝服务器攻击抵制力：在一定时期内的操控或阻断标签与读取器之间的链接不能够防止任何未来合法读取器与标签之间的相互作用。这类攻击通常也被称做同步化攻击。

④ 不可分辨性（标签匿名）：标签的产生必须是随机的。而且它们也必须与标签的静态内存毫无关联。为了能够到达严格的标签匿名的状态，进一步规定：第一，前向安全/不可跟踪：即使对手获得目标标签的所有内部信息，也不能够据此推断出其与过去的关联活动。第二，后向安全/不可跟踪：同前向安全一样，即使对方获得当前信息，也不能够推断出其未来的关联活动。

表 5-1　　电子标签安全议定书硬件分类

类　别	硬件要求（加密基元）
重量级	传统加密函数，如对称及/或不对称加密算法式
简单级	加密单程哈希函数
轻量级	随机数字发生器及简单函数，如循环多余代码校验和
超轻量级	简单按位运算，如逻辑异（XOR）、逻辑与（AND）、逻辑或（OR）

一套理想的标签管理操作包括如下内容。

• 标签认证：读取器/后端系统应该能够鉴别标签。

• 可撤销的存取授权（也称为标签授权）：该功能允许第三方、标签认证方和读取方存取拥有的标签，同时保留在某些预定义的条件下撤销该权限的权利。

• 所有权转移：将标签的所有权转移至第三方的能力，不会影响涉及方的向后不可追溯性或前一个所有者的向前不可追溯性。

• 永久和暂时标签失效：通常被称为破坏和休眠操作。最初用于提供标签的最低级别命令。合法的标签拥有者可以发出命令来阻止标签发射任何信号。休眠操作时，其他所有者可以轻易地撤销这种通信禁令。实施上述操作非常容易，很明显也可以通过物理方式来实现这些操作，如破坏标签或将其放置于法拉第屏蔽内。

除了提供独立的安全性服务之外，还提出了一种全面的方式，由安全性和隐私性策略控制，可以进行安全标签/对象管理。为此，首先介绍抽象的框架，使用策略来控制标签信息传播，然后设计“完整”的简单协议，该协议涵盖所有确定（电子标签）的安全性和隐私性要求（如数据机密、向后和向前的不可追溯性等）；支持统一的操作方式，如标签认证、标签所有权转移和基于时间的标签授权。

5.2.2.2　隐私性及安全性策略

电子标签安全协议能够帮助减少标签数据的信息渗透，其本身无法让用户控制已经扩散的标签/对象信息。完备的方法应该能够提供必需的工具来说明资源的使用情况和使用者。这里所说的资源是指标签信息（密匙、ID 等）、对象相关信息及标签设备。

传统上，人们使用存取控制技术来保护资源。对于数据资源，类似存取控制列表、基于能力的存取控制、强制存取控制、基于角色的存取控制和最新的基于属性与规则的存取控制已经被用于传统系统。

由于电子标签系统和物联网的未来动态性与复杂性，不适合使用静态方法（如 ACL 和 RBAC）。而研究指出，基于规则和/或属性的存取控制系统似乎更适用于这种服务[29]。RuBAC 和 ABAC 存取决定于依据主题、行为、资源和环境的授权与属性，对规则进行评估为基础。这就可以满足更高的粒度和情景感知的需求，即使涉及的个体不含预定义关系（相比之下，ACL 机制将会要求预先知道所有实体）[9]。

进一步详细介绍非整体式的安全协议如何与隐私和安全策略结合来为最终用户提供细粒度的控制。假设电子标签的标签具有抽象的四步生命周期，从出生（创建）到死亡

(使用终结/再利用)，如下所述。

① 创建：创建标签，初始化（即赋予（独一无二）标识符，存储于标签上的密匙和公共数据等），并且将其绑定至管理后端设施（如数据库服务器或智能授权[3]等）的数据输入项。

② 附加：标签被附加至对象（无生命的物体或有生命的组织），数据输入项被扩大，可包含标签“事物”的相关信息；可能位于由对象所有者管理的新后端。

③ 运作：标签的日常用途是使授权的实体获得使用标签的运作（即标签询问、标签转授、秘密下载、所有权转让）和信息。

④ 终结：标签不再可用，然后循环再利用（如果可能）。

管理方法的出现就像储存在后端的标签信息自然地蔓延一样。每个标签从产生开始就与一个政策相连：明确来说，就是一个实体必须拥有他/她需要履行的义务和允许标签运作的条件。当一个标签连同信息贴在一样物品上时，要控制这个数据。

假设一个使用电子标签鉴定草案的一般电子标签系统有如下方案。

• 当一个标签询问请求首次发送到管理后端时，第一层政策是确定用户/读取器（请求器）是否可以进入后端的服务系统。如果用户持有标签相关信息（即标签数据，物品信息和隐私政策），他的请求则被提交到后端存贮组件，否则无法进入。

• 在标签信息入口处，第二层安全政策是检查请求器是否授权进行特定的运转（标签身份验证）。如果正确，会继续运转，否则无法进入。

• 如果后端没有为标签请求开放的入口，就会返回一条相关的信息。这条信息的内容有赖于请求者的信任等级，这个政策会确定这些实体无权享有获知一个标签有没有被后端管理的权利。

• 如果找到了正确的标签，政策应该获知会有多少该物品信息发布给请求者。

• 标签规程也许会支持额外的运转——超出简单的标签身份验证。请求者是否被准许进行，仍取决于标签政策。其实，由于这些运转需要后端返还数据结果（如解密密文），于是政策通过控制进入数据来允许或阻挡这类运转。

即使私有政策的使用被证明有益，但还是有一些问题需要强调。

• 效率问题：这包括基础设施、储存费用等方面的政策评价。

• 政策和规则的制定：虽然许多政策使用可扩展标记语言来提供表格，机器可读，人工也可以阅览，但这对于非技术性的使用者来说是一个障碍。

• 访问控制的复杂性：当要从一个管理完善的电子标签系统转移到一个高度动态性的像物联网这样的复杂系统，大量复杂的东西就要在这项政策中显现。要保持细小控制、可用性、易处理性和费用之间的良好平衡。

• 关于属性使用的隐私问题：属性包含关于实体的信息，释放比实际需要更多的属性来获取资源会导致敏感的信息被曝光。

• 互用性：为了取得一个统一的物联网，非均匀的电子标签硬件、电子标签议定书、末端的基础设施、政策都需要能够互相交流和操作。

5.2.2.3　无线射频识别技术的新型安全协议

下面描述一个“简单”标签管理协议。该协议支持所有的基本标签操作，即认证、标签授权机制和所有权转移，它还包括安全识别和密保要求。利用基于时间的临时匿名，能够获得更精确的标签委托机制，同时隐私保护所有权的转移通过更新密钥实现。该协议之所以被划分进“简单”协议类，是因为它在标签一侧注明了限定要求，标签必须实现一个安全的单向函数 h（.）和伪随机数生成器（从使用同一概率分布属于实数的有限设置中随机选择一个元素）。此外，标签需要向后台系统公开两项数值，即 1 比特的秘密数值及时间定额水平线。这需要指定一个特定的时间点，仅公开这两项数值。时间对标签委托权来说是一个重要的概念，它需要遵从 ISO 8601 国际标准。

该协议包含了所有可执行的操作。为了取消杂乱的原理图，选择将读取器和后台视为一个整体，并跳过读取器发送到标签的指令信号；在实践中，读取器将充当中间人转发消息，并同时具有生成一定数据的能力，如随意的时间标记。特别是当委托标签访问，读取器可在没有原后台系统支持的情况（如离线模式）下操作。据推测，通信协议支持适当的命令信号/代码，这些命令信号或代码对操作有指导作用，确保这些命令信号或代码的真实性和完整性在此无需探讨。但是，可以适当地延长建议的方法和技术。

基于对它的实际观察，所有支持脱机标签操作（所有权移转、可撤回标签授权）的协议都是以针对后台或者读取器的标签具备有效性开始。协议分为两个阶段，均以虚线标出。在第一阶段，标签被（所有权人后者被授权的实体的）后台或者读取器证明是具备有效性的；在第二阶段，起初读取器被标签识别是有效的，并且有些标签数据被更新。我们来区别下面的案例：根据预先定义的功能更新密匙，密钥或者公众知晓的用途水平线以一种特别的用途被重装。所有的标签操作都可以受支持而无需受信息的数量或者长度的影响。该协议的描述如下。

第一阶段：标签认证。

• 标签 →后端/读取器：生成并转发一个随机暂时的标签 T1。

• 后端/读取器→标签：转发读取器数据库的身份验证，1 位随机数 A1 和当前时间 c。

• 标签 →后端/读取器：如果时间 c 指定一个早于水平线的时间点，然后标签估算出一个随时间变化的密钥，密钥更新过程中使用密码′T←链接哈希（密码，时间 c，水平线）。此外，它计算了相应的标识符 T←小时（代表身份，密码′T）。最后，计算化名 PseudT←小时（标签 A1，T 身份证⊕标签 T）。然后，标记转发化名 PseudT。函数链接哈希（s，T1，T2）只是重复的 S 的 T1 ~ T2 的时间。

• 后端［标签认证阶段］：在后端，对于每个在后端服务器的标签条目储存一个独立的依据时间的密钥′A，标识符′T 身份 A←小时（代表身份，密码′A），随后，计算化名′A←小时（标签 A1，T 身份 A ⊕标签 T1）。如果计算化名与收到的信息相同，那么标签已成功鉴定。请注意，如果没有标签认证，这一步要计算两次，利用存储到旧值的密钥，避免同步攻击。

• 后端/读取器→标签：选择理想的操作，并将其随着新的时间值转发。

第二阶段：标签数据更新。

• 后端［数据更新阶段］：后端系统储存标签的新旧数值信息。

• 标签→后端/读取器：生成并转发一个1位随机数 T2。

• 后端/读取器→标签：为更新估算一个校验和（检查值 V ← h（Oper，标签 T2，密码'A ⊕新时间））。转发检查值 V。

• 标签［数据更新阶段］：检查收到的检查值 V 是否等于 h（Oper，标签 T2，密码'T ⊕新时间）。如果是，基于已接收的运算，使用密码更新算法散式哈希表（密码，新时间，水平线），更新基于时间的密码，然后这个标签使用已计算出的密码 T，或设置它为密码'T ⊕检查值 V，新的时间值就是新的时间轴。

• 后端［数据更新阶段］：后端系统储存标签的新旧数值信息。

在日常操作中，标签的水平线时间值被设置为当前的时间，并使用一系列哈希程序来更新密钥。然而，在某些情况下，一些人也许会使用不同于 c 时间的特定水平线值。当授权无效时，可能会出现此种情况，后面部分会对这种情况进行详细的解释。还有一种情况是所有者想破坏随后的密钥值之间的可链接性。这样做可能是为了取消所有授权，实现安全过户（新所有者改变密钥信息，以避免前所有者跟踪），因为怀疑对手篡改标签获取信息或为管理目的。假设这些步骤都是在一个“安全状态”执行，并且在那段时间内，没有知道目前密钥信息的对手窃听。[10]。

下面详细说明支持所有的基本标签管理操作。

• 标签认证：该认证可以在第一阶段利用所持有的 ID 身份后端的标识值得以实现。如果验证是唯一所需的操作，若是没有更多的数据发送到标签，该协议就会终止。

• 委派标签认证：该标签的持有者授权另一实体，以便于在某一特定时间 c 内成功地实现标签认证。为了达成这个目标，认证的标签在这个时间里会产生一个标签标识 TID =h（代表 ID，密码'），其中的密码'就是散式的哈希表（密码、绝对时间类、水平线）。在既定时间内，这种标识符能够识别每个代表 ID 的系统。而当水平线小于或等于绝对时间类时，该代表 ID 系统可以使用此协议的第一阶段实现标签认证。

• 标签授权的吊销：通过选择水平线大于绝对时间类的新值来撤销标签的代理。所属后端系统可以使用协议中的型号是 A 的更新新值为新时间的水平线的值。

• 所有权的转移：在第二阶段里，所属后端系统可以使用协议中型号 B 来更新保密值。

5.2.2.4　协议的安全分析

为了简化安全分析，根据可行的攻击行为或攻击能力，首先界定一个对手模型矩阵。确切地说，攻击者可以分为那些干预标签（具有破坏性），即可以分开或析取、提取、删除或改变数据及那些不能识别的 IC 外。此外，一个特点是广泛的特征，如果他能够通过（侧槽）获得协议结果的相关信息（比如说，标签识别的过程成功与否）。表5-2详细地介绍了不同对抗类型，阐释了他们的对抗能力。

对于所有定义的对阵模型，提出两个限制条件。

• “安全时段”的存在：在没有安装反窃听装置或者操控标签读取器设备的这段时间内（尽管这段时间不太长）。这是由所有发布的协议（隐式或显式）提出的假设，因为没有它，我们将无法初始化标签或执行安全过户

• 读取器和后端系统（反向通道）之间有一条安全的沟通渠道。保证采取可信任和可测试的对策，以保证后面通道的畅通。

表 5-2　对手列表

行　动	弱势的		毁灭性的		
	被动的	主动的	前端的	破坏性的	强势的
1. 窃听	√	●	●	●	●
2. 完全控制网络运营	—	√	√	●	√
3. 攻击结束时标签毁坏	—	—	√	●	●
4. 标签彻底损毁	—	—	—	√	●
5. 任意标签损毁	—	—	—	—	√
6. 侧槽知识	广泛	广泛	广泛	广泛	广泛

说明：—行动无效，√行动有效，● 更强大的行动是有效的。

根据表 5-2，一个广泛被动的对手只能够偷听标签和读取器之间公开的交流，并且能够知道这个标签认证是否成功。另一方面，一个宽泛强大的对手是可以操控沟通渠道的（根据 Dolev-Yao 的风险模式，也就是偷听、损坏、插入信息、安装金属注射成型和重放攻击），但是，他也可以随时损坏一个标签（改变或者阅读隐藏在标签中的数据）。

为了避免误解，清楚地定义表 5-2 的行为是很有必要的。根据前面的隐秘模式，一个迅速的攻击者是允许摧毁标签中数据的，但只是在攻击的最后，这样在损坏后，就没有进一步的破译密码行动了。然而，第四个功能规定一个毁灭性的攻击者可以随时损坏标签。但是，攻击之后，标签随之毁坏；对手也许会继续攻击，如通过模拟标签。第五个功能允许攻击者在适当之时接近并操控标签，这时攻击者不受进一步的限制。

对于每一个被认定的安全性要求，将描述它是怎么在协议上通过并应用到可能的、最强大的对手模型上。

• 对标签和阅读器模拟进行抵抗：这个要求是经过对弱势对手模型的研究后提出的；为了阻止较强的攻击者，必须利用防破坏硬件技术，阻挡攻击者在其水平线之外。对于一个密码破译者，协议可以阻止对标签系统的恶意操控。在验证并确认完输入的信息真实后，存储在后台的标签数据或者相关的数据将会发生改变。重复的攻击将会被随机数阻挡回去。在一个无保护的前端通道，一个金属注射成型攻击将不会给攻击者带来任何好处，因为所有的秘密信息已经被加密。

• 阻止 DOS：为了避免同步失效，标签数据的最后两个测试值是当前和先前的密件及哈希的测试值，都被锁在每个标签的后台系统中。

• 不可分辨性（匿名标签）：标签经常用假名回复，这依赖于现在的密件和交换随

机数。就算是密件没有更新，标签的回复对与那些没有接近密件或者临时 ID 也会是无序的。因此，协议可以保护自己，以防被破译密码（对于损坏性攻击者 V. I）。

• 前台安全/不可追踪：损坏性攻击者一接近标签数据，就能够开始追踪所有后续的标签互动——对于毁灭性对手，这种攻击不适用，因为标签被彻底损坏，没有可能继续进行互动。重新获得追踪的仅有方式是利用一个安全的位置，切断连接的、不断更新的过程，并把密件变为不相关的测试值。

5.2.3 RFID 空中接口协议概述

在 RFID 射频部分，数据是由无线信道传输的，电子标签和读写器之间通过相应的空中接口协议才能进行相互通信。空中接口协议定义了读写器与标签之间进行命令和数据双向交换的机制（包括编解码方式、调制解调方式等）。因此，空中接口标准决定了 RFID 射频部分的信道模型，在 RFID 系统中举足轻重，它将直接决定系统传输和识别的可靠性与有效性。

国际标准化组织/国际电工委员会（International Standards Organization，简称 ISO/International Electrotechnical Commission，简称 IEC）制定了一系列 RFID 空中接口标准，其中，影响最大的主要有 ISO/IEC 14443，ISO/IEC 15693 和 ISO/IEC 18000 三个系列标准。

（1）ISO/IEC 14443：2001｛识别卡—无触点的集成电路卡—接近式卡｝系列标准

该标准是由 ISO/IEC JTC1 SC17 负责制定的非接触式 IC 卡国际标准，它采用的载波频率为 13. 56MHz，应用十分广泛，目前的第二代身份证标准中采用的就是 ISO/IEC 14443 TYPE B 协议。该系列标准共分为物理特性、空中接口，初始化、防碰撞，传输协议、扩展命令集和安全特性等 4 个部分。它定义了 TYPE – A、TYPE – B 两种类型协议，通信速率为 106kbit/s，它们的主要不同在于载波的调制深度和位的编码方式。

（2）ISO/IEC 15693：2001｛识别卡—无触点的集成电路卡—邻近式卡｝系列标准

该标准也是由 ISO/IEC JTC1 SC17 负责制定的载波频率为 13. 56MHz 的非接触式 IC 卡国际标准。该系列标准分为 4 个部分：物理特性、空中接口，初始化、防碰撞，仿输协议、扩展命令集和安全特性。

（3）ISO/IEC 18000 ：2004｛信息技术—用于项目管理的射频识别技术｝系列标准

该标准是由 ISO/ IEC JTC1 SC31 负责制定的 RFID 空中接口通信协议标准，它涵盖了从 125kHz 到 2. 45GHz 的 RFID 通信频率，识读距离由几厘米到几十米，主要适用于射频识别技术在单品管理中的应用。目前，该系列标准分为以下 6 部分：

ISO/IEC 18000 – 1：2004《参考结构和标准化参数定义》；

ISO/IEC 18000 – 2：2004《频率小于 135kHz 的空中接口通信参数》；

ISO/IEC 18000 – 3：2004《13. 56MHz 频率下的空中接口通信参数》；

ISO/IEC 18000 – 4：2004《2. 45GHz 频率下的空中接口通信参数》；

ISO/IEC 18000 – 6：2004《860 ~ 960MHz 频率下的空中接口通信参数》；

ISO/IEC 18000 – 7：2004《433MHz 频率下的有源空中接口通信参数》。

我国的RFID标准任重道远，尤其是应用广泛的UHF频段的标准制定由于缺乏自主知识产权的核心技术和专利，标准形成比较困难。

其中，ISO/IEC 18000－1定义了在所有ISO/IEC 18000系列标准中空中接口定义所要用到的参数，还列出了所有相关的技术参数原数据及各种通信模式，如工作频率、跳频速率、跳频序列、占用频道带宽、最大发射功率、杂散发射、调制方式、调制指数、数据编码、比特速率、标签唯一标识符、读处理时间、写处理时间、错误检测、存储容量、防碰撞类型、标签识读数目等。

ISO/IEC 18000的其他部分分别定义了通信频率在125～134kHz、13.56MHz、860～960MHz、433MHz、2.45GHz下的空中接口通信协议。规定了读写器与标签之间的物理层和媒体存取控制参数、协议、命令和防碰撞判断机制。

ISO/IEC推出的ISO/IEC 18000－6（针对频率为860～930MHz用于物品管理的无接触通信空中接口参数）标准特别引人关注。ISO/ IEC 18000－6系列标准包括ISO/IEC 18000－6A、ISO/IEC 18000－6B和ISO/IEC 18000－6C三种类型。ISO/IEC三种类型所选择的调制方式、编码方式、算法、标签查询能力等均存在一定的差异，三种类型的比较见表5-3。

表5-3　ISO/IEC 18000－6标准的三种类型比较

技术特征		类　型		
		TYPEA	TYPEB	TYPEC
读写器到标签	工作频段	860～960MHz	860～960MHz	860～960MHz
	速率	33kb/s，由无线电政策限制	10kb/s 或 40kb/s，由无线电政策限制	26.7～128km
	调制方式	ASK	ASK	DSB/ASK，SSB/ASK 或 PRASK
	编码方式	PIE	Manchester	PIE
标签到读写器	负载波频率	未用	未用	40～640kHz
	速率	40kb/s	40kb/s	FMO：40～640kb/s 子载频调制：5～320kb/s
	调制方式	ASK	ASK	由标签选择ASK和（或）PSK
	编码方式	FMO	FMO	FMO或Miller调制了转换，由读写器选择
	唯一识别符长度	64bit	64bit	可变，最小为16bit，最大为496bit

续表 5-3

技术特征		类型		
		TYPEA	TYPEB	TYPEC
防碰撞	算法	ALOHA	Adaptive binary tree	时隙随机碰撞
	线形	在250个标签的读写器内，自适应时隙为250个标签分配多达256个时隙，基本呈线形	多达 2^{256} 个标签基本呈线形，由数据内容的大小决定	在读写器阅读场内，多达 2^{15} 个标签呈线形，大于此数的具有唯一EPC的标签呈 $N\log N$
	标签查询能力	算法允许在读写器识别区内，阅读不少于250个标签	算法允许在读写器识别区内，阅读不少于250个标签	具有唯一UID的标签数量不受限制

目前，RFID还未形成统一的全球化空中接口标准，市场为多种标准并存的局面，但随着全球物流行业大规模应用的开始，标准的统一及兼容的必要性已经是业界的共识。另外，同一频段下的空中接口协议应趋于一致，以便降低标签成本并满足标签与读写器之间互操作性的要求。

5.3 RFID在通信应用中的相关算法

5.3.1 RFID防碰撞算法研究

随着RFID的不断发展和进步，特别是超高频段识别技术的不断发展，无线射频识别产品的应用越来越广泛。RFID识别系统由标签和阅读器组成，当很多标签同时进入阅读器识别区域时，就会产生信息碰撞，读写器无法正确地识别标签。为了防止这些冲突，RFID系统中需要设置一定的相关命令，以解决冲突问题，这些命令被称为“防冲突命令或算法”或者“反碰撞算法”[11]。

目前，防碰撞算法主要有空分多路法、频分多路法、时分多路法三种技术。

5.3.1.1 空分多路法

空分多路法是在分离的空间范围内进行多个目标识别的技术。空分多路法的缺点是复杂的天线系统和相当高的实施费用，因此，采用这种技术的系统一般是在一些特殊的应用场合，如这种方法在大型的马拉松活动中就获得了成功。

5.3.1.2 频分多路法

频分多路法是把若干个使用不同载波频率的传输通路同时供通信用户使用的技术。频分多路法的一个缺点是阅读器的成本高，因为每个接收通路必须有自己的单独接收器供使用，射频标签的差异更为麻烦。因此，这种防碰撞方法也限制在少数几个特殊的应用上。

5. 3. 1. 3. 时分多路法

时分多路法是一个整个可供使用的通路容量按照时间分配给多个用户的技术。时分多路法由于应用简单，容易实现大量标签的读写，所以，一般的防碰撞算法主要以时分多路方式实现。对 RFID 系统来说，时分多路构成防碰撞算法最大的一类。

（1）ALOHA 算法

ALOHA 算法基于时分多路思想，是一种概率算法，属于电子标签控制算法。当电子标签进入读写器的作用范围内，就自动地向阅读器发送自身的序列号，随即与阅读器开始通信。在一个电子标签向读写器发送信息的过程中，如果另外一个电子标签也在发送数据，就会产生信息碰撞。ALOHA 算法分为纯 ALOHA 算法、时隙 ALOHA 算法、帧时隙 ALOHA 算法和动态帧时隙 ALOHA 算法。

① 纯 ALOHA 算法分析。纯 ALOHA 算法的主要特点是标签向读写器发送信息的时间是随机的，如图 5-9 所示。假设 RFID 系统有 N 个标签，X_n 是 T 时间内电子标签 n 发送的数据帧数，那么根据信道吞吐率 S 和单位时间 T 内平均发送的数据帧数 G 的关系，根据式（5-1）和式（5-2），经计算，当 $G=0.5$ 时，S 有最大值 18. 4。由此可见，纯 ALOHA 算法信道的吞吐率太低，远远达不到实际应用的要求。

$$S = Ge^{-2G} \tag{5-1}$$

$$G = \sum_{n=1}^{N} X_n \frac{\tau}{T} \tag{5-2}$$

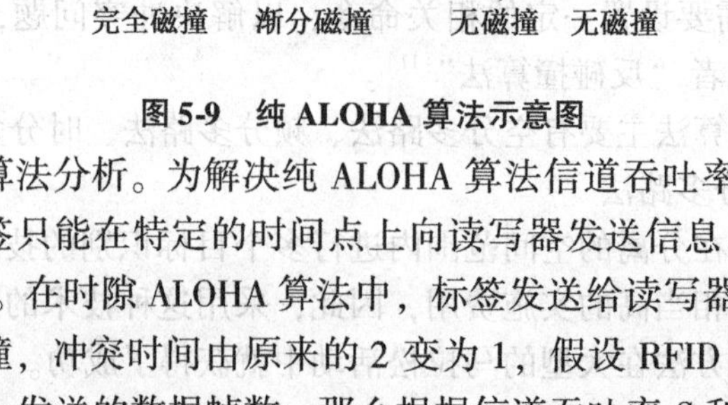

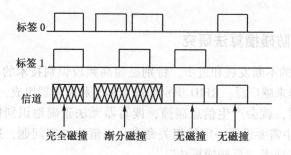

图 5-9　纯 ALOHA 算法示意图

② 时隙 ALOHA 算法分析。为解决纯 ALOHA 算法信道吞吐率太低的问题，将时间分成离散的时隙，标签只能在特定的时间点上向读写器发送信息，这就是时隙 ALOHA 算法，如图 5-10 所示。在时隙 ALOHA 算法中，标签发送给读写器的信息要么完全发生碰撞，要么不发生碰撞，冲突时间由原来的 2 变为 1，假设 RFID 系统有 N 个标签，X_n 是 T 时间内电子标签 n 发送的数据帧数，那么根据信道吞吐率 S 和单位时间 T 内平均发送的数据帧数 G 的关系，根据公式（5-1）和（5-2），经计算，得 $G=1$ 时，S 有最大值 36. 8。可知，时隙 ALOHA 算法信道的吞吐率比纯 ALOHA 算法提高了 1 倍，可以在存在

少量标签的情况下应用，但还是无法防止大量标签下信息碰撞的出现，信道的利用率还是不够高。

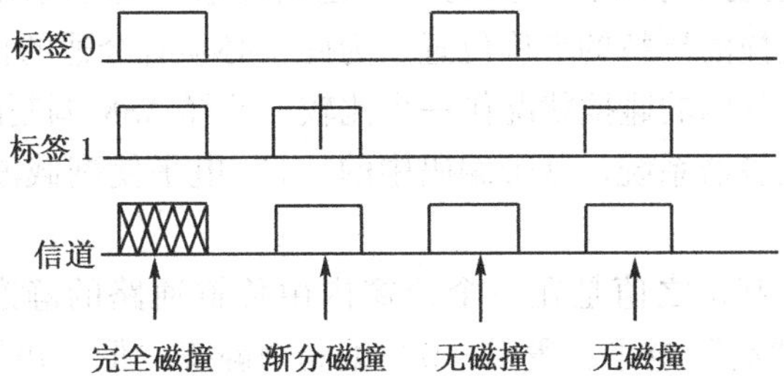

图 5-10　时隙 ALOHA 算法示意图

③ 帧时隙 ALOHA 算法分析。帧时隙 ALOHA 算法在时隙算法的基础上，把 N 个时隙组成一帧，标签在每个帧内选择一个时隙发送数据，其他与时隙 ALOHA 算法一样。经计算可知，当 $N=4$ 时，$S=73.6$；当 $N=5$ 时，$S=82.4$；当 $N=8$ 时，$S=90.2$。可见，帧时隙 ALOHA 算法可以解决信道吞吐率的问题，但是，同时隙算法一样，不可避免地要有一个同步开销，并且当标签数量远大于时隙个数时，读标签的时间将会大大增加；而当标签数量远小于时隙个数时，会造成时隙的浪费。

④ 动态帧时隙 ALOHA 算法分析。为了解决帧时隙 ALOHA 算法中，标签个数远小于时隙个数时，造成的时隙浪费的现象，提出了动态帧时隙 ALOHA 算法，它能够根据标签的数量，自动地改变下一次阅读循环中每帧的时隙个数 N。为获得系统最大吞吐率，DFSA（Direct File System Access，直接文件系统访问）算法需要在识别过程中估算标签数，用以确定匹配的时隙数。估算时隙的方法很多，本书介绍两种常用方法。

第一种方法是在标签总数未知的情况下，当初始时隙数 $L<16$ 时，第一次通常不能识别标签，为节省时间，设 $L=16$，当系统达到最大吞吐率时，一个时隙碰撞率 $p=0.4180$，故一个时隙的碰撞标签数为 $N=1/p=2.3923$。设前一帧的时隙碰撞数为 n，则得到未识别的标签估计数 m，这样读写器就能够根据没识别的标签来动态地调整帧的长度。

第二种方法是设帧长度为 2^Q，只要动态地改变 Q 的值，就能动态地改变帧长度。设 Qfp 为一浮点数，C 是一个 0.1～0.5 的数，当 Q 比较大时，C 值比较小；反之亦然。设 $Qfp=4.0$，$Q=[Qfp]$，当响应标签大于 1 时，$Qfp=Qfp+C$；当响应标签等于 0 时，$Qfp=Qfp-C$；当响应标签等于 1 时，$Qfp=Qfp$；这个过程不断循环，这样就可以动态地改变 Qfp 的值，从而改变了 Q 值，也就动态地改变了帧的长度。

（2）基于二进制搜索的 RFID 标签防碰撞算法研究

时分多路法中最灵活和应用最广泛的是“二进制搜索法”。对这种方法来说，为了从一组标签中选择其中之一，读写器发出一个请求命令，读写器通过合适的信号编码，能够确定发生碰撞的准确的比特位置，从而对电子标签返回的数据作出进一步的判断，发出另外的请求命令，最终确定读写器作用范围内的所有标签。二进制搜索的算法包括基本的二进制搜索算法，动态二进制搜索算法和后退式动态二进制搜索算法。

① 基本的二进制搜索算法。实现“二进制搜索”算法系统的必要前提是能辨认出在阅读器中数据碰撞的比特的准确位置。为此，必须有合适的位编码法。首先要对 NRG 编码和 Manchester 编码的碰撞状况作一个比较。选择 ASK 调制副载波的负载调制电感耦合系统作为标签应答器系统。基带编码中的“1”电平使副载波接通，“0”电平使副载波断开。

• NRG 编码。某位之值是在一个位窗内由传输通路的静态电平表示的。这种逻辑“1”编码为静态“高”电平，逻辑“0”编码为静态“低”电平。

• Manchester 编码。某位之值是在一个位窗内由电平的改变（上升/下降边）来表示的。这里，逻辑“0”编码为上升边，逻辑“1”编码为下降边。在数据传输过程中，“没有变化”的状态是不允许的，并且作为错误被识别。

由两个（或多个）标签同时发送的数位有不同之值，则接收的上升边和下降边互相抵消，以至在整个位窗的持续时间内，接收器接收到的是不间断的副载波信号。在 Manchester 编码中，对这种状态未作规定。因此，这种状态将导致一种错误，从而用这种方法可以按位回溯跟踪碰撞的出现，如图 5-11 所示。

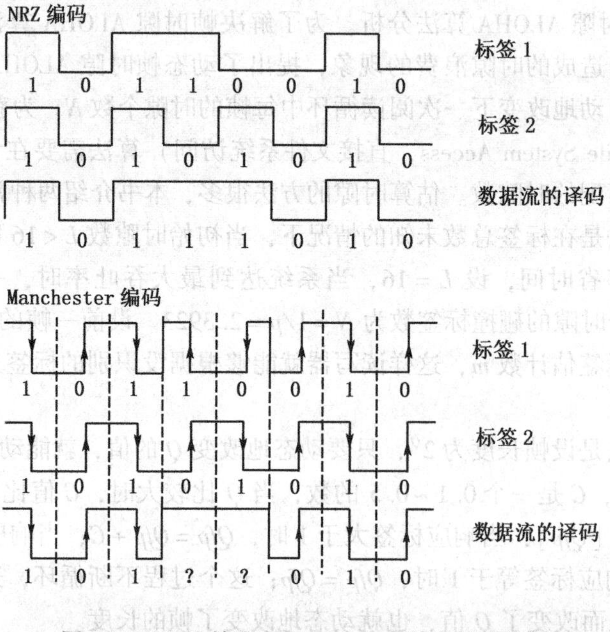

图 5-11　NRG 编码和 Manchester 编码的碰撞情况

为了实现“二进制搜索”算法系统，就要选用 Manchester 编码。下面介绍算法系统本身。

“二进制搜索”算法系统是由一个阅读器和多个标签之间规定的相互作用（命令和

应答）顺序（规则）构成的。目的在于从较大的一组中选出任一个标签。

为了实际实现这种算法系统，需要一组命令。这组命令能由标签应答器处理。此外，每个标签拥有唯一的序列号。为了举例说明，这里用8位的序列号；最多可使256个标签处于运行状态，这是为了保证序列号的唯一性。

• REQUEST（SNR）：请求（序列号）。此命令发送一序列号作为参数给标签应答器。标签把自己的序列号与接受的序列号比较，若小于或相等，则此应答器回送其序列号给阅读器。这样就可以缩小预选的标签范围。

• SELECT（SNR）：选择（序列号）。用某个（事先确定的）序列号作为参数发送给标签。具有相同序列号的标签将一次作为执行其他命令（如读出或写入数据）的切入开关，即选择这个标签。具有其他序列号的标签只对REQUEST命令应答。

• READ_ DATA：读出数据。选中的标签将存储的数据发送给阅读器（在实际的系统中，还有鉴别或写入、出纳登账、取消预定等命令）。

• UNSELECT：去选择。取消一个事先选中的标签，标签进入“无声”状态，在这种状态中，标签完全是非激活的，对收到的REQUEST命令不做应答。为了重新活化标签，必须暂时离开阅读器的作用范围（等于没有供应电压），以实行复位。

在“二进制搜索”算法系统中，使用上述命令，现以四个在阅读器作用范围内的标签作演示说明。它们在00～FFh（等于十进制0～255，或者二进制00000000～11111111）的范围内具有唯一的序列号。标签1：10110010；标签2：10100011；标签3：10110011；标签4：11100011。

算法系统在重复操作的第一次中，由阅读器发送REQUEST（不大于11111111）命令。序列号为11111111b，是本例中的系统最大可能的8位序列号。阅读器作用范围内的所有标签的序列号都小于或等于11111111b，从而此命令被阅读器作用范围内的所有标签应答，如图5-12所示。

对二进制树形搜索算法系统功能的可靠性起决定性作用的是所有标签需准确地同步，使这些标签准确地在同一时刻开始传输它们的序列号。只有这样，才能按位判定碰撞的发生。

在接收序列数的0位、4位和6位时，由于应答的标签在这些位的不同内容的重叠造成了碰撞。可以就阅读器作用范围内的两个或多个标签得出结论：在接收的序列号中出现了一次或多次碰撞。更仔细的观察表明：由于接收的位顺序为1X1X001X，从而可以得出所接收的序列号的八种可能性。

第6位是最高值的位，在重复操作的第一次中，此位上出现了碰撞。这意味着：不仅在序列号全11000000b的范围内，而且在序列号不大于10111111b的范围内，至少各有一个标签存在。为了能选择到一个单独的标签，必须根据已有的了解，限制下一次重复操作的搜索范围。可以随意区分，例如，在不大于10111111b的范围内进一步搜索。为此，将第6位置“0”（有碰撞的最高值位），仍将所有的低位置“1”，从而暂时对所有的低值位置之不理。

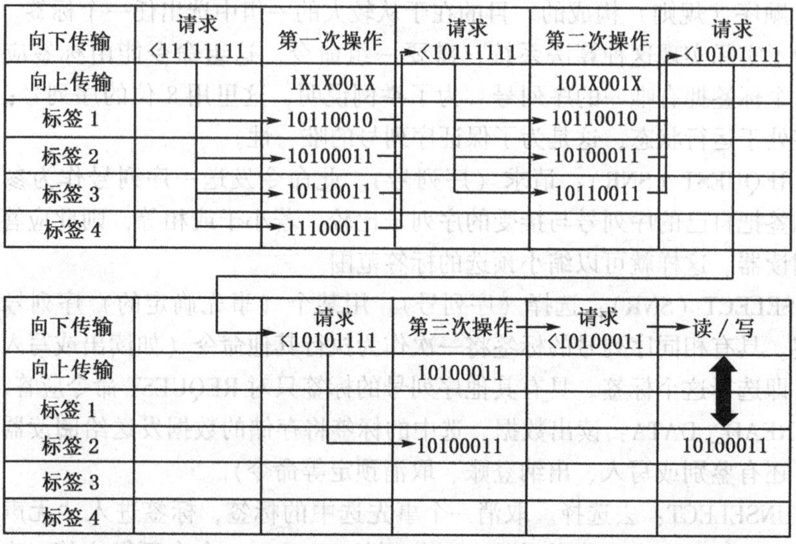

向下传输
请求 <11111111
第一次操作
请求 <10111111
第二次操作
请求 <10101111
向上传输
1X1X001X
101X001X
标签 1
10110010
10110010
标签 2
10100011
10100011
标签 3
10110011
10110011
标签 4
11100011
向下传输
请求 <10101111
第三次操作
请求 <10100011
读 / 写
向上传输
10100011
标签 1
标签 2
10100011
10100011
标签 3
标签 4

图 5-12　二进制搜索算法选择一个标签的流程

限制搜索范围形成的一般规则如下。

阅读器发出 REQUEST（不大于 10111111）命令后，所有满足此条件的标签都作出应答，并将它们自己的序列号传输给阅读器。本例中，这些标签是标签 1，2 和 3，如图 5-12 所示。现在接收的序列号的 0 位和 4 位上出现了碰撞（X）。由此可以得出结论：在第二次重复操作的搜索范围内，至少还存在两个标签。还需要进一步确定的序列号的四种可能性是从接收的位顺序 101X001X 中得出的。

在第二次重复操作中仍然出现的碰撞要求在第三次重复操作中进一步限制搜索范围。使用表中形成的规则，把我们引向搜索范围不大于 10101111。于是，阅读器将命令 REQUEST（不大于 10101111）发送给标签。这个条件只有标签 2（“10100011”）能满足，该标签即单独对命令作出应答。这样，终于发现了一个有效的序列号 1，另外的重复操作就不需要了。

使用 SELECT 命令，在所发现的标签地址选择了标签 2，现在可以无干扰地撇开其他标签，由阅读器读出或写入了。所有其他标签处于静止状态，因为只有一个被选择的标签对 READ_ DATA 命令作出应答。

在写入/读出动作完成后，用 UNSELECT 命令使标签 2 完全去活化，这样标签 2 对后继的请求命令不再作出应答。加入在阅读器作用范围内有许多标签“等待”着对它们的处理，可以用这种方法使一个单独的标签所必需的重复操作次数逐步减少。在本例中，可重复运用上述防碰撞算法自动选择至今未处理的标签 1，3 或 4 中的一个标签。

为了从较大量的标签中发现一个单独的标签，需要重复操作。其平均次数 L 取决于阅读器作用范围内的标签总数 N，并且很容易得出

$$L(N)=ld(N)+1=\frac{\log N}{\log 2}+1 \tag{5-3}$$

如果只有唯一的标签处在阅读器作用范围内，那么只需要唯一的重复操作，以便发现标签的序列号在这种情况下不出现碰撞。如果有一个以上的标签处在阅读器作用范围内，那么重复操作的平均数很快增加。

② 动态二进制搜索算法。上述二进制搜索算法不仅搜索的范围标准，而且标签的序列号总是一次次完整地传输的。然而，在实践中，标签的序列号不像上例中那样仅由一个字节组成，而是按照系统的规模可能长达10个字节，以至不得不传输大量的数据，而仅仅是选择一个单独的标签。若更仔细地研究阅读器和单个标签之间的数据流，则立刻可以得出：命令中（$X-1$）→0各位不包含标签的补充信息，因为（$X-1$）→0各位总是被置为“1”的。标签应答的序列号的N→X各位不包含给阅读器的补充信息，因为N→X这些位是已知且给定的。

由此可见：传输的序列号的各自互补的部分是多余的，本来也是不必传输的。

由此引导我们很快使用一种最佳的算法：代替序列号在两个方向上完整地传输，序列号或搜索的范围标准的传输现在简单地改变为部分位（X）。

阅读器在REQUEST（请求）命令中只发送要搜索的序列号的已知部分N→X作为搜索的依据，然后中断传输。所有在N→X位中的序列号与搜索依据相符的标签，则传输的序列号的剩余各位即（$X-1$）位为应答。在REQUEST命令中的附加参数（有效位的编号）将下余各位的数量通知标签。

一种动态的二进制搜索算法的过程如图5-13所示，作了更详细的说明。标签都使用了同前例中相同的序列号。由于没有改动地使用了形成规则，所以，重复操作的过程也与前例相同。

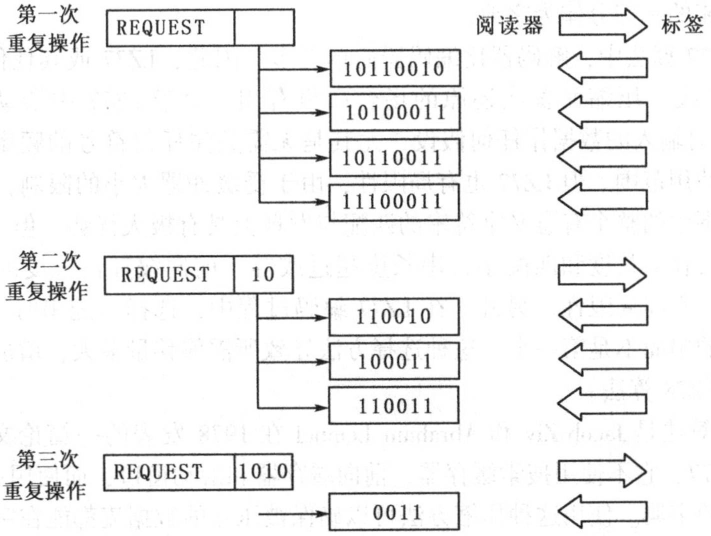

图5-13　动态二进制搜索算法避免序列n5中多余部分的传输

③ 后退式动态二进制搜索算法。仔细观察可以发现，动态二进制搜索算法的策略是不断缩小搜索的范围来一步步识别标签。在基本的动态二进制搜索算法中，当查询到第一个标签后，阅读器重新发送 REQUEST（不大于 11111111）指令，搜索又从最初的大范围开始。如果采用后退策略，当识别到第一个标签后，下一个查询指令的序列号参数为上一查询指令的序列号值，则本次查询的范围大大减小，可以很快识别到下一个标签，如此递归下去，从而可以大大减少识别所有标签的搜索总次数。

后退式动态二进制搜索算法是目前最高效的算法，识别 N 个标签的总查询次数只需要 $2N-1$，而且用阅读器记录发送指令不需要标签有记忆功能，对标签的要求低。

5.3.2 LZW 数据压缩算法在 RFID 标签中的应用

5.3.2.1 LZW 算法简介

数据压缩的种类很多，按照压缩可逆性，分为有损压缩和无损压缩，本书使用无损压缩，LZW 是一种典型的无损压缩算法。无损压缩是指去除信源中的冗余信息，而不影响信息熵，压缩后的信息可以被原样恢复。目前已有很多压缩算法，本节首先介绍几种常见的文本压缩算法，再对 LZW 算法及其在 RFID 标签中的应用进行详细的介绍。LZW 压缩算法，是一种非常有效的无损压缩方法，是由 LZ77 算法改进的基于字典压缩的编码。

目前，常用于文本压缩的几种无损压缩算法主要有 Huffman 编码、算术编码、游程编码、LZ 系列编码，其中，LZ 系列编码根据其发展顺序，又可分为 LZ77，LZ78 和 LZW 等。下面简单介绍 LZ 系列编码算法。

（1）LZ77 算法

LZ77 算法由 Jacob Ziv 和 Abraham Lempel 于 1977 年提出，其主要思想是把已输入的原始数据流的一部分作为字典。

在 LZ77 算法中，解码器比编码器简单得多，因此，LZ77 或其任何变形在文件一次（或只有几次）压缩而多次还原的场合中很有用。由于 LZ77 中滑动窗自身的属性使 LZ77 无需对输入的数据作任何假设，尤其是无需关注任何符号的频率，因此，LZ77 具有很广的使用范围。但 LZ77 也有局限性，由于受缓冲器大小的限制，LZ77 在出现于滑动窗口范围中的整个有意义字符串的匹配与发现上具有极大优势，但无法处理重复频率大于搜索缓存器长度和匹配字符串长度超过或等于前向缓存器长度的字符串，即 LZ77 具有明显的空间局限性。另外，在 LZ77 编码过程中，选择匹配串时，始终选择最后一个相匹配的串而不是第一个，这种选择方法导致所需偏移量最大，增加了空间承受力。

（2）LZ78 算法

LZ78 算法是 Jacob Ziv 和 Abraham Lempel 在 1978 发表的一篇论文中提出的。LZ78 不同于 LZ77，它不使用搜索缓存器、前向缓存器和滑动窗口，而使用一个保存先前所遇到字符串的字典。使用这种压缩方法可以确保被压缩的数据流都能在字典中反映。

LZ78 中使用的字典在输入数据流的压缩过程中，已被压缩的字符串始终存在于字典中，直至压缩结束，这相对于LZ77是一个优点，因为将要输入的字符串可被早已出现的字符串压缩，节省了压缩空间和压缩时间。但它也是一个不利条件，导致字典易趋于快速膨胀，全部可用的字典空间会很快被填满。在LZ78编解码器的实现方法中，字典每次仅增加一个字符，因此，不能像LZ77那样对局部出现重复的字符、词、短语或句子进行迅速编码，即在有意义的字符串匹配和发现上没有优势。虽然避免了LZ77的空间局限性，但LZ78对全文所有字符串较敏感，较适合处理具有一定区间重复性的情况。

（3）LZW算法

LZW算法是Terry Welch于1984年提出的，它是在LZ78算法基础上演变而成的一种实用算法。LZW先把字母表中的所有字符初始化到字典中，特点是逻辑简单、硬件实现价廉、运算速度快、易于实现。

LZW字典中的串是一个具有前缀性的串表，即表中任何一个串的前缀字符也在表中。LZW算法不但压缩速度快，而且对各种类型的计算机文件都有较好的压缩效果。LZW算法不仅用于某些操作系统，还在带有标识的TIFF图形图像文件格式中，作为标准的文件压缩命令。在BMP，GIF等图形图像格式中也使用LZW的变型算法来压缩数据中的重复序列。但LZW算法存在如下不足：① 在LZW的编码过程中，码字的空间分配按照同等长度的分配方法，即给不同长度的码字分配固定长度的空间，这会造成内存空间的浪费，使字典趋于快速膨胀，全部可用的字典空间将很快被填满，致使它很快丧失压缩能力；② 在LZW编码中，字典中的字符串每次仅增加一个有效字符，却有过多字符存入字典，既造成了字典空间的浪费，又增加了数据处理时间。

5.3.2.2　基于LZW的RFID标签数据压缩算法

由于受标签本身成本所限，RFID标签的空间容量很难满足现实中具体应用项目的需要，而容量大的标签价格又较贵，因此，需要采用软件方法来解决容量不足的问题，即对标签中的数据进行压缩存储，以降低标签数据容量。为实现对RFID标签数据的压缩功能，本节介绍一种改进的基于LZW的RFID标签数据压缩算法。

（1）改进的LZW算法

将改进后的LZW算法称为LZW#，LZW#算法的编码过程如图5-14所示。

LZW#的解码采用与编码完全类似的方法，在对消息的解释过程中逐步生成，对LZW算法的改进主要有两个方面：① 对字典数据结构的改进，改为多叉树的存储结构；② 对阈值判断操作方法的改进。

（2）字典数据结构的改进

在LZW算法的编码过程中，每增加一个有效的新字符，在字典中就存入一个字符串。这样既浪费了字典的空间，又增加了编码器处理时间。本书对其字典的改进是设计一个多叉树数据结构，并把该树存入一个节点数组。在这种数据结构中，每个数据结构有两个字段：一个字符和一个指向父节点的指针。任何一个父节点没有指向其子节点的指针。从父节点到子节点是通过一个散列函数实现的，该散列函数根据指向父节点的指针和子节点的字符散列生成一个新指针。

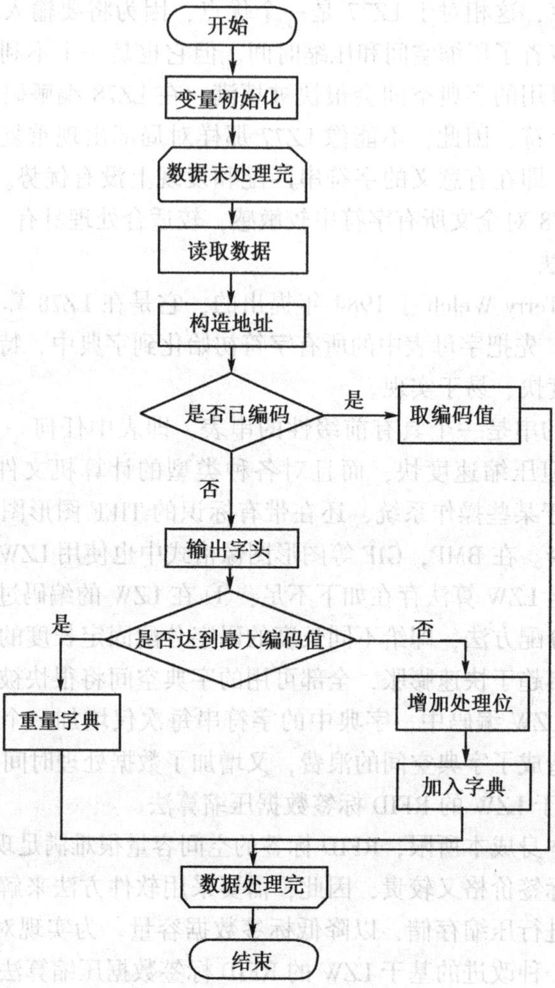

图 5-14　LZW[#]算法的编码流程

由于在散列过程中有冲突发生，因此，在实际应用中，节点由 3 个字段结构组成，即父节点（parent）、字符（symbol）和索引（index）。父节点是指向其父字符串的指针，字符是指当前输入节点中所含字符的编码，索引是指由散列函数生成的指针。

下面通过具体的实例说明该数据结构，设字符串为“ababa”。

字典是一个数组 d［　］，其中各项均具有上述 3 字段结构：父节点、字符和索引。例如，用 d［pointer］。parent 表示一个字段，pointer 是数组 d［　］的索引号。字典首先初始化为只含有词条 a 和 b（为简单起见，假定 a 的编码为 1，b 的编码为 2），其他没有被使用的字典项均被定义为 pointer = −2。字典初始化如图 5-15 所示。

/	/	/	/	/	/	/	/	/
a	b							
1	2	−2	−2	−2	−2	−2	−2	−2

图 5-15 字典初始化

编码器的编码过程如下。

步骤 1：把第一个字符 a 输入变量 I。实际读入的是 a 的编码 1，所以，I = 1。由于是第 1 个字符，编码器已假定它在字典中，因此不需要搜索。

步骤 2：把第二个字符 b 输入变量 J，J = 2。此时编码器在字典中查找字符串 ab，执行 pointer：= hash（I，J），假设结果为 6，即 pointer = 6。因为 d［6］。index = −2，说明 d［6］。index 字段中有未使用的空间，所以字符串 ab 不在字典中，通过执行下列指令将其添加进去：

d［pointer］。parent：= I

d［pointer］。symbol：= J

d［pointer］。index：= pointer

由于 pointer = 6，把 J 送入 I，因此，I = 2。执行散列的情况如图 5-16 所示。

/	/	/	/	/	1	/	/	/
a	b				b			
1	2	−2	−2	−2	6	−2	−2	−2

图 5-16 散列的情况

步骤 3：把第三个字符 a 输入变量 J，此时，J = 1。编码器要在字典中查找字符串 ba，执行指令 pointer：= hash（I，J），假设结果为 7。此时 d［7］。index = −2，表明 d［7］。index 字段中有未使用的空间，因此，字符串 ba 不在字典中，与步骤 2 类似，通过执行下列指令将字符串添加进去：

d［pointer］. parent：= I

d［pointer］. symbol：= J

d［pointer］. index：= pointer

由于 pointer = 7，把 J 送入 I，因此，I = 1。读入第三个字符 a 的情况如图 5-17 所示。

/	/	/	/	/	1	2	/	/
a	b				b	a		
1	2	−2	−2	−2	6	7	−2	−2

图 5-17 读入 a 的情况

步骤 4：把第四个字符 b 输入变量 J，此时，J = 2。编码器必须在字典中查找字符串 ab，执行 pointer：= hash（I，J），由步骤 2 可知该值为 6。在 d［6］。index 字段中含有 6，因此，字符串 ab 在字典中，把指针的值送入 I，I = 6。

步骤5：把第五个字符a输入变量J，J=1。编码器要在字典中搜索字符串aba，仍然执行指令pointer：=hash（I，J），假定结果仍为7（产生一个冲突）。d［7］。index字段中含有7，而在d［7］。parent字段中含有的是2而非预期的6，因此，散列函数知道这是一个冲突且字符串aba不在字典第七项中。解决冲突的方法是把指针一直加1，直至找到一个index=7和parent=6的词条或找到一个没有使用的词条为止。index=7的情况说明aba在字典中，可以把指针送入I。而parent=6的情况说明aba不在字典中，编码器就把它保存在指针所指向的词条中，同时把J送入I中。解决冲突的情况如图5-18所示。

/	/	/	/	/	/	2	6	/
a	b				b	a	a	
1	2	−2	−2	−2	6	7	7	−2

图5-18　冲突解决的情况

（3）改进的阈值判断操作方法

针对LZW算法的字典空间存在被填满的可能，且字典容量受计算机内存的限制，因此，本书通过改进的阈值判断操作方法来提高字典压缩比。当字典被填满时，不要立即删除字典中的串表，而是输入一定长度的比特数据流，用现有的字典对其进行压缩，并判断这个被压缩的比特数据流的压缩率（输入数据流的比特数/压缩后数据流的比特数），若得到的压缩率大于指定的阈值，则继续进行先前的操作，即压缩、判断；若得到的压缩率小于指定的阈值，则进行删除字典中多余词条的操作。

阈值判断操作是在原有数据的基础上，对新数据进行的操作，在一定程度上，考虑了信息源概率分布的情况，从而提高了LZW压缩算法的压缩比和算法的执行效率。

5.3.3　Hash函数在RFID认证协议中的应用

RFID系统是一种通过射频信号在开放系统环境中自动识别目标对象并获取相关数据的非接触式自动识别技术，其主要由RFID标签和读写器组成。读写器向标签发出查询请求，并将标签的响应数据交给后台计算机系统进行数据处理，使得系统无需任何物理接触就可完成对特定目标对象的自动识别。因而20世纪末，RFID技术开始逐渐进入到企业应用领域。

然而，由于未授权的读写器可以读取和收集其作用范围内电子标签的相关信息，并通过信息积聚或与位置信息对照来获取消费者的隐私信息，因而RFID系统的安全问题引起了人们的极大关注。但是，由于低成本电子标签资源的有限性，目前比较成熟的密码体制无法应用其中。本节详细地介绍现有的基于哈希（Hash）函数的3种典型的RFID安全协议。

（1）Hash锁协议

为了避免RFID信息泄漏和被追踪，Sarma等人提出了Hash锁协议，该协议使用

metaID来代替真实的标签ID。标签在存储其唯一标志号ID和metaID后，进入锁定状态。后台数据库存储每一个标签的密钥Key，ID，metaID。其协议流程如图5-19所示：

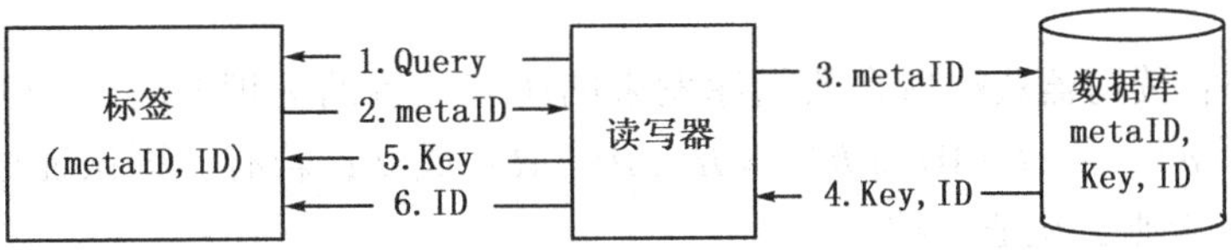

图5-19 Hash锁协议流程

Hash锁协议的执行过程如下。

步骤1：读写器向标签发送Query认证请求。

步骤2：标签将metaID发送给读写器。

步骤3：读写器将metaID转发给后台数据库。

步骤4：后台数据库查询相应的数据库，若找到metaID匹配的项，则将该项的（Key，ID）发送给读写器，其中，ID为待认证标签的标识，metaID = H（Key）；否则，返回给读写器认证失败信息。

步骤5：读写器将接收到后台数据库的部分信息Key发送给标签。

步骤6：标签验证metaID = H（Key）是否一致，若一致，则将其ID发送给读写器；否则，标签静止。

步骤7：读写器比较从标签发送过来的ID是否与后台数据库发送过来的ID一致，若一致，则认证通过；否则，读写器将此标签屏蔽掉。

由上述认证过程可以看出，Hash锁协议中标签ID没有动态刷新机制，metaID也保持不变，而且标签ID是以明文的形式通过不安全的信道传送。因此，Hash锁协议很容易受到假冒攻击、重传攻击和被追踪定位。

（2）随机Hash锁协议

为了解决Hash锁中位置跟踪的问题，Weis等人提出了随机Hash锁协议，采用基于随机数的询问–应答机制，其协议流程如图5-20所示：

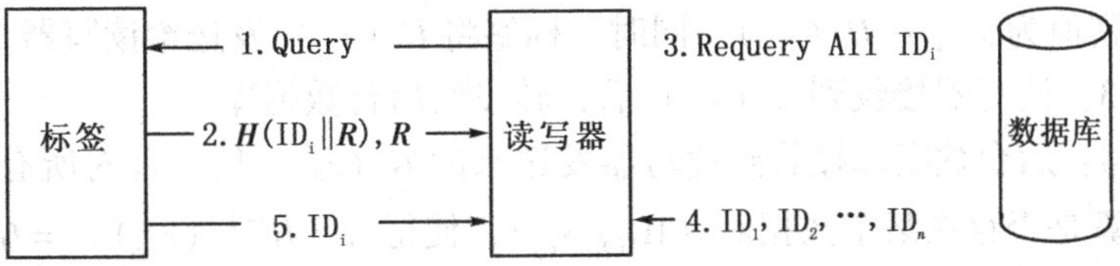

图5-20 随机Hash锁协议流程图

随机Hash锁协议的执行过程如下。

步骤1：读写器向标签发送Query认证的请求。

步骤2：标签产生一个随机数R，并计算H（ID ‖ R），其中，ID代表标签的标识。然后，标签将数据对（R，H（ID ‖ R））发送给读写器。

步骤3：读写器向后台数据库发出获得所有标签标识ID的请求。

步骤4：后台数据库将相应表中的所有标签标识（ID_1，ID_2，…，ID_n）发送给读写器。

步骤5：读写器获得后台数据库发来的所有标签的标识ID_i后，检索是否存在某个ID_i（$1 \leqslant i \leqslant n$），使$H(ID_i \| R) = H(ID \| R)$成立；若有，则认证通过，并将$ID_i$发送给标签；否则，认证失败。

步骤6：标签接收到发送来的ID_i后，验证ID_i与ID是否相同，若相同，则认证通过；否则，认证失败。

由上述认证过程可以看出，在随机Hash锁协议中，虽然标签的每次随机回答防止了依据特定输出而进行的位置追踪攻击，但是认证通过后的标签标识ID仍以明文的形式通过不安全信道传送。因此，攻击者可以通过截获ID，对标签进行有效的追踪、假冒和对后台数据库进行重传攻击。此外，标签每次被认证时，后台数据库都需要将所有标签的标识ID发送给读写器，以至使二者之间的数据通信量很大，识别效率也大幅降低。

（3）Hash链协议

鉴于随机Hash锁向前安全性问题，NTT等人提出了Hash链协议，该协议同样也是基于询问–应答机制。但是，标签和后台之间数据库共享一个初始秘密值$s_{i,j}$。当读写器向标签发送认证请求时，标签总是发送不同的应答。其协议流程如图5-21所示。

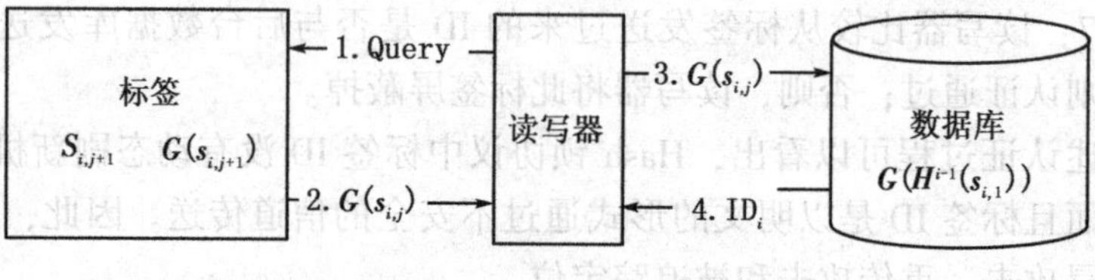

图5-21　Hash协议流程

Hash链协议的执行过程如下。

步骤1：读写器向标签发送Query认证请求。

步骤2：标签接收到询问请求时，使用当前的秘密值$s_{i,j}$计算$H(s_{i,j})$和$G(s_{i,j})$，并更新秘密值为$s_{i,j+1} \leftarrow H(s_{i,j})$。同时，标签将$G(s_{i,j})$发送给读写器。

步骤3：读写器接收到$G(s_{i,j})$后，转发给后台数据库。

步骤4：后台数据库接收到读写器发送来的$G(s_{i,j})$后，针对所有的标签数据项查找，并计算是否存在某个数据对（ID_i，$s_{i,j}$），使得$G(H^{i-1}(s_{i,j})) = G(s_{i,j})$，若存在，则认证通过，并将ID发送给读写器，经读写器转发给标签；否则，认证失败，此标签为非法标签。

由上述认证过程可以看出，在Hash链协议中，标签是一个具有自主ID更新能力的标签，这使得前向安全性问题得到了解决。

5.4 RFID安全加密分析

自从20世纪RFID技术被应用以来，该系统的安全也越来越受到重视。该技术应用广泛，功能强大。RFID系统可以将物体的属性和方位信息进行通信，因此，优点非常明显。

抛开系统的安全性不说，因为系统具有简易性，成本低和独特的识别特性，所以RFID系统特别适合于某些特定的领域。一直以来，很多通信安全人士经常争论是否应该对低成本的RFID系统采取安全加密措施，并将加密标准化，但是还没有提出一个有效的解决方案。然而近来，随着越来越多的系统被应用于崭新的更为复杂的领域，无线射频系统的安全性问题又被推到风口浪尖，围绕这个问题，许多专家提出的见解，伴随着研究的深入，到底哪种方法更为有效、更为低廉，值得我们一直不断努力地研究下去。

本节围绕使用RFID射频系统主要存在的安全问题，致力于分析和研究并解决这些问题。

5.4.1 信息安全基本要素及其原理

在系统进行通信中，读写器只有正确地读取标签数据，才能保证系统的运行，其中，标签向读写器传送的数据是加密的，其加密认证框图如图5-22所示，在通信系统中，各种信息源（如文件、数据库）也需要相关认证加密机制的保护，确保这些信息不被他人窃取。信息认证是通信中读写器对标签信息进行验证的过程。加密认证是系统中安全保护的重要一环，它的失败可能导致整个信息被窃取。

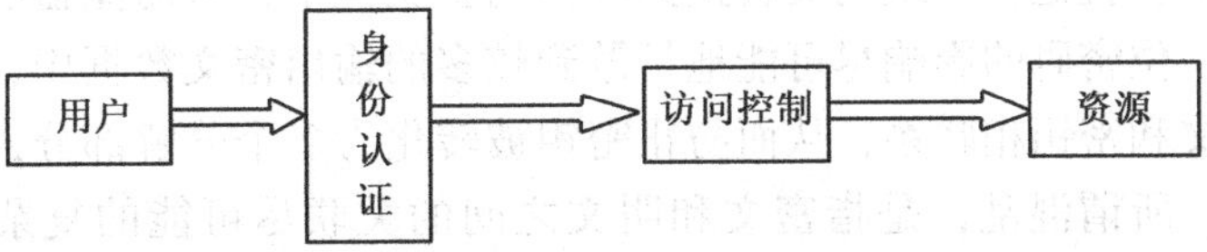

图5-22 访问控制过程

5.4.2 数据保密性

在射频系统中，数据的保密性肩负着多种责任，考虑到射频系统是一个开放的通信系统，读卡器与标签的通信是通过电磁波在空中的传输进行的，所以，该种通信方式存在诸多危险的方面，某些窃听者可能通过自己建立一个高功率全频带的射频读卡器对标签信号进行检索，对于频率和距离相匹配的标签可以截获信息，截获后，可以对信息进行处理，既可能通过窃取的信息获取机密，也可以根据信息的格式与内容仿造一个假的信息，发送给代收标签，为了将危险的可能性降到最低，必须将信息进行加密，而目前如何使用适合该系统的加密方法更是我们所要研究的。图 5-23 和图 5-24 中将标签与读卡器间传输的数据格式进行描写，格式共分为三部分：标签序列号、读卡器序列号、加密数据。

TagID 标签序列号	ReaderID 读卡器序列号	Encyrption 标签内加密的数据

图 5-23　电子标签向读卡器传输的数据格式

ReaderID 读卡器序列号	Key 密钥算法	TagID 标签序列号

图 5-24　读卡器向后台数据库传输的数据格式

5.4.3　对称加密原理

在射频系统信息传输中，第一方面要证明该信息是由本系统内标签发出的，另一方面要保证信息没有被改写，是完整的。因此，为了满足以上两部分要求，并且为了保护最初的数据明文，必须对明文数据进行加密，加密后的数据变得比原始数据复杂，保证在攻击者窃听到数据后，在没有密钥的条件下，无法恢复原文。

射频识别系统在信息传输过程中可能受到一些攻击者的窃听，为了其经济或者其他目的进行窃取信息和改写信息。所以，采取加密方法的目的是用来防止攻击者的攻击，基于此目的，一般采用先将原文信息进行加密，使原文变为密文，再传送密文，使攻击者即使窃听到数据，也无法了解原文数据。同时，密文数据是以相同的传输模式进行的。

分组密码算法是有“信息学之父”之称的香农提出的，他提出扩散和混乱两种理论。所谓扩散，就是将一组明文转换到较多的密文位中，从而掩盖明文的规律性，与此同时，把每一位密码的影响尽可能地扩散到较多的输出密文数据中，因此，密文数据尽可能地与明文和密钥相联系，从而防止密钥被转化为多个分解部分，给破译者以单独破解的可能性。所谓混乱，是指密文和明文之间的关联尽可能的复杂化，使解密出现困难。

（1）DES 加密算法

DES（Data Encryption Standard）算法是一种采用广泛的对称密钥算法，属于分组密码算法。主要用于数据量较大的加密技术应用。该算法是美国 IBM 公司于 1975 年研究成功并推广使用的，于 1977 年 1 月 15 日得到美国国家标准局的正式许可，作为联邦信息处理标准准则，供商业界和非政府机构使用。

DES 算法中采用 64 位密钥加密 64 位二进制数据。该算法的入口包括三个定义参数：Key，Data，Mode。其中，Key 是密钥，共 8 字节，有 64 位二进制数据；Data 是需要加密的明文数据，有 8 个字节 64 位，就是要被加密的明文数据；Mode 为 DES 的工作方式，包括加密或解密两种方式。

DES是一种分组加密方法，将需要加密的明文数据按照64位分为一组进行分组，所需密钥为56位。算法对计算方法中定义为明文数组 m 为64位，密钥 k 一共有64位（其中，56位比特位是有效密钥，剩下的8位比特是检验码），该加密算法步骤如下：DES（m）$=IP^{-1}\cdot T_{16}\cdot T_{15}\cdot\cdots\cdot T_2\cdot T_1\cdot IP^1$（$m$），$IP^1$ 表示对明文数组进行初始变换，就是将原文数据进行重新排列，混乱原来的数据序列，T_i（$i=1$，2，…，16）表示数组的迭代次数，IP^{-1} 表示数组最后的变换。

算法执行过程如下。

第一步对明文的顺序进行重新排列，将明文中所有数据按照64位为一组进行分组，设为 m，首先通过一个数位置换表来重新排列明文序列，经过排列后，构造出64位的 m_0，其中，L_0 是 m_0 左32比特，R_0 是 m_0 右32比特，置换规则如表5-2所示。

表5-2　IP^1 置换

58	50	42	34	26	18	10	2	60	52	44	36	28	20	12	4
62	54	46	38	30	22	14	6	64	56	48	40	32	24	16	8
57	49	41	33	25	17	9	1	59	51	43	35	27	19	11	3
61	53	45	37	29	21	13	5	63	55	47	39	31	23	15	7

其算法规定，在按照64位数据分组后，明文数据中的第58位数据的二进制信息变换到第1位，第50位换到第2位，以此类推，最后一位是原来的第7位。L_0，R_0 是数组按照左32位、右32位处理的，按照置换算法计算前的输入值为 $D_1D_2D_3\cdots D_{63}D_{64}$，按照初始置换后的结果为 $L_0=D_{58}D_{50}D_{42}\cdots D_{16}D_8$，$R_0=D_{57}D_{49}D_{41}\cdots D_{15}D_7$。

第二步按照算法进行计算：$L_i=R_{i-1}$，$R_i=L_i\oplus f$（R_{i-1}，K_i）（$i=1$，2，3，…，16）其中，$\oplus$表示异或，f 表示一种置换，由S盒置换构成，K_i 是编排函数产生的比特块。

第三步经过16次迭代运算后。得到 L_{16} 和 R_{16}，将两部分结果进行逆置换算法后，得到密文输出，逆置换正好是初始置的逆运算，逆置换如表5-3所示。

表5-3　IP^{-1} 置换

40	8	48	16	56	24	64	32	39	7	47	15	55	23	63	31
38	6	46	14	54	22	62	30	37	5	45	13	53	21	61	29
36	4	44	12	52	20	60	28	35	3	43	11	51	19	59	27
34	2	42	10	50	18	58	26	33	1	41	9	49	17	57	25

具体加密流程如图5-25所示，可以看出，步骤主要有以下几个方面。

① IP^1 是初始置换表，IP^{-1} 是最终逆置换表。

② 函数 f：输入数据32位的 R_{i-1} 和密钥48位 K_i，经过计算后，输出32位数据 R_i。

③ 子密钥 K_i 是经过算法计算产生的48位比特串。加密输出结果与 K_i 作异或操作，生成48位输出。将输出数据平均分成8组，作为8个S盒的输入。

DES加密算法的具体实现过程如下。

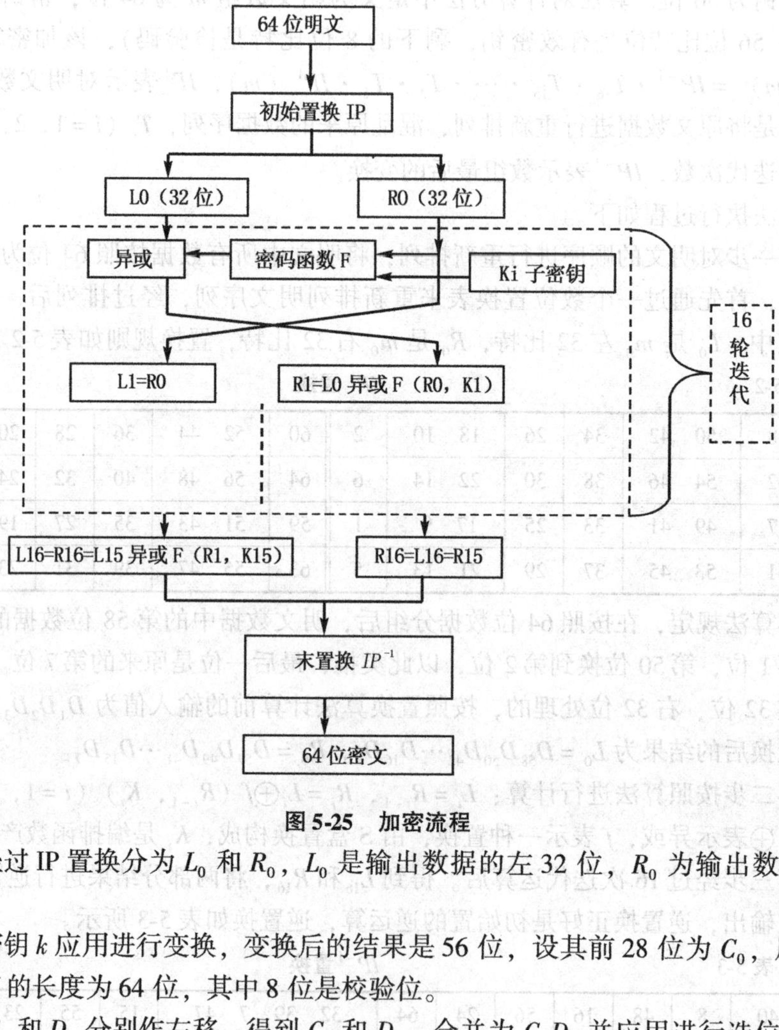

图 5-25　加密流程

① m 经过 IP 置换分为 L_0 和 R_0，L_0 是输出数据的左 32 位，R_0 为输出数据的右 32 位。

② 对密钥 k 应用进行变换，变换后的结果是 56 位，设其前 28 位为 C_0，后 28 位为 D_0 密钥为 K 的长度为 64 位，其中 8 位是校验位。

③ 对 C_0 和 D_0 分别作左移，得到 C_1 和 D_1，合并为 C_1D_1 并应用进行选位，得到 48 位的 K_1。

④ 对 R_0 进行 f 函数运算。f 函数的输入参数为 32 位的 R_0 和 48 位的 K_1。R_0 经加密算法后，变换为 48 位。

⑤ 根据迭代规则，$L_1 = R_0$，$R_1 = L_1 \oplus f$（R_0，K_1），加计算出 L_1 和 R_1，完成第一次迭代。

⑥ 把 C_1 和 D_1 分别作左移，得到 K_2，继续进行迭代。经过 16 次迭代以后，再经过 IP^{-1}逆置换，便可输出 64 位密文。

（2）AES 加密算法

20 世纪 90 年代，DES 算法及其改进型基本上统治了对称算法的发展进程。但是伴随着密码解析能力、芯片计算能力的提高，当前使用广泛的DES算法改进型算法已经不能满足日益增长的信息安全化需求，所以，研究一种新的算法成为加密领域迫切需要的任务。

AES算法设计的理念是简单、高效、安全，成为目前密码研究的热点。对于AES算法来说，可以分为硬件实现和软件实现，硬件实现的速度快，软件实现的速度慢、成本低。2000年10月2日，美国国家标准局再次研究成功了一种新的加密算法，由加密学科学专家Joan Daemen和VincentRijmen设计的“Rijndael算法”有着安全性高、抗破解能力强的特点。该算法同样是对称分组密码加密算法，其算法特点是使用置换比特，其中每轮算法包括三层，即线性算法混合层、非线性算法混合层和密钥算法加密层。第一层线性混合的作用是让原比特位高度扩散，从而使扩散后的比特位与原比特位不形成联系。第二层非线性层包括16个S盒，其到高度置换原信息比特，使原始信息的顺序被混乱。第三层密钥加密层是将密钥与置换后的信息进行模2加算法。Rijndael算法的适应性比较强，算法的分组长度和密钥长度都是可以变化的，根据射频系统的特点，在AES算法中的分组大小为128位。所以，根据AES算法的可变性结构，信息首先被按照64位数据分组，然后由密钥控制的可逆函数S进行变换，最后对所得结果采取置换P算法。这两种算法分别被称为混乱算法S和扩散算法P，在加密过程起混乱和扩散作用，该算法的步骤如图5-26所示。

AES虽然是分组加密算法，但是和DES算法的原理不相同，其中，最大的不同点是每轮的算法需要将原有的数组进行替换作用。算法中使用N_γ表示轮数，其中，每一轮中的函数计算都是相同的。AES的加解密算法中首先使用一个函数，称为AddRoundKey（ ），接着进行$N_{\gamma-1}$次Round变换，最后使用一个最终变换FinalRound，第i轮的轮密钥记为ExpandedKey [i]，初始密钥加法的输入记为ExpandedKey [0]。

其中，最为关键的是S盒SubBytes（ ）置换函数变换，这是该算法不同于以往算法的特点。SubBytes（ ）变换用于将输入数组中的数据通过字节替换的查表函数变换，将其字节数据替换为另一个字节数据，置换的方法比较复杂，但是可以完全改变原始信息的特性，使替换后的数据更符合加密要求，映射方法是将原始的输入比特值中高4位作为S盒的行值、低4位作为列值，根据计算出的行列值，搜索盒中相应的元素作为输出替换字节。

同DES算法64位密钥长度相比，AES算法的密钥更为强大，采取了128位密钥加密，同DES算法一致的方面是，AES算法同样是采用从上至下的轮型加密方法，通常AES算法按照其算法原理可以分为四个部分，即数据输入模块、加密解密选择控制模块、加密解密运算模块、密钥函数扩展模块。

由于AES算法的加密性强、占用硬件资源比较多的特点，一般在大型军用系统中使用比较广泛，因此，不会将该算法嵌入到一般民用系统中使用，AES算法模块中的可塑造性比较强，通常密钥是通过外部输入模块，所以密钥不是恒定的，根据每次需要加密的数据特点和系统，输入不同的密钥，然后将输入的密钥经过密钥函数扩展算法对其进

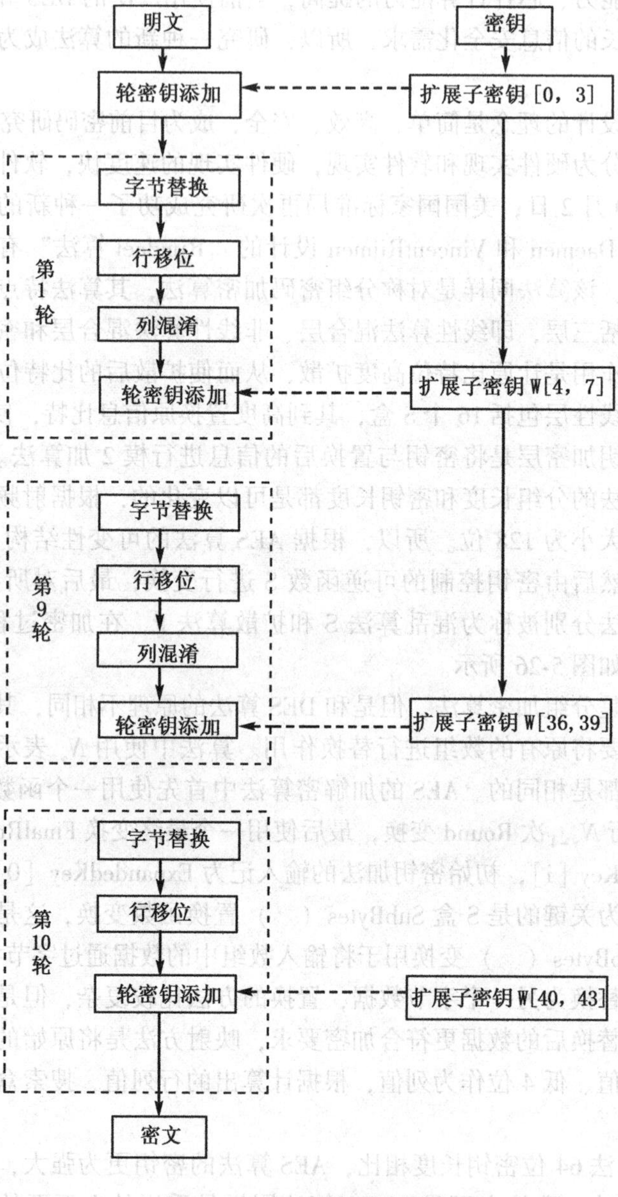

图 5-26 AES 加密系统框图

行处理，并将扩展后的密钥传送到运算模块，算法模块简化图如图 5-27 所示。

在信息接收进行解密的过程中，首先将读写器中的时钟 CLK 信号同步到该算法模块，使算法模块与射频接收模块同步，在射频模块将接收的数据进行解调后，送至算法模块，将接收到的密文与经过密钥扩展的密钥数据一起送至解密单元，通过 AES 算法的逆运算生成明文。在信息发射过程中，读写器中的控制模块首先将需要传输的数据送至算法模块中明文输入接口，然后传输 CLK 同步信号，命令加密单元使用密钥进行加密，

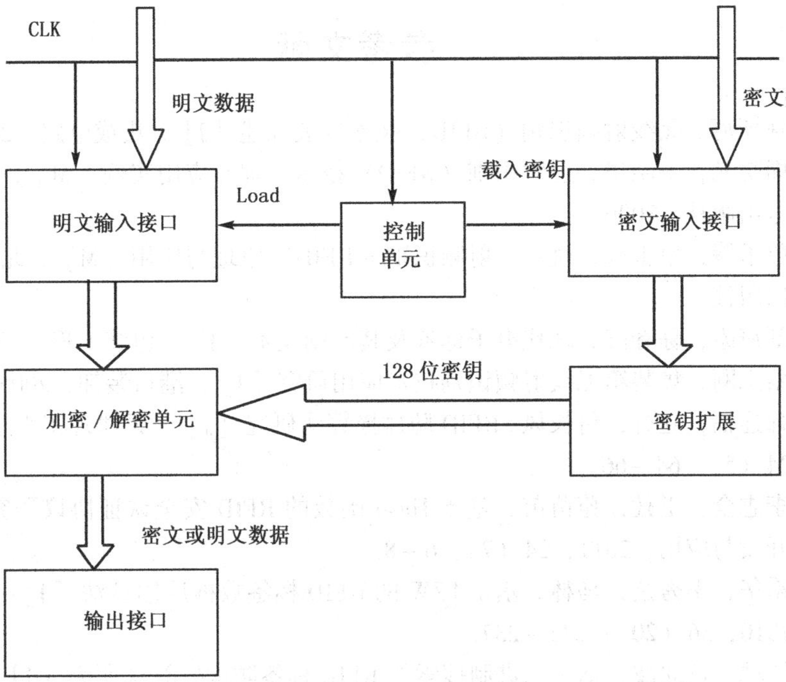

图 5-27　AES 算法模块

加密后的密文数据经过输出接口传输至发射模块进行传输。输入接口模块负责将需要加密的明文数据传送到加/解密运算模块，将外部输入的密钥传送到密钥扩展模块。由于输入的明文和密钥都是 128 位，会占用大量的硬件资源，所以，使用比较受限，对于 AES 算法来说，控制模块的主要任务是实现加/解密运算工作。控制模块在时钟脉冲控制下，生成移位、替代、行列变换算法，控制加/解密运算模块工作，将数据和密钥分别输入到加/解密运算模块与密钥扩展模块中，以开始数据的加/解密运算。

5.5 本章小结

本章系统地介绍了支撑物联网的 RFID 技术，较详细地展现了 RFID 相关知识，从 RFID 概念到 RFID 关键技术，再到 RFID 的典型应用。主要内容如下。

① RFID 系统关键技术：读写器、标签、RFID 空中接口协议。

② RFID 在通信应用中的相关算法：RFID 防碰撞算法、LZW 数据压缩算法、Hash 函数。RFID 防碰撞算法包括空分多路法、时分多路法、频分多路法 3 种技术，主要有 ALOHA 算法和基于二进制搜索的 RFID 标签防碰撞算法两种。

③ RFID 安全加密的方法主要有 DES 加密算法和 AES 加密算法。

参考文献

[1] 陈新河．无线射频识别（RFID）技术发展综述［J］．集成电路，2005.

[2] 周晓光，王晓华．射频识别（RFID）技术原理与应用实例［M］．北京：人民邮电出版社，2006.

[3] 单承赣，单玉峰，姚磊．射频识别（RFID）原理与应用［M］．北京：电子工业出版社.

[4] 刘筱霞，陈春霞．现代电子标签及其印刷技术［J］．包装工程，2008（5）.

[5] 蔡志刚．集装箱无线射频识别技术应用研究［J］．港口装卸，2005（5）.

[6] 韩连福，赵辉，付长凤．RFID 防碰撞算法研究［J］．天津理工大学学报，2008，24（5）：64－66.

[7] 李志全，王猛，苑苗苗．基于 Hash 函数的 RFID 安全认证协议研究［J］．电脑开发与应用，2011，24（7）：6－8.

[8] 霍华，李秀芝，马林．基于 LZW 的 RFID 标签数据压缩算法［J］．计算机工程，2010，36（20）：235－237.

[9] 江城，黄立波．基于二进制搜索的 RFID 标签防碰撞算法研究［J］．计算机与数字工程，2011，39（4）：29－33.

[10] 郜泽明．基于物联网 RFID 的安全技术研究［D］．天津：河北工业大学，2011.

[11] Chen Sunglin. A measurement technique for verifying the match condition of assembled RFID tags［J］. Instrumentation and Measurement，IEEE Transactions on，2010，59（8）：2123－2133.

第 6 章　支撑物联网的其他技术

6.1　支撑物联网的条形码技术

6.1.1　条形码技术概述及其原理

条码技术最早产生在 20 世纪 20 年代，诞生于 Westinghouse 的实验室里。那时候对电子技术应用方面的每一种设想都使人感到非常新奇。Kermode 的想法是在信封上作条码标记，条码中的信息是收信人的地址，就像今天的邮政编码。为此，Kermode 发明了最早的条码标识，设计方案非常简单，即一个“条”表示数字“1”，两个“条”表示数字“2”，以此类推。然后，他又发明了由基本的元件组成的条码识读设备：一个扫描器（能够发射光并接收反射光）；一个测定反射信号条和空的方法，即边缘定位线圈；使用测定结果的方法，即译码器[1]。

Kermode 的扫描器利用当时新发明的光电池来收集反射光。“空”反射回来的是强信号，“条”反射回来的是弱信号。与当今高速度的电子元器件应用不同的是，Kermode 利用磁性线圈来测定“条”和“空”，就像一个小孩子将电线与电池连接再绕在一颗钉子上来夹纸。Kermode 用一个带铁芯的线圈在接收到“空”信号的时候吸引一个开关，在接收到“条”信号的时候释放开关并接通电路。因此，最早的条码阅读器的噪声很大。开关由一系列的继电器控制，“开”和“关”由打印在信封上“条”的数量决定。通过这种方法，条码符号直接对信件进行分检。

此后不久，Kermode 的合作者 Douglas Young，在 Kermode 码的基础上作了一些改进。Kermode 码所包含的信息量相当低，并且很难编出十个以上的不同代码。而 Young 码使用更少的条，但是利用条之间空的尺寸变化，就像今天的 UPC 条码符号使用四个不同的条空尺寸。新的条码符号可以在同样大小的空间对一百个不同的地区进行编码，而 Kermode 码只能对十个不同的地区进行编码。

直到 1949 年，专利文献中才第一次有了 Norm Woodland 和 Bernard Silver 发明的全方位条码符号的记载，在这之前的专利文献中始终没有条码技术的记录，也没有投入实际应用的先例。Norm Woodland 和 Bernard Silver 的想法是利用 Kermode 和 Young 的垂直的“条”“空”，并使之弯曲成环状，非常像射箭的靶子。这样，扫描器通过扫描图形的中心时，能够对条码符号解码，不管条码符号方向的朝向。

在利用这项专利技术对其进行不断改进的过程中，一位科幻小说作家 Isaac-Azimov 在他的《裸露的太阳》一书中，讲述了使用信息编码的新方法实现自动识别的事例。那时人们觉得此书中的条码符号看上去像一个方格子的棋盘，但今天的条码专业人士马上会意识到这是一个二维矩阵条码符号。虽然此条码符号没有方向、定位和定时，但很显然它表示的是高信息密度的数字编码。

直到 1970 年 Interface Mechanisms 公司开发出“二维码”之后，才有了价格适于销售的二维矩阵条码的打印和识读设备。那时二维矩阵条码用于报社排版过程的自动化。二维矩阵条码印在纸带上，由今天的一维 CCD 扫描器扫描识读。CCD 发出的光照在纸带上，每个光电池对准纸带的不同区域。每个光电池根据纸带上印刷条码与否输出不同的图案，组合产生一个高密度的信息图案。用这种方法可以在相同大小的空间打印上一个单一的字符，作为早期 Kermode 码中一个单一的条。定时信息也包括在内，所以整个过程是合理的。当第一个系统进入市场后，包括打印和识读设备在内的全套设备大约需要5000 美元。

此后不久，随着发光二极管、微处理器和激光二极管的不断发展，迎来了新的标识符号（象征学）和其应用的大爆炸，人们称之为“条码工业”。今天，很少能找到没有直接接触过既快又准的条码技术的公司或个人。由于这一领域的技术进步与发展非常迅速，并且每天都有越来越多的应用领域被开发，用不了多久，条码就会像灯泡和半导体收音机一样普及，将会使我们每一个人的生活都变得更加轻松和方便。

条码是由一组按照一定编码规则排列的条、空符号，用以表示一定的字符、数字及符号组成的信息。条码系统是由条码符号设计、制作及扫描阅读组成的自动识别系统[2]。

6.1.2 条形码的种类及其特性

(1) 交错式 25 码

1972 年发展出的交错式 25 码系统的编码规则相当简单，只要将其几项特点把握住，就能很容易地用于日常生活中。交错式 25 码即一个字符由 5 条线条组成，里头有两条是粗的线条；而所谓的交错式，即 5 条黑色线条及 5 条白色线条，穿插相交而成。如图 6-1 所示。

00003 100000 3

图 6-1 交错式 25 码

其特性为：① 长度可由使用者任意调整，但当数据个数为奇位数时，应在数据码最前端自动地加上一个“0”字；但当数据码长度为偶数时，则不加。② 可作双向扫描处理。③ 仅可用数字 0 ~9 等十个号码来使用。④ 无检查码。

（2）UPC 码

1973 年发展出的 UPC 码（Universal product code，即统一商品条形码）是世界上第一套商用条形码系统，由美国超级市场工会推广，适用于加拿大及北美地区。如图 6-2 所示。

其特性为：① UPC 码可依编码结构之不同，区分为 UPC－A 码及 UPC－E 码两个系统。② 可作双向扫描处理。③ 含有一位检查码。④ 仅可用数字 0 ~9 等十个号码来组成。

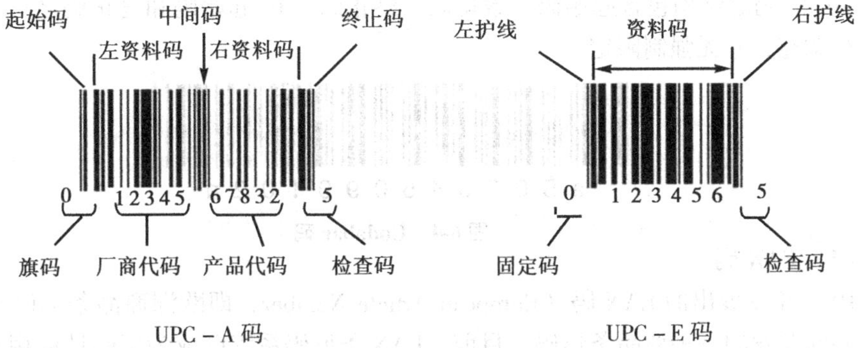

图 6-2　UPC 码

（3）三九码（Code 3 of 9）

1974 年发展出的三九码系统目前在国内已被相当广泛地使用，如图书馆之数据管理系统、录像带之数据管理系统、百货公司之数据管理系统等。因为三九码使用限制少，又具有文字支持能力，所以一般私人行号或学校机关皆采用此三九码条形码系统。为什么叫做 Code 3 of 9（简称 Code 39）呢？很简单！即一个字符由 5 条黑色线条（简称 Bar）、4 条白色线条（简称 Space），总共 9 条线组成，里头有 3 条是粗的线条。如图 6-3 所示。

其特性为：① 三九码的数据码长度可由使用者任意调整，但一定要在条形码阅读机所能阅读的范围内。② 可作双向扫描处理。③ 起始码和终止码固定为“＊”字符。④ 检查码既可设定也可不设定，随使用者的意思而定，但设定后会减慢条形码阅读机阅读的速度。⑤ 三九码占用的空间比较大。数据码本身除了以 0 ~9 等十个数字表示外，还可用 A ~Z，＋，－，＊，/，%，$ 等符号表示。

（4）Codabar 码

从 1972 年开始发展的 Codabar 条形码系统直到 1977 年才被正式使用。Codabar 码也称为 NW－7 码。Codabar 条形码由 4 条黑色线条、3 条白色线条，合计 7 条线条组成，每一个字符与字符间有一间隙 Gap 作区隔。如图 6-4 所示。

其特性为：① Codabar 码的数据码长度可由使用者任意调整，但数据码长度最多仅能有 30 个字符，再加上起始码和终止码各一个字符，故 Codabar 码之最大总长度可为 32

图 6-3　三九码

个字符。② 可作双向扫描处理。③ 数据码本身除了以 0 ~ 9 等十个数字表示外，还可用 +，-，*，/，$，:，?及 A ~ D 等总共 21 个符号来表示数据码的数据。④ 无检查码。⑤ Codbabr 码之结构包含起始码、数据码、终止码。⑥ 起始码和终止码之符号可由使用者自行调整，并无强制限定。

图 6-4　Codabar 码

（5）EAN 码

1977 年发展出的 EAN 码（European Article Number，即欧洲商品条形码）是由欧洲各国共同开发的一种商品条形码。目前，EAN 条形码系统已成为国际性商用条形码，我国是 1974 年加入 EAN 条形码系统会员国。如图 6-5 所示。

其特性为：① 仅可利用数字来编码。② 可作双向扫描处理。③ 依据结构的不同，可区分为 EAN－13 与 EAN－8 两种编码方式，其中，EAN－13 码固定由 13 个数字组成，为 EAN 的标准编码形式。EAN 8 码固定由 8 个数字组成，属于 EAN 的简易编码形式。④ 必须固定含有一位的检查码，以预防读取数据的错误情形发生（位于 EAN 码中的最右边）。⑤ 具有左护线、中护线和右护线的额外设置，以分格条形码结构上的不同部分与撷取适当的安全空间来处理。条形码长度一定，较欠缺弹性，但经由适当的管道，可使其通用于世界各国。

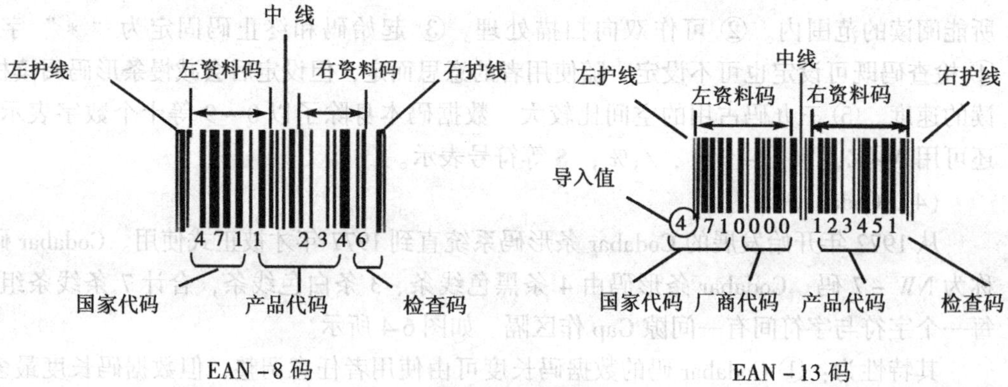

图 6-5　EAN 码

（6）128 码

1981 年发展出的 128 条形码系统由于复杂度提高，使得它所能应用的字符相对地增加许多。又因可交互使用三种类别的编码规则，可提供 ASCII 128 个编码字符，所以使用起来弹性相当大。如图 6-6 所示。

其特性为：① 128 码的数据码长度可由使用者任意调整，但一定要在 32 个字符内。② 可作双向扫描处理。③ 在 128 码中，可以交互使用 A，B，C 三种不同类别的编码类型，以缩短条形码的长度。④ 检查码既可设定也可不设定，随使用者的意思而定，但设定后会减慢条形码阅读机阅读的速度。

图 6-6　128 码

（7）ISBN 码

ISBN（International Standard Book Number）是国际标准书码，是由 EAN 码演变而来的，所以，ISBN 码的基本特性、结构与编码规则和 EAN 码完全相同，此两码间唯一不同的地方只有国家代码，故要将 ISBN 码变换成 EAN 码时，只需将国家代码改成 978 即可。如图 6-7 所示。

图 6-7　ISBN 码

（8）ISSN 码

ISSN（International Standard Serial Number）是根据国际标准组织 1975 年制订之 ISO-3297 的规定，由设于法国巴黎的国际期刊数据系统中心所赋予申请登记的每一种刊物一个具有识别作用且通行国际间的统一编号。如图 6-8 所示。

图 6-8 ISSN 码

6.1.3 条形码的应用及其效益

6.1.3.1 条形码的应用

条形码的应用实在不胜枚举，小至录像带出租管理，大至图书馆的图书管理、百货公司的货物管理，甚至在今后的商店自动化、办公室自动化、工厂自动化、楼宇自动化和家庭自动化等，都具有巨大的发展空间[3]。

条形码应用不只如此，举凡产品种类众多的行业，如出版品、药品、服饰业等，都需要使用条形码。近来用于服务业、餐饮业，利用条形码点歌、点菜，经由计算机网络传至音控室、吧台、柜台或厨房，以取代以往服务生的形式，不但节省人力、使效率更高，同时也提高了服务质量。

条形码原先是用于工厂的物料管理及生产流程的品种管理活动，借以掌握产品优良率高低，并调节产销间的供需关系。后来，应用范围越来越广，应用方式也越来越多，现今多用于商品销售管理。

条形码使用范围列举如表 6-1。

表 6-1 条形码使用范围

市　场	产品范围	条码别
小包裹	DHL 快捷货运、快递邮件、联邦快递等	39 码、Monarch 码
交　通	机票、火车票、公车票	插入式 25 码
娱　乐	游乐园入场券、滑雪缆车券	39 码、Monarch 码
标签、联车	行李标签、停车及洗染收据	39 码、插入式 25 码
汽车、飞机	零件及存货控制	39 码
健康与保险	表格、病历表	39 码

续表 6-1

市　场	产品范围	条码别
政　府	各种表格	39 码
旅行票	登记证、税务控制	30 码、特殊码
照相袋	柯达公司	Monarch 码
纺织界	税单、畜口管理、存货管理	拼入式 25 码
器　具	惠而浦存货管制	39 码、Monarch 码

6.1.3.2 效　益

(1) 数据自动化输入层面

商品条形码自1973年问世以来，各行业应用的范围愈趋广泛，无论是制造还是批发或零售，在商品销售与移动过程中，条形码的应用使数据输入达到快速、正确与简单的功能需求。且扫描一组条形码的速度约为键盘输入的3～20倍，失误率极低，数据在扫描的瞬间，即传入计算机提供实时系统之用，达到管理的目标，因此，条形码是一种最简易、精确且经济的高质量数据输入法。

(2) 共同编号标准层面

商品条形码统一编号系统是为了整体商业自动化的运作而产生的，就像是人们沟通讯息的语言。在统一化、单一化与标准化的系统中，大量减少社会资源的重复浪费，并达到有效率的利用。

(3) 高层次自动化组件层面

由于商品条形码是一种自动辨识符号，透过光学仪器的自动阅读，可以简化追踪、监控、管制、抄录的作业。

(4) 商业自动化信息管理系统层面

实体流通和信息流通是商业自动化的基干与神经脉络，而其分别使用的各项信息系统，如销售点管理系统、电子订货系统、输送和仓储自动化系统等，都与商品条形码的应用有关系。

(5) 商业国际化层面

由于条形码已经成为国际间通用的标准，加上在国际间电子商务的发展趋势下，条形码的使用更能加速商业国际化的脚步。

6.1.4 一维条形码

6.1.4.1 条形码符号结构

一个完整的条码的组成次序依次为：静区（前空白区）、起始符、数据符、中间分割符、校验符、终止符、静区（后空白区），如图6-9所示。

(1) 静　区

静区是指条码左右两端外侧与空的反射率相同的限定区域，它能使阅读器进入准备阅读的状态，当两个条码相距较近时，静区有助于对它们加以区分，静区的宽度通常应不小于6mm（或10倍模块宽度）。

（2）起始/终止符

起始/终止符指位于条码开始和结束的若干条与空，标志条码的开始和结束，同时提供了码制识别信息和阅读方向的信息。

（3）数据符

位于条码中间的条、空结构，它包含条码所表达的特定信息。

图6-9　条形码结构

6.1.4.2　条形码符号构成与相关参数

（1）模　块

构成条码的基本单位是模块，模块是指条码中最窄的条或空，模块的宽度通常以毫米或mil（千分之一英寸）为单位。构成条码的一个条或空称为一个单元，一个单元包含的模块数是由编码方式决定的，在有些码制中，如EAN码，所有单元由一个或多个模块组成；而在另一些码制中，如39码中，所有单元只有两种宽度，即宽单元和窄单元，其中的窄单元即为一个模块。

（2）密度

条码的密度指单位长度的条码所表示的字符个数。对于一种码制而言，密度主要由模块的尺寸决定，模块尺寸越小，密度越大，所以密度值通常以模块尺寸的值来表示（如5mil）。通常，7.5mil以下的条码称为高密度条码，15mil以上的条码称为低密度条码，条码密度越高，要求条码识读设备的性能（如分辨率）越高。高密度的条码通常用于标识小的物体，如精密电子元件；低密度条码一般应用于远距离阅读的场合，如仓库管理。

（3）宽窄比

对于只有两种宽度单元的码制，宽单元与窄单元的比值称为宽窄比，一般为2～3左右（常用的有2:1，3:1）。当宽窄比较大时，阅读设备更容易分辨宽单元和窄单元，因此比较容易阅读。

（4）对比度

对比度是条码符号的光学指标，对比度值越大则条码的光学特性越好。

$$\text{对比度} = \frac{\text{条的反射率} - \text{空的反射率}}{\text{条的反射率}} \times 100\%$$

6.1.4.3　条形码识别系统

(1) 条形码识别系统组成

为了阅读出条形码所代表的信息，需要一套条形码识别系统，它由条形码扫描器、放大整形电路、译码接口电路和计算机系统等组成[4]。

(2) 条形码的识读原理

条形码的识读原理如图 6-10 所示。由于不同颜色的物体反射的可见光的波长不同，白色物体能反射各种波长的可见光，黑色物体则吸收各种波长的可见光，所以，当条形码扫描器光源发出的光经凸透镜 1 后，照射到黑白相间的条形码上时，反射光经凸透镜 2 聚焦后，照射到光电转换器上，于是光电转换器接收到与白条和黑条相应的强弱不同的反射光信号，并转换成相应的电信号输出到放大整形电路。白条、黑条的宽度不同。相应的电信号持续时间长短也不同. 但是，由光电转换器输出的与条形码的条和空相应的电信号一般仅为 10mV 左右，不能直接使用，因而先要将光电转换器输出的电信号送放大器放大。放大后的电信号仍然是一个模拟电信号，为了避免由条形码中的疵点和污点导致错误信号，在放大电路后，需加一整形电路，把模拟信号转换成数字电信号，如图 6-11 所示，经过译码器接口电路进行码制的鉴别与处理，再进入计算机系统进行准确判读。

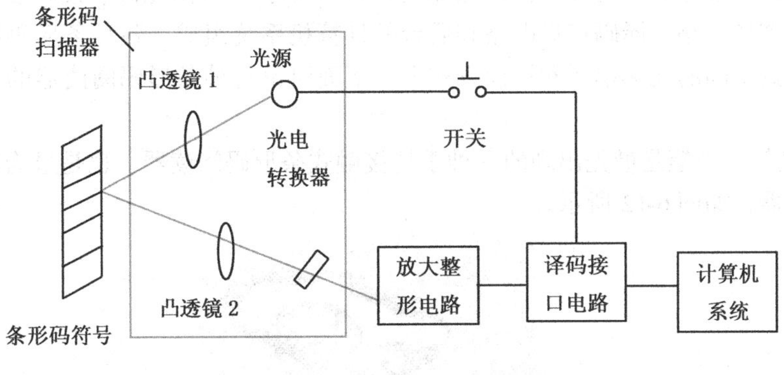

图 6-10　条形码识读原理

整形电路的脉冲数字信号经译码器译成数字、字符信息，它通过识别起始、终止字符来判别条形码符号的码制及扫描方向；通过测量脉冲数字电信号 0 和 1 的数目来判别条和空的数目，通过测量 0 和 1 信号持续的时间来判别条和空的宽度，这样便得到了被辨读的条形码符号的条和空的数目及相应的宽度与所用码制，根据码制所对应的编码规则，便可将条形符号转换成相应的数字、字符信息，通过接口电路送给计算机系统进行数据处理与管理，至此，完成了条形码辨读的全过程。

6.1.4.4　条形码阅读器简介

(1) 条形码阅读器的分类

常用的条形码阅读器通常有三种：光笔条形码阅读器、电子耦合器件条形码阅读

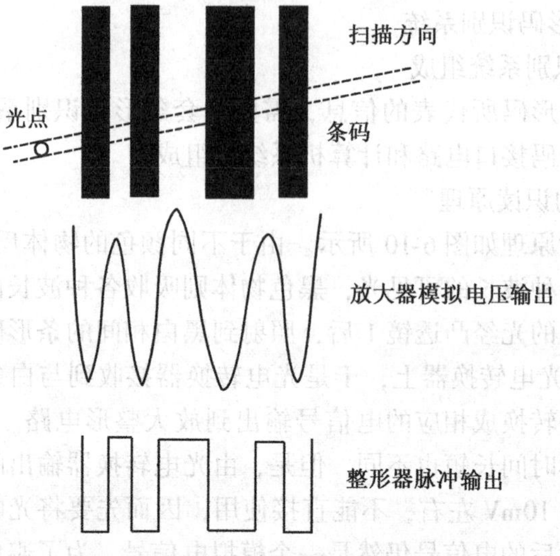

图 6-11　条形码识读信号的转换与整形

器、激光条形码阅读器，三者各有长处。

（2）条形码阅读器的基本特点

条形码阅读器的结构和工作原理如图 6-10 所示，主要由光源、接收装置、光电转换器、放大整形电路、译码接口电路和后台的计算机系统组成。各种条形码阅读器的主要区别在于其不同的光学单元和识读方式上。下面讨论每种条形码阅读器的工作原理和优缺点。

① 光笔。光笔是最先出现的一种手持接触式条形码阅读器，也是最为经济的一种条形码阅读器，如图 6-12 所示。

图 6-12　光笔条形码阅读器

使用时，操作者需将光笔接触到条形码表面，通过光笔的镜头发出一个很小的光点，当这个光点从左到右划过条形码时，在“空”部分，光线被反射；在“条”的部分，光线将被吸收，因此，在光笔内部产生一个变化的电压，这个电压通过放大、整形后，用于译码。

优点：与条形码接触阅读，能够明确哪一个是被阅读的条形码；阅读条形码的长度可以不受限制；与其他阅读器相比，成本较低；内部没有移动部件，比较坚固；体积小，重量轻。

缺点：使用光笔会受到各种限制，比如在有一些场合不适合接触阅读条形码；另外，只有在比较平坦的表面上阅读指定密度的、打印质量较好的条形码时，光笔才能发挥它作用；而且操作人员需要经过一定的训练才能使用，如阅读速度、阅读角度和使用的压力不当，都会影响它的阅读性能；最后，因为它必须接触阅读，当条形码在因保存不当而产生损坏，或者上面有一层保护膜时，光笔都不能使用；光笔的首读成功率低及误码率较高。目前很少使用。

② CCD阅读器。CCD（Charg Couple Device）为电子耦合器件，比较适合近距离和接触阅读，它的价格没有激光阅读器贵，而且内部没有移动部件。

CCD阅读器使用一个或多个发光二极管，发出的光线能够覆盖整个条形码，如图6-13所示。条形码的图像被传到一排光探测器上，被每个单独的光电二极管采样，由邻近的探测器的探测结果为“黑”或“白”区分每一个条或空，从而确定条形码的字符，换言之，CCD阅读器不是注意地阅读每一个“条”或“空”，而是条形码的整个部分，并转换成可以译码的电信号。

图6-13　CCD阅读器

优点：与其他阅读器相比，CCD阅读器的价格较便宜，但同样有阅读条形码的密度广泛、容易使用的特点。它的重量比激光阅读器轻，而且不像光笔那样只能接触阅读。

缺点：CCD阅读器的局限在于它的阅读景深和阅读宽度，在需要阅读印在弧形表面的条形码（如饮料罐）的时候会有困难；在一些需要远距离阅读的场合，如仓库领域，也不是很适合；CCD的防摔性能较差，因此，产生的故障率较高；在所要阅读的条形码比较宽时，CCD也不是很好的选择，信息很长或密度很低的条形码很容易超出扫描头的阅读范围，导致条形码不可读；其中，一些设备采取多个发光二极管的条形码阅读器中，任意一个发光二极管出现故障都会导致不能阅读；大部分CCD阅读器的首读成功率较低且误码概率高。

③ 激光阅读器。激光扫描仪是各种扫描仪中价格相对较高的一种，但它所能提供的各项功能指标最高，因此，在各个行业中都被广泛地采用。

激光扫描仪的基本工作原理为：手持式激光扫描仪通过一个激光二极管发出一束光线，照射到一个旋转的棱镜或来回摆动的镜子上，反射后的光线穿过阅读窗照射到条形码表面，光线经过条或空的反射后，返回阅读器，由一个镜子进行采集、聚焦，通过光电转换器转换成电信号，该信号将通过扫描器或终端上的译码软件进行译码。

激光扫描仪分为手持与固定两种形式：手持激光枪连接方便简单、使用灵活，如图6-14所示；固定式激光扫描仪适用于阅读量较大、条形码较小的场合，有效地解放了双手的工作，如图6-15所示。

优点：激光扫描仪可以很杰出地用于非接触扫描，通常情况下，在阅读距离超过30cm时，激光阅读器是唯一的选择；激光阅读条形码密度范围广，并可以阅读不规则的条形码表面或透过玻璃或透明胶纸阅读，因为是非接触阅读，因此不会损坏条形码标签；因为有较先进的阅读及译码系统，所以首读识别成功率高，识别速度相对光笔及CCD更快，而且对印刷质量不好或模糊的条形码识别效果好；误码率极低（仅约为三百万分之一）；激光阅读器的防震防摔性能好。

缺点：激光扫描仪的唯一缺点是它的价格相对较高，但如果从购买费用与使用费用的总和计算，与CCD阅读器并没有太大的区别。

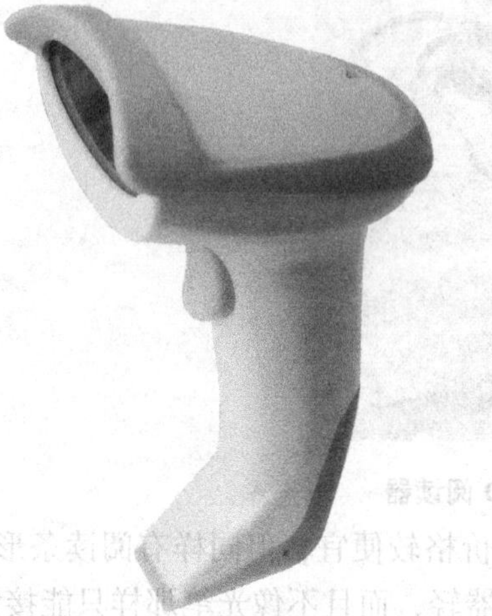

图6-14　手持式激光条形码阅读器

图6-15　固定式激光条形码阅读器

6.1.5　二维条形码

6.1.5.1　二维条形码的起源

一维条形码虽然提高了资料收集与资料处理的速度，但由于受到资料容量的限制，一维条形码仅能标识商品，而不能描述商品，因此，相当依赖于电脑网络和资料库。在没有资料库或不便连接网络的地方，一维条形码很难派上用场。也因此，最近几年，有人提出一些储存量较高的二维条形码。由于二维条形码具有高密度、大容量、抗磨损等特点，所以更拓宽了条形码的应用领域。

近年来，随着资料自动收集技术的发展，用条形码符号表示更多资讯的要求与日俱增，而一维条形码最大资料长度通常不超过15个字元，故多用以存放关键索引值，仅可作为一种资料标识，不能对产品进行描述，需要通过网络到资料库抓取更多的资料项目，因此，在缺乏网络或资料库的状况下，一维条形码便失去意义。此外一维条形码有一个明显的缺点，即垂直方向不携带资料，故资料密度偏低。当初这样设计有两个目的：一是为了保证局部损坏的条形码仍可正确辨识，二是使扫描容易完成。

既要提高资料密度，又要在一个固定面积上印出所需资料，可用两种方法来解决：一是在一维条形码的基础上，朝二维条形码方向扩展；二是利用图像识别原理，采用新的几何形体和结构，设计出二维条形码。前者发展出堆叠式二维条形码，后者则有矩阵式二维条形码之发展，构成现今二维条形码的两大类型。

二维条形码的新技术在1980年晚期逐渐被重视，在资料储存量大、资讯随着产品走、可以传真影印、错误纠正能力高等特性下，二维条形码在1990年初期已逐渐被使用。

6.1.5.2　二维条形码的分类

二维条码可以分为堆叠式二维条码和矩阵式二维条码。堆叠式二维条码在形态上是由多行短截的一维条码堆叠而成；矩阵式二维条码以矩阵的形式组成，在矩阵相应元素位置上用“点”表示二进制的“1”，用“空”表示二进制的“0”，由“点”和“空”的排列组成代码。

(1) 堆叠式二维条码

堆叠式二维条码（又称为堆积式二维条码或层排式二维条码），其编码原理是建立在一维条码基础之上，按照需要堆积成两行或多行。它在编码设计、校验原理、识读方式等方面，继承了一维条码的一些特点，识读设备与条码印刷与一维条码技术兼容。但随着行数的增加，需要对行进行判定，其译码算法与软件也与一维条码不完全相同。有代表性的行排式二维条码有Code 16K，Code 49，PDF417等。

(2) 矩阵式二维码

短阵式二维条码（又称为棋盘式二维条码），它是在一个矩形空间，通过黑、白像素在矩阵中的不同分布进行编码。在矩阵相应元素位置上，用点（方点、圆点或其他形状）的出现表示二进制的“1”，点的不出现表示二进制的“0”，点的排列组合确定了矩阵式二维条码所代表的意义。矩阵式二维条码是建立在计算机图像处理技术、组合编码原理等基础上的一种新型图形符号自动识读处理码制。具有代表性的矩阵式二维条码有Code One，Maxi Code，QR Code，Data Matrix等。

在目前几十种二维条码中，常用的码制有PDF417二维条码、Data Matrix二维条码、Maxi Code二维条码、QR Code，Code 49，Code 16K，Code One等，除了这些常见的二维条码之外，还有Vericode条码、CP条码、Codablock F条码、田字码、Ultracode条码、Aztec条码。要对条码进行质量检测，需要用到条形码检测仪。因为市场容量不大，所以这类检测仪并不多见，只有 datalgic，HHP，LIVS、webscan 几个厂家在生产。能对 data-Matrix 检测的，webscan 公司的 trucheck 系统最具性价比。但 webscan 公司还没有在中国设立办公室。只有一家公司（信亦达科技）作销售代理。

6.1.5.3　二维条形码的特点

① 高密度编码：信息容量大，可容纳多达 1850 个大写字母或 2710 个数字或 1108 个字节，或 500 多个汉字，比普通条码信息容量约高几十倍。

② 编码范围广：该条码可以把图片、声音、文字、签字、指纹等可以数字化的信息进行编码，用条码表示出来；可以表示多种语言文字；可以表示图像数据。

③ 容错能力强：具有纠错功能，这使得二维条码因穿孔、污损等引起局部损坏时，照样可以正确地识读，损毁面积达 50% 仍可恢复信息。

④ 译码可靠性高：它比普通条码译码错误率百万分之二要低得多，误码率不超过千万分之一。

⑤ 可引入加密措施：保密性、防伪性好。

⑥ 成本低，易制作，持久耐用。

⑦ 条码符号形状、尺寸大小比例可变。

⑧ 二维条码可以使用激光或 CCD 阅读器识读。

6.1.5.4　二维条形码的识别

二维条形码的识别有两种方法：① 透过线型扫描器逐层扫描进行解码；② 透过照相和图像处理对二维条形码进行解码。对于堆叠式二维条形码，可以采用上述两种方法识读；但对绝大多数的矩阵式二维条形码，则必须用照相的方法识读，例如使用面型 CCD 扫描器。

用线型扫描器（如线型 CCD、激光枪）对二维条形码进行辨识时，如何防止垂直方向的资料漏读是关键技术，因为在识别二维条形码符号时，扫描线往往不会与水平方向平行。解决这个问题的方法之一是必须保证条形码的每一层至少有一条扫描线完全穿过，否则解码程序不识读，如图 6-16 所示。这种方法简化了处理过程，但却降低了资料密度，因为每层必须要有足够的高度来确保扫描线完全穿过。在前面提到的二维条形码中，如 Code 49，Code 16K 的识别即是如此。

图 6-16　二维条形码的识别

不同于其他堆叠式二维条形码，PDF417 建立了一种能“缝合”局部扫描的机制，只要确保有一条扫描线完全落在任一层中即可，层与层间不需要分隔线，而是以不同的符号字元来区分相邻层，因此，PDF417 的资料密度较高，是 Code 49 及 Code 16K2 两倍多，但其识读设备也比较复杂。

6.1.5.5 条形码应用系统相关设备

(1) 读码机

每一个码自有独特的“线条”及“空白”的组合方式，与其他码不同。这些记号必须经由被称为读码机的特殊光学仪器才能被解读出来，解读过程可细分为下列三个动作。

① 扫描。使用光电技术来扫描条形码，依照条形码的线条反应回来明亮度不同，条形码中的白线条会比黑线条反射回来更多的光度，在找出光度变化较大的地方，即白线条与黑线条交接处，而实际上传出的信号在黑白交接处会有较强的信号。

② 解码。由传入的电子信号找出，分析出黑、白线条的宽度，再进一步根据各式条形码的编码原则，将条形码数据予以解析。

③ 传送。将解读出来的条形码数据传送给计算机主机。

(2) 扫码器

扫码器是使用一些光电原理的技术，在扫描条形码时，会发出某一种波长的光线来照射条形码，而依据某位置反应回来的光线多寡，而输出长度不同的电子信号，送入译码器内，来作为决定该位置的光线反应度的大小，由此可以判断出在该位置上，究竟是黑线条还是白线条。可分为以下三种：手握式或固定式、光线移动式或光线固定式、接触式或不接触式。

(3) 译码器

译码器有两个主要任务：解码和传送。另外，译码器在使用时，必须搭配扫描仪一起使用。

(4) 印码机

印码机是专门设计用来打印条形码的打印机。多数印码机属于热感应打印机或者点矩阵打印机。

(5) 计算机主机

有了完善、齐全的硬设备，并不能使整个系统运作起来，而大部分的系统仍需要一台计算机主机来统筹运用这些设备。然而，在计算机主机内，仍需要设计出一套系统软件程序来负责从各个读码机端收集各种数据，依照系统的规格，汇成有用的信息，以便作为系统的使用者作出判断时的依据。

6.1.5.6 二维条形码识读设备

二维条形码的阅读设备依照阅读原理不同，可分为以下几种。

(1) 线性 CCD 和线性图像式阅读器

可阅读一维条形码和线性堆叠式二维码（如 PDF417）在阅读二维码时，需要沿条形码的垂直方向扫过整个条形码，被称为“扫动式阅读”。这类产品比较便宜，如图 6-17 所示。

图 6-17　线性 CCD 和线性图像式阅读器

图 6-18　带光栅的激光阅读器

（2）带光栅的激光阅读器

带光栅的激光阅读器可以阅读一维条形码和线性堆叠式二维码。阅读二维码时，将光线对准条形码，由光栅元件完成垂直扫描，不需要手工扫动。如图 6-18 所示。

（3）图像式阅读器

采用面阵 CCD 摄像方式，将摄取后的条形码图像进行分析和解码，可以阅读一维条形码和所有类型的二维条形码。

另外，二维条形码的识读设备依据工作方式不同，还可以分为手持式、固定式和平板扫描式。二维条形码的识读设备对于二维条形码的识读会有一些限制，但是均能识别一维条形码。

6.1.6　条形码的重要意义

从商品的全球流动来看，商品在制造过程已经印上国际通用条形码，因此，商品流动不仅是在国际贸易实质的货品流通层面，透过条形码的管理，商品制程（从原物料、制造、组合成品到变成消费商品的过程）已经变成一个全球流动的网络。例如，日本黛安芬内衣公司建立了一套信息系统，可以将销售点数据立即传输至总公司，使补货时间大为减少，有效地掌握了市场时效。

从资本的全球流动来看，连锁经营的优势主要来自规模经济与连锁体系在管理上所具有的简单化、专业化。条形码商品本身就是零售资本积累的工具，进行商品流通管理和产业连锁化发展。例如，营业额达 260 亿美元的麦当劳也利用了全球采购信息分析系统，对全球麦当劳分公司所订购的食品素材，迅速核算出汇率、运输与食料成本、关税及保险等单位成本，以全球运筹的方式来支撑麦当劳的迅速扩张。

从人员的全球流动来看，虽然所有条形码技术操作都可以计算机化和网络化，但管理阶层人员的全球流动却愈来愈频繁。整套标准流程是各家企业的商业机密，且要不断地回应商业环境的变化。

从行为模式的全球流动来看，从员工训练来说，盖特勒（Gertaler，1995）指出，不同企业内部有各自的训练标准和流程，将复杂的流程和卖场空间电子条形码化后，借由技术控制，可以使企业大量雇用低技术劳工，而这些低技术劳工将变成全球化浪潮中大批的随时可以替换的、以兼职性质为主的劳工。

从价值观念的全球流动来看，能通过条形码化的理性空间来创造最大利润的价值中心，已经伴随着实质的商品和资本流动，由美国和西方社会传播到亚洲及世界其他城市。全球化和条形码空间之间承载着形式与内容的辩证关系，条形码或消费空间作为实质内容，展现出全球化的跨界流动的当代意义。

从资本运作形式来看，条形码化商品与非条形码化商品都是商品的形式。

图6-19所示分析架构借用了列裴福尔的空间实践与空间再现等概念，说明条形码化商品在空间的占用和配置。大量出现在我们生活空间中、被我们所感知的新的零售业和连锁卖场作为一组空间实现的展现，其空间区位与配置组合形成过程乃是来自条形码化的空间再现，是一个理性计算、追求最大利润的零售资本的整合过程。而这过程又是全球化流动空间里的一个资本循环过程。全球化的商品货物、人员、行为模式、文化价值等在条形码空间里流动，并重新掌握配置占据消费逐渐形成现代人日常生活感知的消费空间的实现。

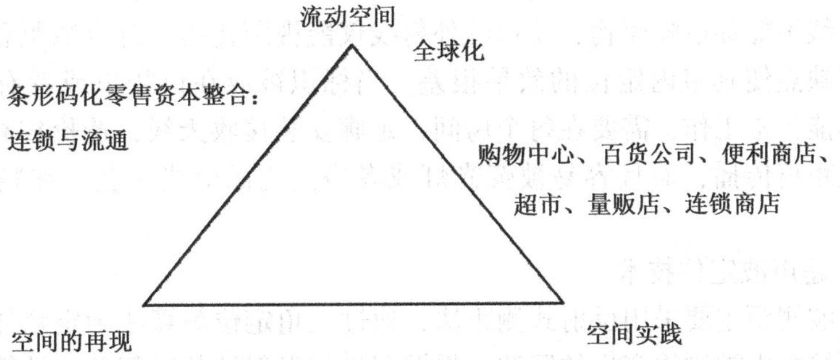

图6-19 条形码化三元空间分析概念图

6.2 定位技术

无线定位技术对于物联网系统应用的是不可或缺的，它是通过对接收的无线电波的一些参数进行测量，根据特定的算法来判断被测物体的位置。测量参数一般包括无线电波的传输时间、幅度、相位和到达角等，而定位精度取决于测量的方法。

6.2.1 室内定位技术

物联网应用很大一部分是在室内，尤其是复杂环境的室内，如机场大厅、展厅、仓库、超市、图书馆、地下停车场等。

6.2.1.1 室内GPS定位技术

GPS是目前应用最广的定位技术。但当GPS接收机在室内时，信号受到建筑物的影响而大大衰减，定位精度也很低，要想要达到像室外一样直接从卫星提取导航数据和时间信息是不可能的。为得到较高的信号灵敏度，就需要延长在每个码延迟上的停留时间，A-GPS技术为此提供了可能性。室内GPS技术采用大量的相关定位器，并行地搜索可能的延迟码，有助于实现快速定位。

利用GPS进行定位的优势是卫星有效覆盖范围大，且定位导航信号免费。缺点是定位信号到达地面时较弱，不能穿透建筑物，而且定位器终端的成本较高。

6.2.1.2 室内无线定位技术

随着无线通信技术的发展，新兴的无线网络技术，如Wi-Fi，ZigBee，蓝牙和超宽带等，在办公室、家庭、工厂等得到了广泛的应用。

(1) 红外线室内定位技术

红外线室内定位技术定位的原理是：红外线IR标识发射调制的红外射线，通过被安装在室内的光学传感器接收进行定位。虽然红外线具有相对较高的室内定位精度，但是由于光线不能穿过障碍物，使得红外射线仅能视距传播。直线视距和传输距离较短这两大主要缺点使其室内定位的效果很差。当标识被放在口袋里或者有墙壁及其他遮挡时，就不能正常工作，需要在每个房间、走廊安装接收天线，造价较高。因此，红外线只适合短距离传播，而且容易被荧光灯或者房间内的灯光干扰，在精确定位上有局限性[5]。

(2) 超声波定位技术

超声波测距主要采用反射式测距法，通过三角定位等算法确定物体的位置，即发射超声波并接收由被测物产生的回波，根据回波与发射波的时间差，计算出待测距离，有的则采用单向测距法。超声波定位系统可由若干个应答器和一个主测距器组成，主测距器放放置在被测物体上，在微机指令信号作用下，向位置固定的应答器发射同频率的无线电信号，应答器在收到无线电信号后，同时向主测距器发射超声波信号，得到主测距器与各个应答器之间的距离。当同时有3个或3个以上不在同一直线上的应答器作出回应时，可以根据相关计算，确定出被测物体所在二维坐标系下的位置。

超声波定位的整体定位精度较高、结构简单，但超声波受到多径效应和非视距传播的影响很大，同时需要大量的底层硬件设施投资，成本太高。

(3) 蓝牙技术

蓝牙技术通过测量信号强度进行定位。这是一种短距离低功耗的无线传输技术，在室内安装适当的蓝牙局域网接入点，把网络配置成基于多用户的基础网络连接模式，并保证蓝牙局域网接入点始终是这个微微网的主设备，就可以获得用户的位置信息。

蓝牙室内定位技术最大的优点是设备体积小、易于集成在PDA、PC和手机中，因此，很容易推广普及。在理论上，对于持有集成了蓝牙功能移动终端设备的用户，只要开启设备的蓝牙功能，蓝牙室内定位系统就能够对其进行位置判断。采用该技术作室内短距离定位时，容易发现设备，且信号传输不受视距的影响。其不足在于蓝牙器件和设备的价格比较昂贵，而且对于复杂的空间环境，蓝牙系统的稳定性稍差，受噪声信号干扰大。

(4) RFID技术

RFID技术利用射频方式进行非接触式双向通信交换数据，以达到识别和定位的目的。这种技术的作用距离短，一般最长为几十米。但它可以在几毫秒内得到厘米级定位精度的信息，且传输范围很大，成本较低。同时，由于其非接触和非视距等优点，可望成为优选的室内定位技术。目前，射频识别研究的热点和难点在于理论传播模型的建立、用户的安全隐私和国际标准化等问题。优点是标识的体积比较小、造价比较低，但是作用距离近，不具有通信能力，而且不便于被整合到其他系统中。

(5) UWB技术。

UWB技术是一种全新的、与传统通信技术有极大差异的通信新技术。它不需要使用传统通信体制中的载波，而是通过发送和接收具有纳秒或纳秒级以下的极窄脉冲来传输数据，从而具有吉赫兹量级的带宽。

UWB可用于室内精确定位，如战场士兵的位置发现、机器人运动跟踪等。UWB系统与传统的窄带系统相比，具有穿透力强、功耗低、抗多径效果好、安全性高、系统复杂度低、能提供精确定位精度等优点。因此，UWB技术可以被应用于室内静止或者移动物体及人的定位跟踪与导航，且能提供十分精确的定位精度。

(6) Wi-Fi技术

无线局域网络是一种全新的信息获取平台，可以在广泛的应用领域内，实现复杂的大范围定位、监测和追踪任务，而网络节点自身定位是大多数应用的基础和前提。当前比较流行的Wi-Fi定位是无线局域网络系列标准之IEEE 802.11的一种定位解决方案。该系统采用经验测试和信号传播模型相结合的方式，易于安装，需要很少的基站，能采用相同的底层无线网络结构，系统总精度高。

芬兰的Ekahau公司开发了能够利用Wi-Fi进行室内定位的软件。Wi-Fi绘图的精确度大约在1~20m的范围内，总体而言，它比蜂窝网络三角测量定位方法更精确。但是，如果定位的测算仅仅依赖于哪个Wi-Fi的接入点最近，而不是依赖于合成的信号强度图，那么在楼层定位上很容易出错。目前，它被应用于小范围的室内定位，成本较低。但无论是用于室内还是室外定位，Wi-Fi收发器都只能覆盖半径为90m以内的区域，而且很容易受到其他信号的干扰，从而影响其精度，定位器的能耗也较高。

(7) ZigBee技术

ZigBee是一种新兴的短距离、低速率的无线网络技术，它介于射频识别和蓝牙之间，也可以用于室内定位。它有自己的无线电标准，在数千个微小的传感器之间相互协调通信，以实现定位。这些传感器只需要很少的能量，以接力的方式通过无线电波将数据从一台传感器传到另一台传感器，所以，它们的通信效率非常高。ZigBee 最显著的技术特点是它的低功耗和低成本。

6.2.2 室外定位技术

室外定位多指确定一个移动台（如一部手机、一种载有可跟踪的电子标签的人或物等）所在的位置。全球定位系统 GPS 的出现使得无线定位技术产生了质的飞跃，定位精度得到大幅度提高，精度可达 10m 以内。当今，GPS 与无线网络融合形成了基于位置服务，使得移动定位服务产业作为最具有潜力的移动增值业务而迅速发展[6]。

6.2.2.1 无线定位系统架构

无线定位系统的功能性体系结构必须具备两个功能单元：① 移动台（MS、也称为定位节点）的位置估计；② 和网络共享某些属性的此位置估计信息。

定位系统测量来自移动终端的无线电波的有关参数，同时系统测量某些固定接收器或者某些固定发送器发送到移动接收器的无线电波参数。因此，有两种办法可以获得对移动台的实际位置信息的估计。

① 自我定位系统，即常被称为基于移动终端为中心的定位系统，移动台通过测量自己相对某个已知位置发送器的距离或者方向来确定自己的位置（如 GPS 接收器）。

② 远距离定位系统，即常被叫做基于网络的定位系统，它采用很多地理定位基站（GBS）一起来确定移动台位置，可以通过分析接收信号的强度、信号相位和到达时间等属性来确定移动台的距离，至于移动台的方向，则可以通过接收信号的到达角来获得，最终系统根据每个接收器测量到的移动终端的距离或者方向来联合计算移动终端的位置。如图 6-20 所示为一个无线定位系统体系结构与服务流程。

6.2.2.2 无线定位关键技术

无线定位技术是通过对接收到的无线电波的一些参数进行测量，根据特定的算法判断出被测物体的位置，测量参数一般包括传输时间、幅度、相位和到达角等。而定位精度取决于测量的方法。蜂窝移动通信系统中的定位技术主要有基于终端的定位技术和基于网络的定位技术。

（1）基于终端的定位技术

基于终端的定位技术主要指移动终端计算出自己所处的位置，即自我/个人手机定位技术。这种技术主要有 GPS、辅助 GPS 和增强型观察时间差等几种方法。

GPS 是 20 世纪 70 年代初美国出于军事目的开发的卫星导航定位系统，主要是利用几颗卫星的测量数据计算一个移动用户的位置，即经度、纬度和高度。原始数据既可以由终端处理，也可以送到网络侧处理。一般用于车辆导航和手持设备。GPS 通过 4 颗卫星定位，并采用基于到达时间（TOA）的机理。如图 6-21 所示为 GPS 通过 4 颗卫星定位，并采用基于到达时间（TOA）的原理。

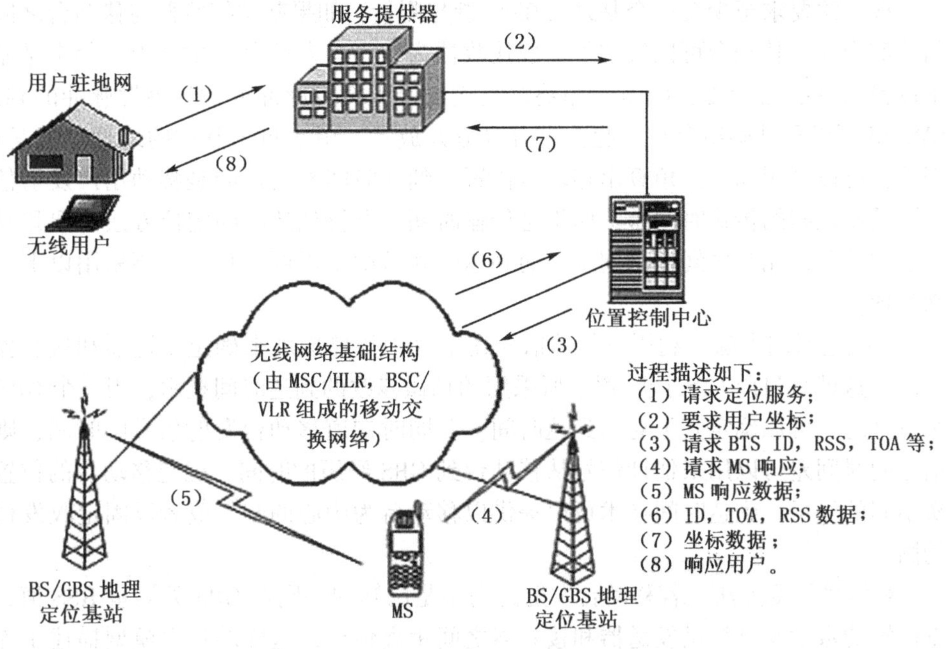

图6-20 无线定位系统体系结构

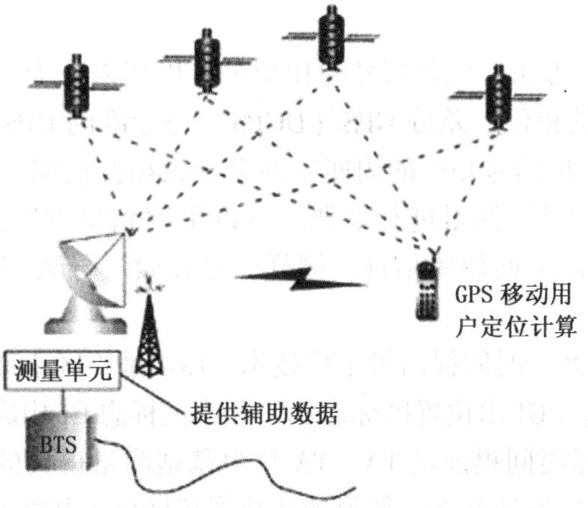

图6-21 GPS和辅助GPS定位及测算原理示意图

（2）基于网络的定位技术

基于网络的定位技术是指网络根据测量数据计算出移动终端所处的位置。这种技术主要有小区分球识别码—时间提前量、基于方向的定位技术（信号到达角AOA）、基于距离的定位技术（上行到达时间和到达时间差）和基于指纹的定位技术等几种。

① 基于距离的定位技术。移动台和接收器之间距离的估计可以通过接收信号强度、上行到达时间和到达时间差技术获得。到达时间定位方法与增强型观察时间差较为类似，差别在于上行到达时间为基站测量终端数据的到达时间。

该方法要求至少有三个基站（BS）参与测量，如果基站接收器与移动台之间的距离估计值为 d_i，移动台可以被定位在以接收器为中心、半径为 d_i 的圆上。每个基站增加一个位置测量单元 LMU，LMU 测量终端发送的接入突发脉冲或常规突发脉冲的到达时刻，LMU 既可以和基础结合在一起，也可以分开放置。由于每个基站的地理位置是已知的，因此，可以利用球面三角算出移动台位置。到达时间差测量的是移动用户发射信号到达不同基站之间的传输时间差，而不是传输时间。上行到达时间定位方法需要移动台和参与定位的基站相互之间精确同步，而到达时间差则不需要。具体主要采用以下三种方法来实现。

• 到达时间方法。利用发射的信号在空气中传播速度来确定发送器和接收器之间的距离。这就是目前 GPS 接收器中所采用的稍做修改的到达时间技术，当一个 GBS 检测一个信号时，可以确定其绝对的到达时间。若同时知道移动台发射信号的时间，则这两个信号的时间差可以用来估计信号从移动台到 GBS 经历的时间。确定移动台的位置需要三次不同的测量。到达时间技术可以提供以移动台为中心的圆，或者以固定收发机为中心的圆。

• 信号强度方法。若移动台发射的功率是已知的，则在 GBS 处测量 RSS 值，可以根据已知的数学模型提供发送器和接收器之间距离估计，这样的数学模型描述了无线信号与距离有关的路径损耗特性。但由于存在多径损耗，并且阴影衰落效应对此模型将造成较大的标准偏差。

• 接收信号相位方法。收到信号的相位也可以用来作为定位参数，通过用辅助的参考接收器测量载波的相位，差分 GPS（DGPS）与标准的 GPS 相比，可以把定位精确度从 20m 提高到 1m。但信号相位的周期特性会导致相位模糊，而在差分 GPS 里模糊的载波相位测量被用来对范围测量进行细调。可以采用相位方法，并结合到达时间/到达时间差或者 RSS 方法来细调位置估计，同样，多径效应导致相位测量时，产生较大的误差。

② 上行到达时间—时间提前量定位技术。CGI 是小区全球识别码，每个蜂窝小区有唯一的小区识别码。CGI 由位置区标志 LAI 和小区标志 CI 构成。GSM 系统中可以用做定位的参数还有一个是时间提前量 TA。TA 是由基站测量得到的结果，然后通知移动用户提前一段时间（TA）发送数据，使得到达数据正好落入基站的接收窗口中，提前一段时间的目的是为了扣除基站与移动用户之间的传输时延，因此，利用提前一段时间，可以估计移动台和基站之间的距离。TA 是以比特为单位的，1bit 相当于 550m 的距离。由于无线传输存在多径效应，因此，利用 TA 定位的精度很低。由于网络中已保存了这些数据，因此，把 CGI 和 TA 结合在一起定位移动用户是一种简单而且经济的定位方法，可以实现一些位置查询业务，如显示移动用户所在区域内的餐馆、旅馆等信息，定位精度取决于小区的大小和周围的环境。

③ 基于方向（AOA）的定位技术。基于方向的定位技术一般利用由两个或更多基站通过测量接收信号的到达方向来估计移动台的位置，如图 6-22 所示，AOA 定位方法

可唯一确定一个二维定位点。MS 发，BS1 收，测量可得一条 BS1 到 MS 连线；同理，可测量得到另一条直线，两直线相交产生定位角。采用此方法在障碍物较少的地区可以得到较高的准确度，但在障碍物较多的环境中，由于无线传输存在多径效应，则误差增大。另外，AOA 技术要建立在智能天线的基础上才能实现。接收器利用定向天线或者天线阵来测量接收器收到的目标发送器的信号的方向。若方向测量的精度为秒，则接收器处的 AOA 测量可以把发送器位置限定在大约角度为 2s 的视线信号路径，两个这样的 AOA 测量将能锁定目标位置。位置估计的精度依赖于发送器相对于接收器的位置。若发送器恰好处在两个接收器之间的直线上，则 AOA 测量将无法锁定目标位置。因此，通常采用多于两个的接收器来提供定位精度。

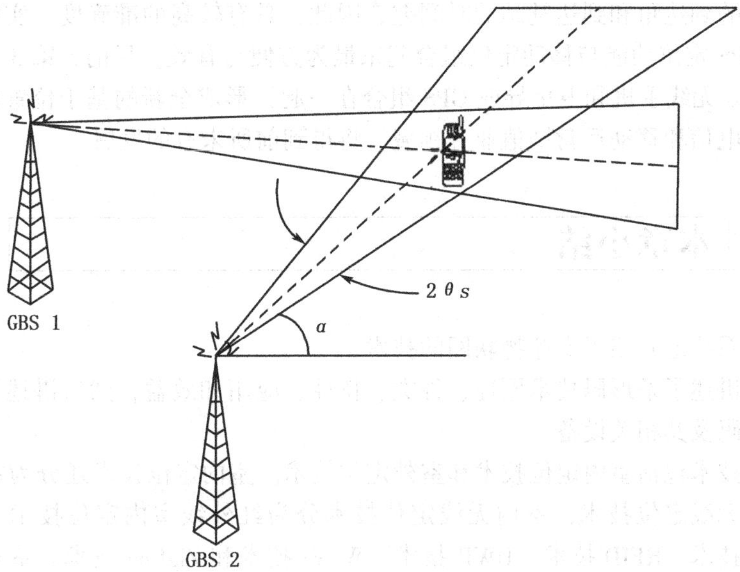

图 6-22　地理定位的 AOA 技术

④ 基于指纹的定位技术。最近，信号指纹技术被采纳作为另一种定位技术。接收到的信号由于其对地形和传播时障碍物具有依赖性，因而呈现出非常强的站点特殊性。因此，对于每一个位置来说，该信道的多径结构对每一个位置是唯一的，如果同样的射频信号被从该位置发射，这样的多径特征可以被认为是该位置的指纹或者特征签名。这一属性被一些专用系统利用来开发一个适用于某一特定服务区域的与位置网格有关的“特征签名数据库”。移动台发射射频信号，由于多径条件会产生散射，对这些射频信号进行测量并且收集所有这些多径传播分量。根据这些多径分量得到一个位置模式特征签名，然后把这个位置特征签名和预置的特征签名数据库中的数据进行比较，就可以确定其位置。对位置模式特征进行连续的测量能够提供跟踪功能。

6.2.3　定位服务发展优势及应用前景

无线定位技术是实现无线定位业务的技术基础，基于位置的移动定位服务（LBS），尤其是使手机具有定位功能，实现无线通信与定位的融合，是通信与导航领域的一种发展大趋势。对于用户来说，由于移动定位业务使得移动用户在外出行更加方便，遇到紧急情况可以得到更快的救援，因此，可以预见用户在不久的将来会离不开移动定位业务。对运营商来说，利用无线定位技术可以给用户提供新的具有吸引力的业务，使自己处于有利的竞争地位；利用移动定位可以根据话务模型优化网络，降低成本；结合移动定位的潜在业务很多，这样运营商可以从中获得更多的收益。从生产厂家来看，提供移动定位的产品会更具有市场竞争力。

目前较为实用的是综合了上述定位技术中的两种或多种方法在一个系统中的混合定位技术。例如，综合基于方向的定位技术和基于距离的定位技术，由于这种方法充分利用了信号的到达角和到达基站的时间差，因此，具有较高的准确度。实际上，最好的办法是将 GPS 定位功能与移动定位组合起来最为方便与有效。目前，第 3 代移动通信系统 CDMA2000 无线手机和卫星导航 GPS 组合在一起，形成全新的基于位置的移动定位服务产业，在电信和移动运营增值业务领域，将得到前所未有的发展。

6.3 本章小结

本章系统地介绍了支撑物联网的技术。

首先讲述了条形码技术原理、种类、特性、应用和效益，然后讲述了一维条形码和二维条形码及其相关设备。

定位技术包括室内定位技术和室外定位技术。室内定位技术还分为室内 GPS 定位技术和室内无线定位技术，室内无线定位技术分为红外线室内定位技术、超声波定位技术、蓝牙技术、RFID 技术、UWB 技术、Wi-Fi 技术和 ZigBee 技术。室外定位技术分为基于终端的定位技术和基于网络的定位技术。

参考文献

[1] 韦元华，舟子．条形码技术与应用［M］．北京：中国纺织出版社，2003.

[2] 刘志海，曾庆良，朱由锋．条形码技术与程序设计［M］．北京：清华大学出版社，2009.

[3] Wakaumi H. Magnetic grooved bar-code recognition system with slant MR sensor［J］. Science，Measurement and Technology，IEEE Proceedings，2000，147（3）：131－136.

[4] Burkett，Harold. A high resolution bar code reader［J］. Consumer Electronics，IEEE Transactions on，1983，29（3）：443－449.

[5] 吴学伟，伊晓东．GPS 定位技术与应用［M］．北京：科学出版社，2010.

[6] 黄丁发．GPS 卫星导航定位技术与方法［M］．北京：科学出版社，2009.

第7章　物联网技术在典型重大工程中的应用

本章主要介绍RFID技术在典型重大工程中的应用，对于深刻地理解RFID技术有积极的意义。

7.1　基于物联网食品安全管理

在我国，食品安全事故时有发生，严重地干扰了社会稳定和人民的正常生活。欧盟各国、美国等发达国家和地区要求对出口到当地的食品必须能够进行跟踪与追溯。如何对食品进行有效的跟踪和追溯，并对食品进行安全管理，是一个极为迫切的课题。

食品供应链包括：从产前种子、饲料等生产资料的供应环节，到产中种养生产环节，再到产后分级、包装、加工、储藏、销售环节，最终到达消费环节，即所谓的“从农田到餐桌”工程。随着工业化的发展和市场范围的不断扩大，现在越来越多的食品是通过这种漫长而复杂的供应链到达消费者手中的。多层次的加工和流通往往涉及位于不同地点和拥有不同技术的许多公司与人员，消费者很难了解从食品生产加工流通到销售的全过程是否能够保证食品或原材料的安全。鉴于此，对于一些特殊食品（如奥运食品），需要一个完整的食品供应链安全保障体系来实现这样的目标[1]。

7.1.1　国内外食品安全监控现状

国外食品安全监控现状以美国和日本为例。

美国整个食品安全监管体系分为联邦、州和地区三个层次。三层监管机构的许多部门都通过聘用流行病学专家、微生物学家和食品科研专家等人员进驻食品加工厂、饲养场等方式，从原料采集、生产、流通、销售和售后等各个环节进行全方位的监管。构成覆盖全国的立体监管网络。与之相配套的是涵盖食品产业各环节的食品安全法律及产业标准，既有类似《联邦食品，药品和化妆品法》这样的综合性法律，也有《食品添加剂修正案》这样的具体法规。一旦被查出食品安全有问题，食品供应商和销售商将面临严厉的处罚与数目惊人的巨额罚款。

再看日本，在农产品生产环节，根据《食品卫生法》的新规定，将设定残留限量标准的对象增加到799种，且必须定期对所有农药和兽药残留量进行抽检。在食品流通和销售环节，日本实行严格的食品标注制度，《日本农林规格法》明确制订了生鲜食品和加工食品的产品标注标准。生鲜食品的销售者必须标明食品的名称、原产地和容量。加工食品必须标明名称、原材料名、容量、保质期、保存方法、生产厂家和地址等，其中，鱼类加工品和蔬菜冷冻食品等8类加工食品还必须标注原料原产地。

细观我国食品安全现状，造成我国食品药品安全事故时有发生的原因有很多，其中一个重要的原因是即科学技术的作用发挥不够。具体表现在食品药品安全管理的标准工作滞后，检验检测水平不高，防止和制止制假售假的技术手段不完备。“十一五”规划期间，我国的食品监管法律法规体系已较为完备，技术装备进一步改善，食品安全标准建设和检测技术水平显著提高。

7.1.2 物联网在食品安全中的应用

众所周知，食品是一种易腐商品，它的流通过程包括一系列的运输和储存环节。在流通过程中，食品变质的程度不仅和时间有关，而且和其在各个运输和储存环节中的环境有关，如温度、湿度、光照度、通风条件等。RFID技术与传统的人工检测和条码技术相比，拥有先进的技术优势。RFID技术能够从根本上解决食品安全管理的监控问题，对人、商品、车辆等都能进行身份标识。通过对食品（包括人员和运输车辆）粘贴电子标签，结合数字化系统支持的网络体系，能够一目了然地发现食品流通环节出现的问题。

目前，国际上已将RFID技术应用到食品监管领域，并取得了很好的效果。如欧盟的食品可追溯系统，主要应用在牛肉的生产和流通领域，保持生产和监管的透明度及产品完整详尽的个体信息。澳大利亚已经建立了一个畜牧标识和追溯系统，主要用于牛和羊。加入NLIS系统的牛，必须使用统一的电子耳标，羊使用统一的塑料耳标。

北京成功地举办奥运会的首要条件之一是保障奥运会食品安全，不但要严格控制食品本身的质量、与奥运食品相关的交通工具和人员等，还要打击人为的破坏，保障食品安全。因此，奥运食品需要实现“从农田到餐桌”的全程监控。从2000年开始，北京市全面实施了三项重大食品安全工程，以生产源为重点、质量问题为基础，通过推行市场准入制度，实行农产品的警示追溯和退出制度，促进了北京市及外埠农产品质量的整体提高。

7.1.3 食品安全解决方案

为了消除食品安全隐患，追查出现漏洞的加工、运输或储存环节，需要利用RFID技术，对食品生产和流通的全过程追溯。具体的应用通过两个过程来实现食品安全管理：一是从食品源头到消费者进行跟踪管理，即从农场→加工商→供应商→零售商→消费者，这个过程主要用于跟踪采集和管理食品信息，为食品安全的事故追溯打下基础；另一个逆向的过程是质量追溯，也就是消费者在消费时发现了食品安全和质量出现问题，可以向前面的各个环节追溯，最终确定问题所在，这种方法主要用于问题产品的追溯和召回。

该模型如图7-1所示，下面简要介绍图7-1中各个地点的RFID应用方案。

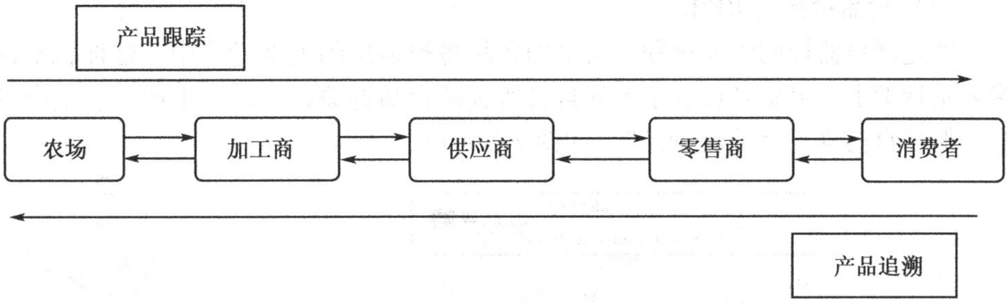

图7-1 食品跟踪与追溯

(1) 食品生产与RFID

在食品生产的源头，不管是畜类饲养过程中的饲料信息，还是种植过程中的肥料信息，以及种植（养殖）地和种植（养殖）者信息，均可以通过电子标签记录到食品安全数据库中，作为将来质量追溯的原始数据。加工商可以为其产品分配一个标签号，这个标签对应加工商的信息，再结合种植（养殖）信息，就能确保食品种植（养殖）信息和加工信息，利于将来追溯。如生鲜蔬菜、水果的加工信息应包括种植者/养殖者代码、产品名称、品种或贸易类型、等级/分类、尺寸、产地、重量、收获日期、包装日期等。这些信息通常都被保存在数据库中，与标签号一一对应。有些食品也可能在随后的包装环节中进行贴标签操作。

(2) 食品运输及库存与RFID

食品运输环节的应用主要体现为在中途货物的监控、跟踪及道口检查。食品上的RFID标签为物流公司提供了实时监控和跟踪服务的方便，同时对于业主而言，也可以通过计算机网络，方便地知道自己的货物到达了什么位置，是否被丢失、延误或掉包等情况。在检查过程中，无须拆开食品包装，只要通过读写器终端就可以知道包装的具体内容，大大地减少了食品包装破损的可能性。在运输过程中，可以在车厢内安装读写器，每隔一段时间，自动地读取车内食品货箱的电子标签信息，连同传感器信息（温度、压力等）一起发送至食品安全管理系统进行记录，以提前预告食品质量状况（如温度过高）。

在食品物流仓库中使用RFID，可以方便地实现对食品的核对、归类、上架、统计。通过在不同位置安装读写器，通过大屏幕可以实时动态地统计食品质量、保质期、存销状况。例如，在仓库门口安装读写器，就能成批地处理入库产品的数量和入库时间等信息；在库内运送食品的叉（推）车上安装读写器，便于引导食品上架等。

在食品库存中，环境因素非常重要。根据RFID设备记录的环境信息，物流仓库的质量评估系统将发挥作用，自动地对库存食品进行评估，判断过期食品，确定发货顺序。这将改变传统的“先入先出”的评估方法，而是根据环境信息综合判断，临近保质期满的食品应该先发货。在库存中，工作人员经常要用到手持式读写器对食品进行盘点。

(3) 食品销售与 RFID

经过严格监控的流通过程，安全的食品将被运送到消费者手中。这样，不论是餐桌旁还是货架上，消费者可以了解到自己所选购食品的原料产地、生产者、生产日期等信息，保证自己享受“放心食品”。如图 7-2 所示。

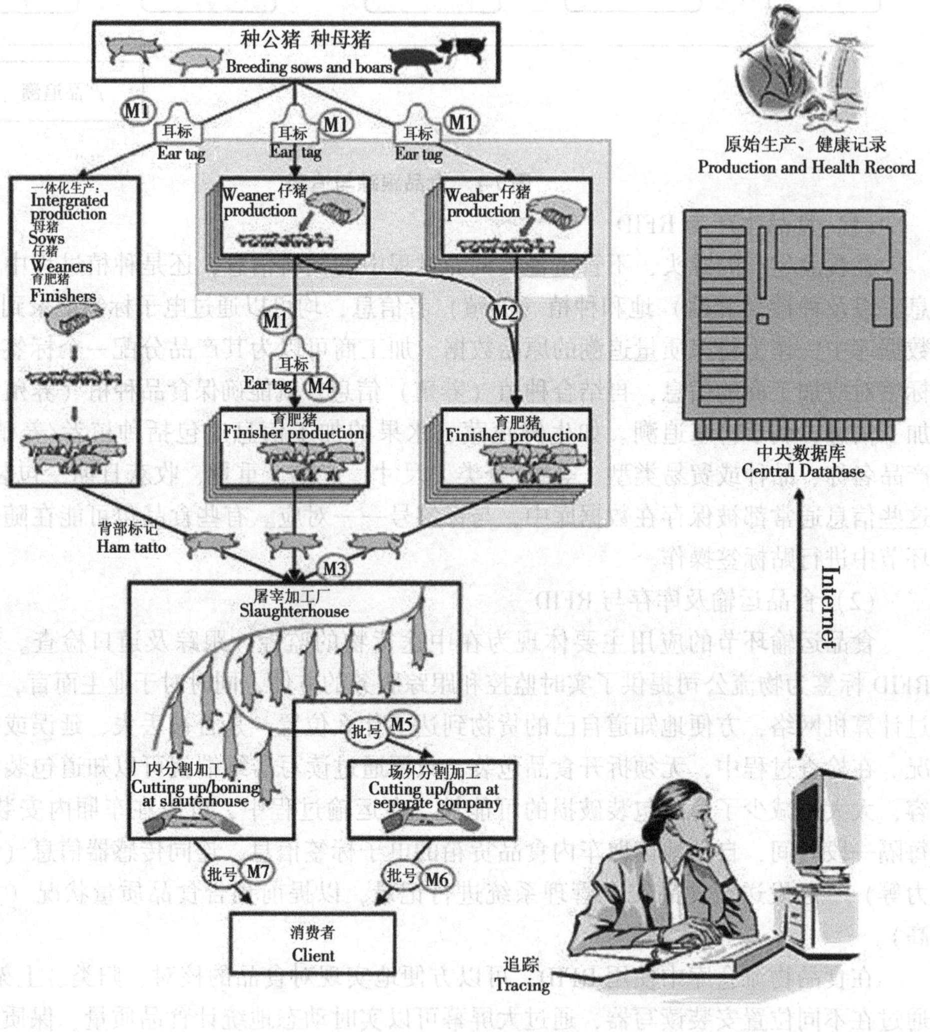

图 7-2　基于 RFID 实现猪肉食品安全溯源系统

销售环节 RFID 技术在零售环节的应用体现为自动计费、食品防盗、食品有效期监控等，顾客将选取的商品放在购物车内时，购物车就能自动地显示当前购物车内的商品总价。RFID 防窃技术就是计算机系统能够通过现场的读写器等配套设施来实时监控商店中各种商品的标签，以方便零售商开架销售。同时，RFID 技术的应用使食品“源头”和食品供应链完全透明，因为通过为每个食品提供单独的识别身份及储运历史记录，提供了一串详尽而具有独特视角的供应链信息，确保食品来源史是清晰的。对于食品保鲜问题，食品一旦变质，RFID 读写器终端也会实时地显示过期信息，提示消费者不要食用，或者通知零售商尽快将其撤下货架[2]。

7.1.4 挑战与展望

食品安全是一个多方协调的系统。因此，可能存在的挑战之一是多方协调性的高低，食品供应涉及面很广，从原产地到加工厂、包装、检验检疫，直到餐厅、卖场等，每一个环节的编码和通信协议等都必须统一，才能顺利地完成 RFID 食品安全追溯。这就需要管理部门从整体上把握各个环节的硬件、软件产品和属性，制定相应的流程和规范。

按照食品跟踪和追溯模型，在食品供应链中的每一个加工点，不仅要对自己加工的产品进行标识，还要加上原料上的标识信息，并将全部信息对应于一个标签，且标识在成品上，以备下一个加工者（销售者、消费者）使用。此原理好比一个环环相扣的链条，在任何一个环节断了，整个链条就脱节了，而供应链中跨环节之间的联系比较脆弱，这是 RFID 跟踪和追溯模型具体实现的最大难点。

很多食品采用金属包装，在现有条件下，RFID 在该领域的应用有限，没有大量的实验数据证明在金属大量存在于标签周围时，对 RFID 效能的影响究竟有多大。

我国农业部颁布的《农产品包装和标识管理办法》《农产品质量安全法》《农产品产地安全管理办法》均要求建立健全农产品可追溯制度，保障农产品质量安全。2004年，农业部确定北京、南京、天津、上海、深圳、大连、兰州、寿光等 8 个农产品质量安全监管试点城市。其中，南京的农产品实行质量安全 IC 卡监管，对产地准出、市场准入、质量溯源、实时监控进行全程控制，实施几年来，其创新的长效监管机制已见成效。由此可见，对食品这一特殊商品，我国拥有数目庞大的生产厂商和消费者，管理的难度也很大，启用 RFID 技术对食品进行安全管理，不仅是北京奥运的试点，而且在食品进出口、上海世博会和广州亚运会中得到试点与应用[3]。

7.2 基于物联网的医药卫生管理

众所周知，医药卫生行业是一个不允许出错的行业。药品作为治病救人的特殊商品，与使用者的生命息息相关。很难想象，如果给病人吃错了药，或者药品过期，或者医疗器械出现质量问题，或者医生做手术时疏忽导致手术刀留存在病人体内，或者某些已经使用过的医疗垃圾又被不法分子回收利用。这将给病人的生命带来什么样的威胁和灾难？因此，医疗卫生行业与其他行业相比较，具有特殊性和重要性。如果出现医疗事故，如何界定责任，也是一个很难解决的问题。

将 RFID 技术应用于医疗行业，可以对药品、病人、医护人员和废弃的医疗垃圾进行跟踪和检测。欧盟部分国家正在测试 RFID 医疗卡，而后会进一步在医疗行业中继续推广 RFID 产品的应用；美国的医疗产业中，RFID 已经得到了广泛的关注和应用。我国医疗行业对 RFID 的应用比较少，但许多单位已经引入该技术并正在进行试点。可以预见，RFID 在医疗行业中的应用前景将十分广阔。

在医院中，RFID 可以被用于患者的登记、标识和监护，医疗器械的管理，接触式追踪管理，药房管理，医疗垃圾的处理等；在医药供应链上，RFID 可以被用于药品生产和流通、药品防伪等方面；在特殊医疗产品（如血液制品）的管理中，RFID 也大有用武之地[4]。

7.2.1 患者管理

（1）患者登记和信息管理

很多人都有对挂号头疼的经历，因为医院每天接诊量很大，尤其当有重患者进行医疗救助时，每分每秒都显得尤为重要。以往，所有医院都采用人工登记的方式，不仅速度很慢，而且错误率高，尤其对于危重病人，有时根本无法登记。据统计，我国医院每年都有很多病人在很长时间内都无法确认身份，以致难以和家属联系，因此，医院每年都有大量的资金无法收回。

使用 RFID 技术，就是将患者的姓名、年龄、血型、亲属姓名、紧急联系电话、过敏史、既往病史等详细信息都存储在一张射频 IC 卡中，就诊时，只需在医院读卡器上一刷，病人的信息便一目了然，也就免去手工输入个人信息，避免了许多人为的失误。在专科医院中，病人手持一张“医卡通”，就可以方便地进行挂号、就医、拿药等一系列操作，因为患者的信息规格大致相同。而在综合性医院中，推广“医卡通”尚有一定的难度，因为患者的个体间差异较大。

RFID 标签可以同时具有账务结算的功能。北京大学深圳医院与中国农业银行共同推出了电子就诊卡，就诊刷卡不需要挂号、排队缴费，十分便利。使用电子就诊卡看病，首先到门诊大厅用第二代身份证在自动办卡机上扫描，经机器识别身份后，3 秒钟内办卡机就会自动地派出一张电子就诊卡，在卡上存入 500 元以上的备用金后，就可以持卡直接去任何科室就诊。看病时，医生开具电子检查单或电子处方单，并通过网络传输到门诊检验科或药房，患者到检验科或药房，只要一刷卡，就完成了缴费，可以即时检验及取药。如患者需要，就诊结束时，可持卡到收费处打印发票和费用清单，或使用触摸显示屏进行电子清单查询。就诊卡同时具有银行支付功能，就诊结束后，这张卡还可以作为借记卡，一卡两用。使用电子就诊卡优化流程后，每位患者能缩短各种排队等候的时间平均达到 30 分钟，而医生给每位患者看病的时间能增加 10 分钟以上。

（2）患者标识、跟踪和监护

针对住院病人，医生和护士每时每刻都在使用病人标识，包括床头病人标识卡、住院服等。医院工作人员常用类似“××号床病人，打针了”之类的言语引导病人接受治疗，但这种传统的方式往往容易造成错误的识别结果，甚至医疗事故。

通过使用经过特殊设计的病人标识腕带（如图 7-3 所示），将病人的重要资料存储在腕带中，让病人 24h 佩戴该产品，就能够有效地保证随时对病人进行快速准确的识别、定位和监护。同时，腕带的特殊设计能够防止其被摘下或调换，确保标识对象的唯一性和正确性。这对于需要限制其自由的精神病人尤其重要。另外，腕带还可以记录时间，即可以帮助医生决定什么时候需要给患者服药，什么时候需要检查等。

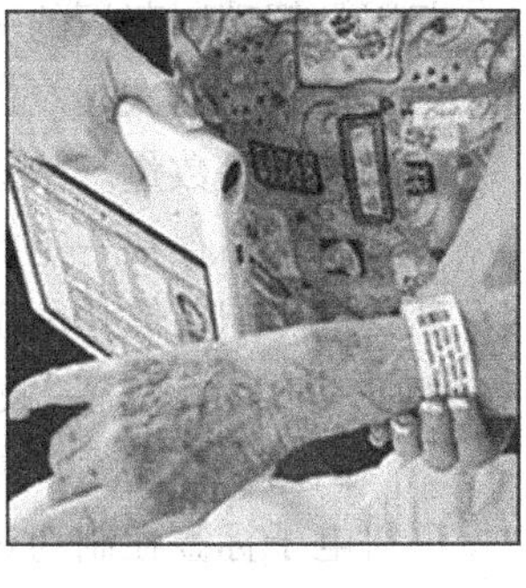

图 7-3　医生用读写器读取病人腕带上的信息

对患者生命状态的监护通常采用各种各样的医学传感器。RFID 技术可以和医学传感器结合，小型的传感器可以嵌在 RFID 腕带上，这样，当医务人员定时读取病人腕带上的信息时，可以同时获得病人生理状态变化的信息。这就节约了很多接受各种繁杂的检查的时间，为及时治疗创造了很好的条件。

7.2.2　医疗过程管理

（1）医疗器械管理

在物流行业中，RFID 技术最直接的明显的应用就是识别和追踪各种产品与设备。在医疗器械管理中，RFID 技术同样可以得到广泛的应用。从比较大的设备（如轮椅、轮床、麻醉车）到诊断工具（如内视镜、抽吸器）和一些小的外科器械（如手术刀、纱布等），都可以加贴电子标签，以实现识别和跟踪。使用 RFID 技术提供的自动追踪系统，能够提高临床效率，并降低出现人为错误的概率[5]。

（2）外科手术管理

手术是一种重要的医疗手段，其复杂程度越来越高，对于处理严重疾患的病人来说，手术的各个过程都显得非常重要，器械复杂、人员的管理也非常严格，故利用 RFID 技术对手术过程的管理也具有广阔的前景。

在美国俄亥俄州哥伦比亚儿童医院的心脏手术中，已经成功地应用 RFID 技术对手术的各个方面进行高效的管理。除哥伦比亚儿童医院外，美国得克萨斯州 Baylor Plano 心脏病医院和阿什兰州 KDMC 医疗中心也都使用了 iRISupqly 系统。RFID 系统在英国和日本也都有类似的应用，推广前景广阔。

7.2.3　医药产品管理

医药产品是极为特殊的商品，在生产、流通过程中，不允许出现任何失误，一旦存在质量隐患的医药产品进入了最后的消费群体，即患者手中，后果将不堪设想。因此，从生产、防伪、流通等各个环节对医药产品进行监管和防伪是非常重要的，RFID 技术恰好能够解决这一问题[6]。

7.2.3.1　医药供应链中 RFID 的应用

世界著名的辉瑞制药厂曾经召回了一批 Neurontin 产品（一种治疗癫痫病的药品）。

起因是辉瑞制药厂的一家工厂有一台胶囊灌装机发生了10分钟的故障，导致这段时间内的产品均为次品。最后，辉瑞制药厂不得不召回整个批次，远远超过了真正受到故障影响的药品数量。从这个简单的例子中可以看出，药品作为一种特殊商品，其生产特点与其他产品存在一定的差别。辉瑞制药厂的贸易主管说："虽然我们知道仅仅有几百瓶药受到影响，但是由于不能跟踪单个瓶子的包装，我们不得不找回了整个批次的药品。如果有 RFID 系统，我们就能大大缩小召回产品的范围。"

国内在药品生产中应用 RFID 的厂商还不多，上海某制药厂对电子标签在制药过程中的应用进行了初探，并取得了较好的效果。此厂是在结合建立实时的、基本符合良好作业规范等要求的企业资源计划系统及其数据库和生产过程实时数据采集系统的基础上，采用以 RFID 标为索引的方式，对所有无法进行实时采集和监控的药品原辅料、中间品、半成品与成品的属性进行生产全过程的自动监控，这些属性包括所有原辅料供应、质检和进出库、中间品和半成品加工、转运、质检和处理、成品的形成、质检和进出库等全部信息（包括日期、时间、批号、批改、质量状态、形态变化过程、操作和责任人等）。

图 7-4　Zebra RFID 标签打印机

在医药行业中，通常不允许工作人员手工干预生产环节（否则会造成药品污染），所以，在读写器上采用袖珍闪存卡扩展槽和无限局域网 802.11b 无线通信协议与功能的个人数字助理加插 CF 接口的 RFID 读卡的方式来代替手工操作。

由于个人数字助理一般都自带 Windows CE 或 Windows Mobile 操作系统和 Word，Excel，Internet Explorer 等系统软件，因此，既降低投资，又便于技术人员开友和操作人员使用，取得了很好的效果。标签打印采用 Zebra 公司的 Zebra R2844Z 型标签打印机，如图 7-4 所示。

RFID 读入的数据通过个人数字助理、无线网络接入设备（无线）访问接入点和工业以太网络送入实时 ERP 系统的数据库，同时，ERP 系统数据库的数据也是通过工业以太网络、无线网络接入设备，以无线通信的方式送到现场的个人数字助理上。通过试运行，证明采用 RFID 电子标签可以实现药品生产过程中对药品原辅料、中间品、半成品和成品属性的全过程自动监控，尤其解决了许多因为受到条形码局限而不便应用在洁净车间和易受潮、易磨损、易碰撞，需暗设、数据需修改等场合的难题。

7.2.3.2　药品防伪

使用假药，轻者会贻误治疗，重者会危及生命安全。根据 RFID 防伪的基本原理，在药品防伪中应用 RFID 技术，不但稳妥可行，而且能够大幅度地提高药品检查工作的效率。

美国食品药品管理局组织与大制药厂合作，给出了一个方案：在药瓶上加装微型天线，利用 RFID 技术打击假冒伪劣药品。实现起来并不难，只需在货品上粘贴一张微型芯片，芯片上的天线能将存储的信息传输给读卡器或者扫描仪。根据射频识别的基本原理，芯片中写入的数据不但稳妥可行，而且能够大幅度地提高用药的独一无二性，这就保证了无线射频标签为药品提供了独一无二的标识，几乎不可能被复制（或复制成本过高）。任何曾经被报告丢失或者已经出售的药瓶都会留下历史记录。

药剂师拿到药品后，可以通过读写器了解药品的“历史记录”，验明正身。美国麻省理工学院自动识别技术实验室应用研究主任罗宾·科赫说：“简单地说，这是会叫的条形码，可以使货物流通更有效率，更安全。”

辉瑞制药厂在其拳头产品“万艾可”上使用了该技术。药剂师和药品经销商可以使用专门的读写器读出代码信息，通过辉瑞制药厂在网络上的数据库检验其真伪。

7.2.3.3 血液制品管理

血液制品的安全性非常重要，将RFID技术应用在血液管理中，具有几点好处：①非接触式识别技术，减少对血液的污染；②设置血液的有效日期，库存中可以自动实现报废报警；③多标签识别，提高工作效率；④实现实时跟踪血液信息。

（1）RFID血液管理流程

RFID血液管理流程如图7-5所示。

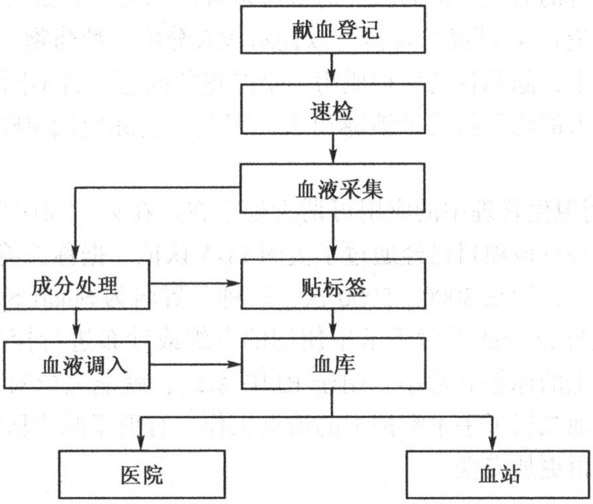

图7-5 RFID应用与血液管理的流程图

（2）RFID应用与血液管理

将RFID技术应用于血袋管理，从献血中心开始，每个血袋就被贴上了RFID标签。标签中会记录献血者的一些基本资料，比如血型、献血者姓名、工作单位等，接着血品经运送入库，在医院内部调配使用等，这一过程中所有的信息都会被储存在RFID标签中，如果患者因为使用血液而出现什么问题，就可以追根溯源，找出发生问题的环节。

在马来西亚的血液管理系统中，已经进行了一套RFID系统的测试。这套RFID解决方案（“Blood Bank Manager”）是由马来西亚西门子集团和Intel MSC历经6个月共同开发出来的。在献血过程中，RFID系统将简化注册和血液筛选过程，从而减少病人的等待时间，降低出错率和血型错配率，提高了血库内部处理效率，并在随后的操作中确保血液登记、贴标和追踪过程的透明性与责任到位。RFID系统还可以提高识别、库存管理、交叉配血和血袋处理的效率。此外，RFID技术还可以更好地管理血液库存、建立病人资料、记录血液存取、献血和交易记录、献血人资料等。“Blood Bank Manager”将会在血库管理中引进系统分析。在系统测试成功后，将向马来西亚全国和全世界推广。

7.2.4 将物联网应用于医药产品的畅想

在诊疗过程中，患者常常忘记服药或者当认为自己的病情已经好转（实际并非如此）时，就自行中断了药物治疗，更加危险的情况是，患者服错了药或者将多种药品混淆了[7]。

为了解决这个问题，西班牙研究人员给出了一个基于RFID的药物治疗全程监控的系统。在标签的帮助下，医生可以实时帮助病人正确服用药物。系统的主要功能有以下几种：① 提示用药的正确性，即依靠病人输入的服药规程来检查是否正确服药。② 检查服药时间。由于系统中集成了计时器，因此，可以检查是否在正确的时间服药。③ 多种药物同时存在时的监测，即病人同时服用多种药物时，系统可以得出这几种药物会不会互相干扰的结论。④ 药品分发器可以提示病人分配多种药物。

在医疗应用中，隐私权的保护成为一个严重的问题。若不同的读写装置都可以读取标签信息，则病人的隐私就将被泄露出去。因此，实际应用RFID技术时，需要考虑安全解决方案。

RFID在医药卫生管理中的应用可谓无处不在。在另一项应用中，RFID被用于监测手术遗留异物，并且该项目已经通过了美国FDA认证。据称，美国每年发生的病人体内遗留医疗异物事件大约是3000～5000次。这种装置名为Smart Sponge System，即智能海绵系统。它是全球首个能够对手术中使用的海绵或纱布进行探测和计数的RFID系统。这种纱布或海绵上的标签非常小，用于RFID系统，就能完成对手术中使用的海绵的计数工作，这极大地减轻了手术室护士的清点工作，有助于减少医院和手术医生所担负的责任，使手术变得更加安全。

7.3 危险品管理

7.3.1 危险品管理范畴及现状

什么是危险品？广义地说，凡是在装卸、运输、保管及使用过程中，存在爆炸、燃烧、腐蚀、放射性和毒害危险，且对人身安全、财产安全、国家安全与稳定构成重大危害的物品和物质，都属于危险品的范畴。

迄今为止，人类所使用的物质有60多万种，每年有3000多种新物质出现。在这些物质之中，认为具有危害或潜在危害的有3万多种。我国政府颁布的GB 12268—2005《危险货物品名表》，按照物质特性及危险性，把危险物品分为以下九大类：① 爆炸品；② 压缩、液化或加压溶解的气体，包括易燃气体、非易燃无毒气体、毒性气体；③ 易燃液体；④ 易燃固体、易于自燃的物质，遇水放出易燃气体的物质；⑤ 氧化性物质和有机过氧化物；⑥ 毒性物质和感染性物质；⑦ 放射性物质；⑧ 腐蚀性物质；⑨ 杂项危险物质和物品。历史的经验和教训告诉我们，加强对危险品的运输、存储和生产管理，有利于保障人民的生命财产安全和社会稳定[8]。

（1）我国危险品管理现状

我国政府历来重视对危险品的管理，制定了一系列的政策和措施，保证对危险品有力的管理和有效的监控。危险品的安全管理现状及措施主要有：① 建立危险品登记注册制度，政府要求在国内生产及从国外进口危险品都要经过注册登记，以加强国家对危险品的宏观控制；② 建立了危险品生产许可制度．对易燃易爆及有腐蚀性的危险品生产规定严格的准入制度；③ 建立了危险品运输、存储管理制度，针对危险品在运输、存储过程中存在的危险，制定了水路、公路、铁路及航空运输危险品的管理规定及相关场所安全管理规则；④ 建立危险品进出口许可管理制度；⑤ 建立了危险品作业人员培训制度；⑥ 初步建立了危险品事故应急救援机制；⑦ 制定了一系列的相关标准；⑧ 定时开展对危险品管理的监督监察工作。

虽然国家从各方面加强了对危险品的管理，但由于我国目前正处于经济转型期，法规建设、人员素质、基础教育、基础设施建设等均未能与之配套发展，以及危险品性质特殊，容易引发重大事故，所以，在危险品的管理方面，暴露出很多问题，特别是安全、健康及环境问题日益突出。近年来发生的一系列重大恶性事故，如危险品爆炸、火灾、危险品泄漏等，给人民生命、财产安全造成了极大的危害，也给国家造成了巨大的损失，有些事故还给环境造成了永久的创伤。切实加强危险品的管理，减少危险品事故，成为一个刻不容缓的课题，既需要政府的宏观监控和法律制度的完善，更需要运用高科技手段来预防并实现监控目的。

（2）基于RFID管理系统的优点

为了实现对危险品的有效管理，可以将RFID技术应用到其管理方案中，设计一套完整的RFID危险品管理系统。使用RFID标签对危险品生产、存储、运输、使用等过程进行信息记录，并通过网络技术保证信息的有效传输和实时显示，最终实现危险品在整个生命周期完全处于相关部门的有效监控和有效管理之内。

目前，我国在危险品管理上还是比较混乱，存在危险品数量不清楚、危险品状态不准确、产权信息不明确、安全责任难以落实等问题，造成了很大的安全隐患。此外，传统对危险品标识的方法（如打钢印、条形码技术）都存在一定的局限性：在危险品流通次数多、周转途径长后，不易识别且不能保证信息的准确性，而且在危险品所处环境恶劣时，难以保证可行性。

利用RFID技术建立一个网络化的动态危险品安全管理系统，不仅可以解决上述问题。克服传统管理技术的局限性，还可以带来一系列的优点。例如，可以确保危险品监管监控的可操作性、实效性，规范危险品的市场秩序；确保需要定时检验的危险品按时检验，减少危险品过期带来的隐患；提高工作人员的责任心，一旦出现事故，便于追查责任人；提高工作效率，降低劳动强度和劳动成本，提高企业竞争力；创造新的服务形式、商业模式和产业结构等。RFID 带来的最大好处主要有两个方面：第一，RFID 的引入能够实现对危险品的实时跟踪，减少危险品事故的发生；第二，解决现在危险品事故发生后法律责任追究困难的问题，应用 RFID 技术的管理系统可以对危险品从生产、存储、运输到使用进行实时跟踪、监测。当事故发生时，可以通过监测网络，迅速地判断出问题所在。

目前，欧洲已经对 RFID 用于危险品管理进行了一定的研究工作，并取得了一定的研究成果。我国也对 RFID 用于危险品管理方面作了相关研究。例如，上海市通过在电子标签内存储气瓶出厂日期、报废日期与维修记录等信息，研究 RFID 在气瓶防伪方面的应用（在后面将给出详细的介绍）；基于 RFID 的山东省危险品气瓶管理系统，在山东省范围内推广使用；洋浦联合利丰电气有限公司与海南容利科技开发有限公司联合研究了《气瓶射频电子标签读写及控制的方法》，用于实现远距离自动监督控制气瓶充装气体的全过程，通过远距离自动判断电子标签信息是否符合规定，从而决定是否予以充气，并记录、存储充装信息。

另外，国家逐渐重视将 RFID 应用于危险品管理，“863” 计划早在 2006 年度的 RFID 课题中，就已提出“RFID 技术在物品安全追溯管理的应用”，其目的是研究各行业物品安全管理的政策、法规及应用流程；重点研究危险品在流通过程采用 RFID 技术管理的解决方案。

7.3.2 危险品管理方案论述

通过统计分析，危险品事故发生的主要环节有生产、存储、运输和使用，在这四个过程中发生的事故的概率高于 90%，而造成的人员死亡人数更是高达 95% 以上。所以，要实现对危险品的有效管理，切实减少危险品事故的发生，必须在危险品的生产、存储、运输和使用四个过程中实现全程监控。每个管理子系统通过有线或无线网络技术与企业及政府管理终端相连接，这样，管理部门通过记录管理终端就可以实现对危险品流向及其使用情况进行全程监控和管理。

7.3.3 危险品管理系统实现难点分析

RFID 危险品管理系统的研究刚刚起步，期间，还有很多难点和问题有待解决，总的来说，存在的问题可以分为以下几方面。

（1）标准问题

射频识别的标准主要有两大类：一是 RFID 的技术标准，如编码、RFID 空中接口标准及标签标准等；另一类是 RFID 应用相关标准，如操作规范、管理规范、接口规范等。

在危险品管理系统中，一个标签对应唯一的识别码，若不同的厂家粘贴的标签使用多种数据格式且互不兼容，则必然造成不同危险品流通和管理障碍。另外，在建立一个全国危险品管理系统网络前，必须把应用于危险品行业的频段、技术、应用标准甚至编码号段都统一起来，只有这样，才能在真正地做到互联互通，有效管理。

（2）安全问题

RFID 危险品管理系统的安全主要涉及标签数据是安全和应用系统安全。标签数据是对危险品进行管理的关键，其安全的重要性不言而喻，而低成本标签一般不支持加/解密算法，因此，如何保证标签数据的安全是一个亟待解决的问题。应用系统的安全关系到数据库中数据的安全和保密，若没有建立可靠的系统安全机制，则系统很容易被黑客或恐怖分子攻破，或数据容易被更改，就可能给社会稳定与安全带来不可估量的危害。

此外，由于危险品自身的特性，对电磁信号干扰很大，RFID 标签还不能做到 100% 的准确识读率，大规模的应用还需要进一步完善。

虽然将 RFID 技术应用于危险品管理领域刚刚起步，也存在很多亟待解决的问题，但每个新兴的事物都有一个成长的过程。将 RFID 技术应用于危险品的生产、存储、运输和使用等各个环节，不但提高了危险品管理的效率，使供应链管理更加科学；而且解决了危险品监督管理中存在的盲点，保障了危险品的安全。所以，可以大胆地预测 RFID 技术在危险品管理领域中的应用将越来越广泛和成熟。

7.4　基于物联网的畜牧业管理

7.4.1　畜牧业管理现状

最近 10 多年，全世界动物疫情不断爆发，如疯牛病、口蹄疫、禽流感和人－猪链球菌等动物疾病，给人们的身体健康和生命安全带来了严重的危害，给一些地区带来了沉重的打击，特别是欧洲的畜牧业。例如，1985 年 4 月，在英国出现首例疯牛病后，20 多年来，疯牛病迅速蔓延，波及世界其他国家，如法国、爱尔兰、加拿大、丹麦、葡萄牙、瑞士、阿曼、德国等。2003 年 12 月 23 日，美国出现第一例疯牛病病例，此消息动摇了美国 270 亿美元规模的养牛业，导致几大进口商对美国牛肉立即颁布进口禁令。

为此，人们越来越重视对疾病的控制、监督和预防，世界各国都在畜牧业和商业中寻找并制定相应的政策与采取各种手段加强对动物的管理。其中，对动物的识别与跟踪成为各国采取的重大措施之一。例如，英国政府规定，对牛、猪、绵羊、山羊、马等饲养动物都必须采取各种跟踪与识别手段。被命名为“全国动物识别系统”的美国农业部项目也于美国发生首例疯牛病后正式由官方启动。该计划采用 RFID 系统，所有牲畜从出生起就带上 RFID 耳标，其信息被登记到一个全国性的数据库，该数据库能够在 48 小时内连续跟踪。研究结果表明，通过使用 RFID 技术，大大地提高了该系统对动物的识别与跟踪的能力，并适用于各种饲养场合的动物，无论是集中饲养还是分散饲养的或者是其他饲养场合。

我国是一个农业大国，无论是现在还是将来，畜牧业都是我国农业的支柱产业之一，畜牧产品在国内外市场的流通领域中也占有重要的地位，但实际中，诸如畜产品加工滞后、家畜良种繁育体系不健全、基层兽医队伍缺失、农户组织化程度低等问题，都已成为我国畜牧业发展的障碍。一有动物及其相关产品造成的重大疫情发生，更会由于我国的地域宽广、人口众多、人员的流动性大等客观条件而造成更大的危害。面对这些问题，树立新的发展理念，确立新的发展思路，来指导畜牧业发展是大势所趋。向技术、规模和管理要利润现已成为畜牧业生产的新特点。

在北京，采取对养殖基地畜禽产品佩戴耳标、腿环等手段，在屠宰和流通环节应用IC卡、RFID等技术，实现对畜禽产品养殖、收购、屠宰、分割、运输和销售等信息的全程追溯，已成为北京市食品安全工作的八项重点之一。该市只允许佩戴牲畜耳标的牲畜进入市场流通环节。

在上海，由上海动物卫生监督所等单位研发的供沪动物及其产品信息化安全监管系统获得2006年度上海市科技进步奖二等奖。该系统利用RFID技术实现对动物产品及卫生的有效监控和管理。此项目已经在上海市12家规模屠宰场、8个市道道口和外省市供沪的167个养殖场应用。

除此之外，在我国各部委近年来的立项项目中，对RFID技术用于畜牧管理也甚为关注，如邛崃市畜牧食品产业RFID电子标识管理系统和基于RFID技术的奶牛养殖管理信息系统早在2007年就已经被批准为科技型中小企业创新基会第一批立项项目。

7.4.2 牧场畜牧管理系统

（1）系统框架

把畜牧场建设成为高度专业化、规模化、技术含量高、可控性强，并且饲料、兽药、种畜禽、养殖、加工和销售一体化的现代化RFID畜牧场，现已成为一些新牧区建设的共同目标。

基于RFID技术的畜牧管理系统，由附在动物身上的RFID标签记录动物的基本信、免疫信息、检疫信息和其他管理信息。

（2）系统中电子标签的安装设计

目前，在基于RFID技术对动物识别与跟踪管理应用中，安装电子标签的方法主要有四种：颈圈式、耳标式、可注射式和药丸式电子标签。

① 颈圈式电子标签。能够非常容易地从一头动物身上换到另外一头动物身上。主要被应用于厩栏中的自动饲料配给。

② 耳标式电子标签。如图7-6所示，一半固定在牲畜的左耳上。它的性能大大优于曾经使用的条码耳牌。不仅相比起来存储的数据大得多，而且适合于有油污、雨水的恶劣环境，读写器与电子标签相距最远数米都可以把数据读出来。

③ 可注射式电子标签。是利用一种特殊工具，将电子标签放置到动物皮下，这样就在动物的躯体与电子标签之间建立了固定的联系，这种联系一般只有通过手术才能撤销。

④ 药丸式电子标签。是将一个电子标签安放在一个耐酸的圆柱形容器内，然后将这个容器通过动物的食道放置到反刍动物的前胃页内。在一般情况下，药丸式电子标签会终身停留在动物的胃内。这种方式的最大特点是简单和牢靠，并且可以在不伤害动物的情况下，将电子标签放置于动物体内。

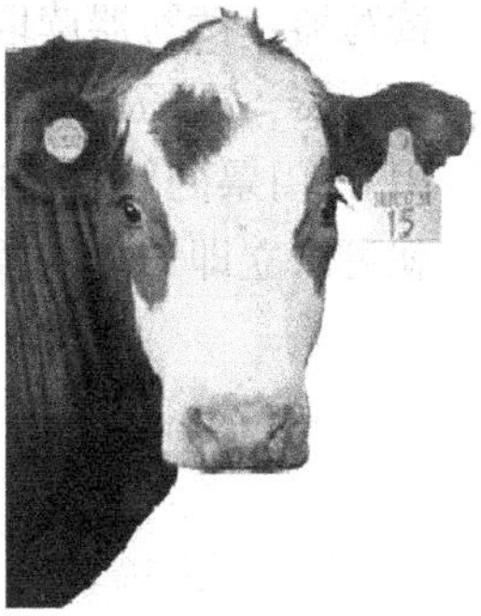

图 7-6 电子耳标示意图

从上述可以看出：项圈式的容易佩戴，但成本较高，适于栏舍中的自动喂养；可注射式和药丸式都需放入动物体内，不适用于畜牧管理中，故在畜牧管理系统中常选用的是耳标式电子标签。

系统中 RFID 芯片的选择主要是低频波段的，如 134.4，125kHz 等。EM4469 是 Microelectronic 公司推出的一种工作频率为 10～150kHz 的具有读/写功能的非接触式 RFID 射频芯片，它可以以较低的功耗提供多种数据传输率和数据编码方式，现已在一些畜牧管理中得到了应用。

7.5 RFID 在票证防伪领域的应用

RFID 防伪技术可以简述如下：将商品识别号，即防伪码写在 RFID 芯片中，其中，ID 号可以通过硬件或软件算法进行加密，在生产、销售等所有环节中是唯一的；RFID 芯片被制作成电子标签，并被附加在物品上，使其成为物品不可分割的一部分。当电子标签“被迫”与物品分离时，物品的“完整性”被破坏，物品被认为已被“消费”，防伪结束。这样，在物品从生产. 流通到消费的全过程中，都只有唯一的 ID 标识存在，从而达到防伪的目的，由于 RFID 电子标签的 ID 号可以做到只读而不可更改，若在此防伪机制上再加入密钥机制，则更加保险。

下面介绍大型活动 RFID 门票系统、金融 RFID 票证系统和 RFID 火车票系统。

7.5.1 大型活动 RFID 门票系统

大型活动 RFID 门票是一种将 RFID 芯片嵌入纸质门票等介质中，用于快捷检/验票，并能实现对持票人进行实时定位跟踪和查询管理的新型门票。其核心是利用 RFID 技术，将具有一定存储容量的芯片和特制的天线连接在一起，构成电子标，然后将电子标封装在特定的票卡中，即构成 RFID 门票。

RFID 门票系统主要由 RFID 门票、读写器、现场控制器、集中控制器和数据交换/管理中心（配软件）等组成，系统示意图如图 7-7 所示。读写器发出射频信号给 RFID 门票提供工作能量，在一定的识读范围内，凭此能量，RFID 门票就可以将其 ID 号发给读写器；读写器读取 RFID 门票内的数据，通过传输通道（线缆、光缆等）传送给现场控制器，现场控制器负责解密、识别、判断 RFID 门票内数据的有效性和安全性，并将 RFID 门票的信息传递到数据管理中心；数据管理中心通过自动数据汇总、分析、判断，就可以立即知晓门票所处的具体位置，从而达到对持票人的识别、定位和跟踪。

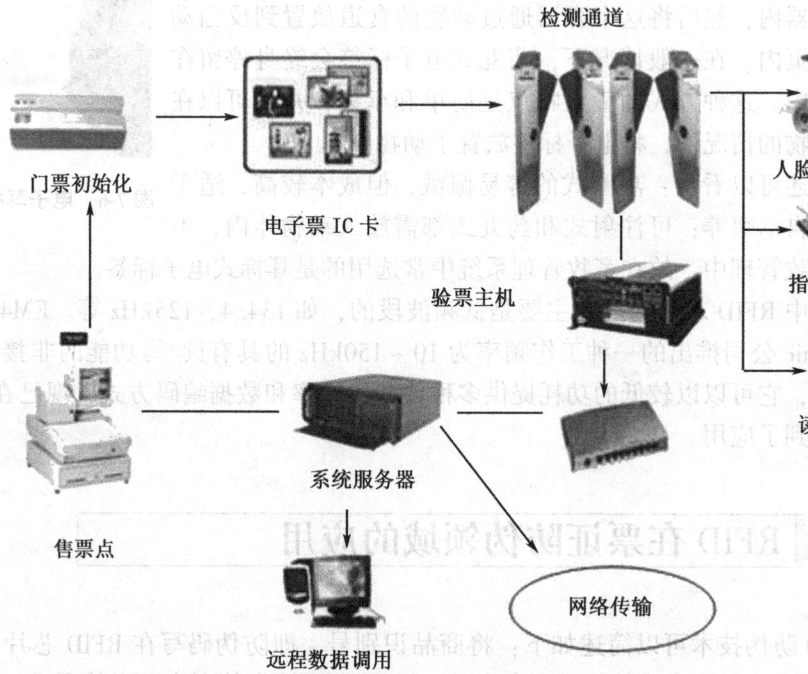

图 7-7　RFID 门票系统示意图

RFID 门票作为数据载体，能够起到标识识别、信息采集、人员跟踪的作用。RFID 门票与读写器、现场控制器和应用软件等构成的 RFID 系统连接与相应的管理信息系统相连的每一位人员（包括观众、嫌疑犯、工作人员等）都可以被准确地跟踪。

7.5.2　金融 RFID 票证系统

金融 RFID 票证是金融活动的重要凭证，金融 RFID 票证主要包含汇票、本票、支票，委托收款凭证、汇款凭证、银行存单等其他银行结算凭证，信用证或者附随的单据、文件，信用卡等。金融 RFID 票证是一种将 RFID 芯片嵌入以上金融票证中，实现票务防伪目的的票证。

在金融 RFID 票证系统中，票证由各节点银行发行。发行时，从 RFID 票证中读出唯一 ID 号，并将此 ID 号和金融信息经过加密算法一起加密成密文写入 RFID 标签中，同时将此标签的 ID 号在认证中心服务器上注册。票证在流通过程中，可以在任意节点银行或者节点公司的 RFID 读写器终端上认证。认证时，RFID 读写器读取标签中的 ID 号，并通过无线通信网络或 Internet 实时访问认证中心对票证的 ID 号进行认证。认证中心收到认证请求后，首先判断 ID 号是否已经在认证中心服务器上注册，若没有注册，则返回未注册信息，即表明为非法票证；若已经注册，则找到对应的发行银行，由发行银行解密密文，并判断 ID 号及金融信息与系统中对应的是否一致，经过认证中心返回需要返回的信息认定为合法票据。该系统示意图如图 7-8 所示。

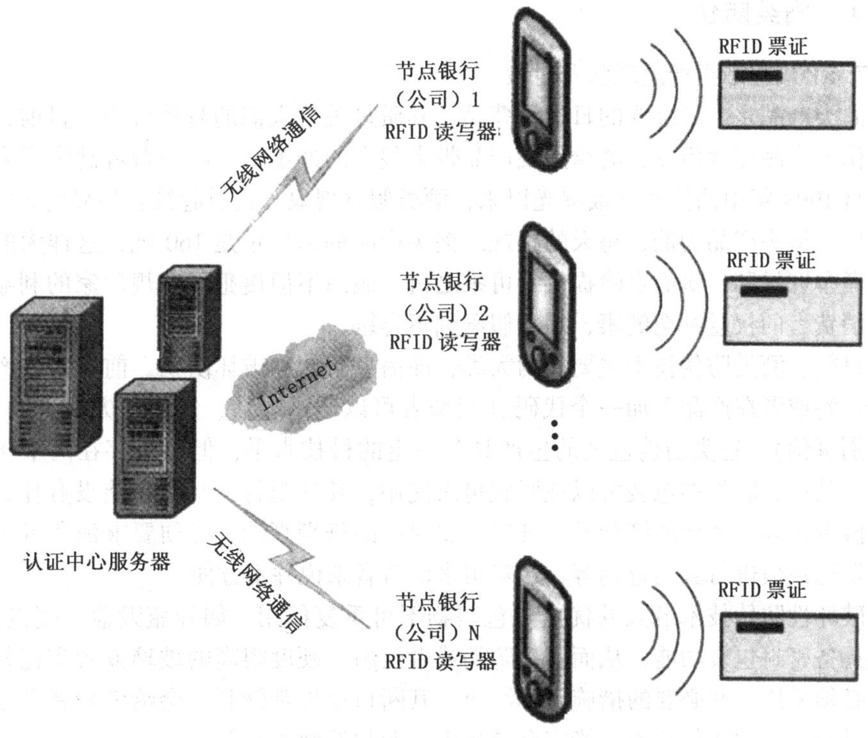

图 7-8　金融 RFID 票证系统示意图

7.5.3　国内外 RFID 票证发展现状

为了杜绝假票和实现人员的快速通过，一场世界级大师演唱会的门票采用 RFID 技术，实现门票非接触检票，不但减轻了检票人员的工作量，同时极大地提高了门票的防伪功能，实现了观众流量的实时动态监控，大大地提高了演唱会的安全性。

RFID 门票系统在国内外应用的案例很多，我国政府也加大了 RFID 技术在票证防伪方面的应用。例如，2006 年国家“863”射频识别（RFID）技术与应用课题项目公布，国家拨款 500 万元支持铁道科学研究院的“RFID 在铁路票证及银行管理上的应用”和上海加海防伪设备技术有限公司的“RFID 票证及金融管理上的应用”的方案。

7.6 RFID用于烟酒防伪及管理

7.6.1 酒类防伪

7.6.1.1 酒类产品现状及对策

酒类产品是一种重要的日常消费品，其质量关乎人们的身体健康。目前，我国酒类假冒伪劣产品充斥市场，既给正规产品带来很大的冲击，也给消费者健康带来很大的威胁。自1998年山西假酒案被曝光以来，酒类假冒现象日益引起社会各界的关注。以北京某酒厂二锅头产品为例，每天的正规二锅头产品的出厂量是160吨，这样大的消费量给造假者牟取暴利、铤而走险提供了可乘之机。假酒不但侵犯了正规厂家的利益，而且损害了消费者的权益甚至健康，制止假酒刻不容缓。

目前，酒类防伪技术主要有两大类，即信息防伪和破坏防伪。前者是在产品上粘贴激光标签或者在产品上加一个代码（消费者可以通过电话、短信等方式查询这个代码，以辨别真伪）。这类防伪包装的生产具备一定的科技水平，但是也存在两个比较严重的缺点。其一，酒类的包装可以被回收再次使用，其外观特征与原包装没有什么差异，使得造假者很容易实现经济利益。其二，要对产品辨别真伪，必须要求消费者去拨打电话或者发送短信进行真伪查询等，这对很多消费者来说并不方便。

破坏性防伪技术最大的优点是包装物不可重复使用。如开瓶毁盖，瓶盖被破坏后，不再具备密封包装功能，从而实现防伪或者毁瓶。硬度很高的玻璃或者陶瓷材料，开瓶时，必须采用一些必要的措施破坏酒瓶，其断口也异常锋利，会给消费者带来不便。可见，目前主流的防伪技术不能完全满足生产者和消费者的需求。

针对酒类市场的情况，国家有关部门对酒类的质量作出了严格的规定，如质量等级规范性文件《食品质量认证实施规则·酒类》和商务部于2006年1月颁布的《酒类商品管理办法》。国内酒类防伪应用射频识别技术还很少，RFID在酒类防伪中的应用前景广阔。

7.6.1.2 RFID在酒类防伪中的应用

RFID作为新兴的防伪技术，其特点决定了其具有在酒类产品防伪中广泛推广的重要价值。

(1) 射频识别瓶盖防伪

用户只要使用该公司制作的RFID读写器，在装有防伪的瓶盖外扫描一次，即可读出内存的信息，以达到商品防伪的目的。

由于多数消费者在购买商品时，都没有用特制仪器检验的习惯，因此，该产品的推广还有待厂商在宣传方面让顾客了解其基本原理。同时，提高消费者的防伪意识，降低使用成本。在销售领域，这种技术前景广阔，可以帮助正规经营的批发商、零售商鉴别真伪，做好产品的保真工作，避免伪劣产品进入市场。

（2）切割带条类酒类防伪

中国科学院自动化研究所RFID研究中心给出的解决方案如图7-9所示，还可以被应用于其他带有瓶盖的容器的防伪中。

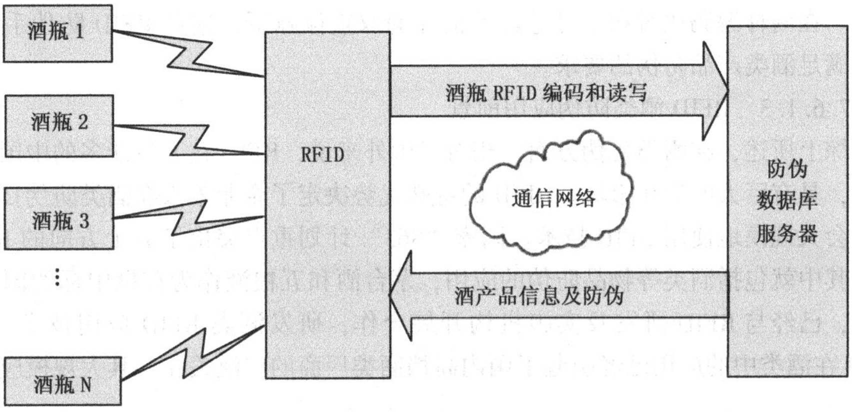

图7-9　切割带条类

图7-9中的系统由经过特殊设计的瓶盖、瓶体、RFID读写器、通信网络和防伪数据库服务器组成。射频芯片具有唯一编码，同样读写器也应具有唯一编码，并且在第三方数据库中注册。读写器唯一编码与注册使用者（饭店或零售商）绑定，只有已经注册的读写器才可以对芯片编码信息进行查询。

该系统实现的难度并不大，酒业厂商在生产线的瓶盖和瓶子的部分加装RFID相关设备，并建立防伪数据库即可。生产时，利用集成技术，在原瓶盖和瓶体上附加专用的射频芯片和天线等，并将这些标签对应的编码注册到防伪数据库的产品信息中。同时，向该产品的销售商或饭店提供成本在数百元的专业读写器设备，并要求其在防伪数据库中注册。这样，对于生产厂家来讲，不但可以对产品进行防伪认证，还可以随时对销售情况进行统计。酒瓶防伪包装如图7-10所示。

图7-10　RFID酒瓶防伪包

该系统的具体使用方法如下：对于未开启的酒瓶，瓶盖顶部内测附有RFID芯片，通过附于瓶盖内壁的引线链接与瓶盖上不同位置的金属带条，位于酒瓶本体上的天线本体与金属带条构成通路，切割装置的位置位于芯片和天线之间的金属带条上。随着瓶盖的开启，切割装置随瓶盖旋转，可以切断二者之间的联系，RFID读写器读取射频标签的编码，与读写器唯一编码一起通过无线传输发送到防伪数据库进行比对，若两个编码均经过授权，则通过验证，并由读写器发回确认信息。酒瓶一旦被开启，天线和芯片的联系就被永久破坏，RFID芯片因为无法获得足够的能量而无法工作。

应用此方案实现酒类防伪，硬件上使用大规模生产的射频集成电路芯片和标签天线，实现起来并不很难，但造假者若想实现同样的效果，则有一定的困难，起码复制成本非常高。RFID 芯片和读写器的编码都是在总体协调下统一制订的，不会给造假者以可乘之机，厂家对这种认证机制进行严格的管理和控制，提高了系统的可靠性。酒瓶被开启后，无论是酒瓶还是瓶盖，通路的损坏是不可逆转的，杜绝了旧瓶装假酒重新上市的可能。在两种编码比对和不可逆转的损坏的双重保障下，这种 RFID 防伪手段的可靠性能够满足酒类产品防伪的要求。

7.6.1.3　RFID 酒类防伪应用前景

综上所述，在酒类防伪方面，相对于国外来说，RFID 在人口众多的中国有其特殊的应用，具有巨大的潜在市场。RFID 的特殊优势决定了企业未来在酒类防伪技术方面，极可能会大规模地使用 RFID 技术。国家“863”计划重点突出了五个方向的 RFID 技术应用，其中就包括酒类等物品防伪的应用，茅台酒和五粮液作为首批中标的国内高档酒类品牌，已经与 RFID 研发及实施机构开展合作，研发酒类 RFID 应用技术。这也证明，RFID 在酒类中的应用已经引起了国内高档酒类厂商的广泛关注，其大规模应用将很快到来。

7.6.2　烟类防伪

目前，烟类产品造假者通过利用烟类产品的流通或销售渠道，将假冒伪劣香烟投入市场，造成了较坏的影响。基于 RFID 技术，可以设计出一套完整的烟类产品的防伪及物流解决方案。在烟类产品的生产、物流、销售全过程中，对其进行追踪，并对追踪信息进行存储。在物流销售和消费环节中，通过 Internet 或无线通信网络，对产品进行实时在线认证，及时发现非法烟类产品，从而有效地发现伪造产品，保障合法厂家和消费者的利益。同时，使用 RFID 对烟类产品进行全程跟踪管理，还有利于生产商、物流和销售环节及时统计信息与补充货源，提高管理效率。基于 RFID 技术的烟类产品物流防伪系统示意图如图 7-11 所示。

该系统主要由四部分组成，分别是附着在卷烟上的电子标签、RFID 读写器、通信网络（无线或有线通信）和数据库。RFID 烟类防伪解决方案将在每条烟和每箱烟的包装箱上加装唯一代表其身份的 RFID 电子标签，在生产、物流、销售、消费的过程中，烟类产品所携带的标签上的信息将被安装在各环节的读写器捕获，通过实时在线认证确定身份，对于伪劣烟类，因为其不携带 RFID 标签或者携带非法的 RFID 标签，而不能被 RFID 系统识别，伪劣身份就会被暴露。这种解决方案一方面保护了消费者的利益，维护了烟类市场的正常秩序、正规烟类产品生产厂家的形象和利益；另一方面更有效地为各个环节的单位提供了统计和参考数据，提高了市场预测能力和管理能力，节省了人力物力。RFID 标签可以做得像纸一样薄，同时标签的价格也急剧下降，将其应用于烟类产品的物流和防伪，既可行又方便。

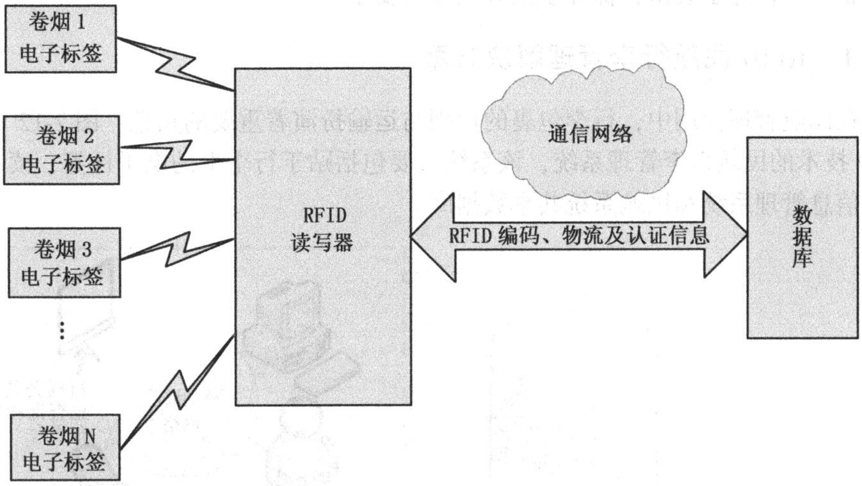

图7-11 卷烟产品防伪系统示意图

7.6.3 物联网应用于防伪可能存在的问题

尽管RFID防伪具有种种优势，深受商业巨头们的大力推广和应用，但我们必须清醒地认识并且承认，RFID技术远未普及。主要是以下几方面原因造成的。

（1）成本问题

目前，RFID在各个行业应用的尚属初期，成本是一个大问题，特别是对于低价物品来说标签的成本更是关键。一种公认的看法是，当标签降到5美分以下时，RFID才能得到普及，而现在离这个目标还有点距离，不是说现在生产不出来5美分的标签，而是现阶段那种成本生产出来的标签可能达不到使用的要求。当然，随着技术的成熟和标签大规模生产后原材料价格的下降，实用的5美分标签的普及只是时间问题。

（2）RFID标准和协议的不统一

Auto-ID Center和UID两大技术标准阵营各自为战，各大标签厂商生产的产品也互不兼容，导致不同厂家的标签不能被同一台读写器识别，这也是RFID未得到普及的桎梏。

7.7 物联网技术的民航行李管理

民航行李出错问题既给民航业带来了巨大的经济损失，也给乘客带来了很大的不便。国际航空电讯集团报道，航空业每年因行李出错造成的经济损失多达25亿美元。

将RFID技术应用于民航行李识别和跟踪，可以提高行李处理的准确率，降低行李出错率，减少民航经济损失；尤其在行李安检、乘客/行李匹配等环节，快速准确地定位可疑行李，并及时作出处理，既减少了因为处理异常行李而造成的飞机延误，也有效地防止了恐怖分子袭击，保障了乘客的生命安全[9]。

7.7.1 RFID 民航行李管理解决方案

在民航管理应用中，行李包裹的识别与运输扮演着重要的角色。图 7-12 所示为基于 RFID 技术的民航行李管理系统，该系统主要包括贴于行李上的电子标签、读写器、机场行李信息管理系统和民航系统共享数据库。

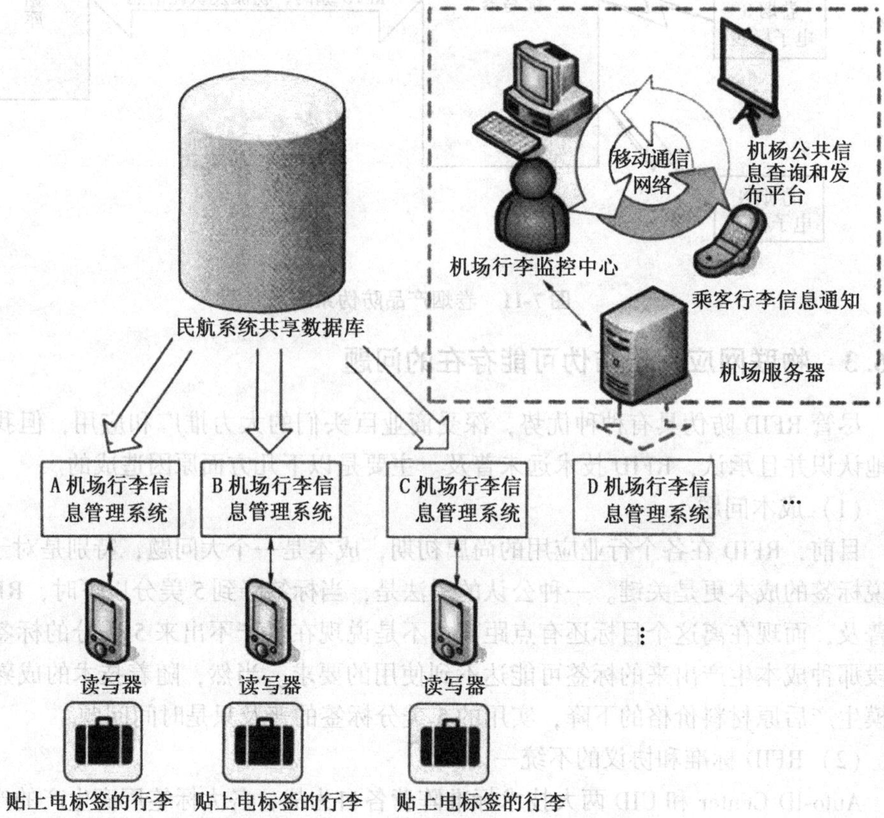

图 7-12 基于 RFID 技术的民航行李管理系统

(1) 频率选择

考虑托运行李与实际安装的读写器大约距离几米，一般采用超高频 900MHz 的频段。

(2) 标签选择

一般选用价格便宜的无源标签。

(3) 安检通道中读写器选择

在行李路径的不同关键点上选择安装读写器，以便更好地甄别行李，RFID 标签使得行李识别检测更加安全方便。

(4) 机场行李信息管理系统

机场行李信息管理系统主要包括机场服务器、机场行李监控中心、机场公共信息查询和发布平台、乘客行李信息通知等。该系统是在原有信息网络的基础上，通过与读写器终端连接而形成，可以实时地跟踪和监测读写器所读取的行李信息。

(5) 民航系统共享数据库

民航系统共享数据库可以连接各机场的信息服务器，实现各机场的信息交互，既方便了机场监控中心对行李的全程监控，也方便了乘客对自己行李路线的查询。

7.7.2 基于物联网的民航行李管理工作流程

在民航业中，基于 RFID 的民航行李管理系统的工作流程如下：行李被贴上电子标签，行李通过安检、分拣，进入机舱的信息提示，入舱与乘客登机的匹配，到达目的地机场信息的提示[10]。

(1) 行李贴上电子标签

当乘客托运行李时，工作人员会通过电子标签打印机打印出电子标签，并贴于行李上。其中，每个电子标签都拥有唯一的 ID 信息，包含诸如重量、出发地、目的地等信息

(2) 行李通过安检

行李安检一直是一个很重要的环节，它关系到人员和财产整个旅途的安全。在安检通道中安装 RFID 读写器，对每件贴有电子标签的行李进行扫描，一旦发现行李有问题，读写器便通过计算机网络把该行李的信息发送到航空公司的安检服务器上，具有实时性和自动性。

(3) 行李分拣

以前，行李分拣主要靠人工识别来完成，工作量大，出错率高；应用 RFID 技术，能很好地解决上述问题，提高民航业的工作效率，降低工作人员的劳动强度。在每个航班的行李收集口处都安放 RFID 读写器，当贴有电子标签的行李顺次地通过这些行李收集口时，读写器便读取电子标签内的信息，从而判断该行李是否为该航班，绿灯亮，判断是，工作人员便将该行李放入行李舱中；黄灯亮，便将行李重新放回到传送带，再接受下面的分拣。

(4) 行李进入机舱后，乘客收到提示信息

当行李进入乘客所在航班的行李舱后，机场信息管理系统便通过手机短信方式为乘客提供信息提示服务，乘客就不必再为行李的系列问题而担心。

(5) 行李入机舱和乘客登机匹配

行李/乘客匹配可以确保只有登机乘客的行李才能被搭载在飞机上。目前，主要通过人工方式、半自动方式和全自动方式完成。由于前两种方式都需人工参与，受到人为因素和条码易损等影响，大大降低了工作效率。应用 RFID 技术，实现行李/旅客匹配的全自动化，不仅减少了人员工作量，而且通过网络信息更透明化。

(6) 行李到达目的机场信息提示

当行李到达目的机场后，读写器远距离自动扫描出舱行李的电子标签，获取行李的信息，并通过机场信息平台发送给乘客，真正做到让乘客放心。

7.8 物联网在智能交通系统的应用

基于物联网技术的一些特点，用来解决城市交通管理中的一系列经典难题，物联网结合射频识别技术、数字图像处理、网络通信和数据库技术，能够实时监控交通流量、车辆信息和交通状况；再结合状态空间穷举法和信息融合技术，可以实现智能交通调控、自动违章处理、车辆跟踪处理、交通实时查询和车辆统计等功能。能够解决城市交通管理中的一系列经典难题，提高管理效率[11]。

7.8.1 基于物联网技术的智能交通系统组成

将物联网技术应用于城市交通管理系统中，组成一个智能化的交通管理系统，该系统主要包括 RFID 电子车牌、远距离 RFID 读卡器、智能电子警察、通信网络、Oracle 数据库平台、中央管理系统服务器和实时短信息发送系统。其基本构成是：利用 RFID 卡的 ID 号全球唯一的特点，在每辆车上安装一张 RFID 卡，在数据库管理系统中，将该卡的 ID 号与对应的车牌号进行关联，形成电子车牌；在城市交通路口的每个行车方向安装一套远距离 RFID 读卡器和一套智能电子警察，并对每一个读卡器进行编号，编号规则如式（7-1）所示；读卡器、智能电子警察和交通信号灯控制器通过以太网控制器连接到远程的中央管理系统服务器；服务器以 Oracle 数据库平台进行管理，并连接实时短信息发送系统，可以及时地通过短信的方式发布通知。系统构成如图 7-13 所示。

$$I = \{I_{mn}\} \tag{7-1}$$

其中，I 为所有读卡器的集合，m 为交通路口序号，n 为每个交通路口的读卡器序号（丁字路口的 $n=3$，十字路口的 $n=4$，多岔路口 $n>4$）。

7.8.2 系统的工作原理

由于运用了射频技术，通过安装在每个交通路口的读卡器，可以实时地读出通过每个交通路口的每个行车方向的车流量，结合控制中心的数据库平台，可以确定通过每个交通路口的车辆的车牌号码；根据交通路口的车流量，可以对某些街道的交通信号灯延时实施最优控制，从而达到最优控制的目的；利用基于数字图像处理技术的智能电子警察系统，可以自动地识别交通路口的违章车辆，结合 RFID 技术读出的 ID 号，可以确定具体的违章车辆及车主的相关信息，在控制中心通过实时短信息及时发送系统对车主的处罚通知；统计各交通路口的车辆参数及型号，从而对整个城市的交通状况进行统计分析，以对将来的城市交通建设与规划提供依据。

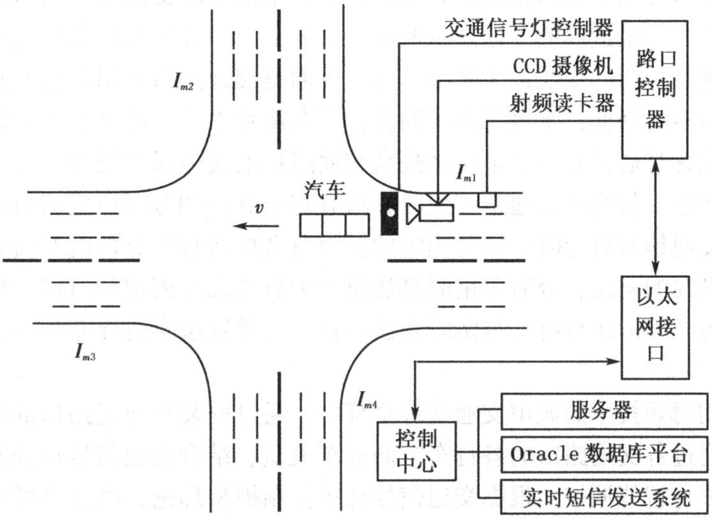

图 7-13 智能交通管理系统结构图

（1）标识车辆身份

在城市的交管部门设立控制中心，在控制中心的服务器以 Oracle 数据库平台进行自动管理，并将每辆车的 RFID 卡的 ID 号作为关键字段建立数据库。如图 7-14 所示，将车辆的 ID 号与车牌号关联可以建立车辆有关参数数据库，主要包括车型、发动机号、底盘号、出厂日期、年审时限、养路费交纳时限和违章记录等；通过车牌号与车主的对应关系，可以建立车主有关信息数据库，主要包括姓名、年龄、性别、单位、户籍和联系电话（包括固定电话和移动电话）等。

在确立了基本参数库后，针对车辆的一些运行情况，还设置了一些记录车辆违章时间及地点等参数的字段；在数据库中还建立了一些图形文件库，可以记录车辆照片、车主照片和及车辆违章照片。

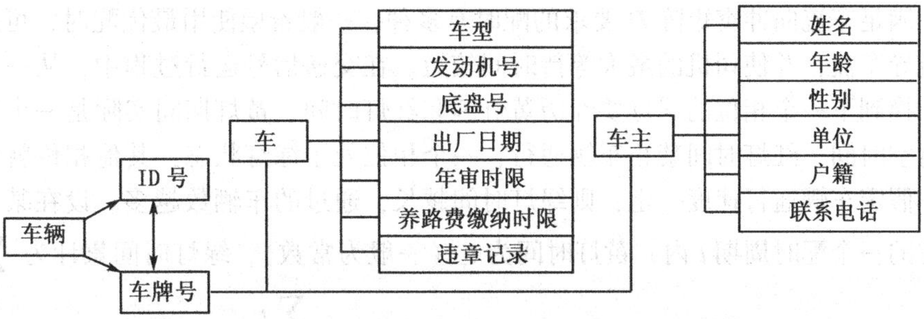

图 7-14 数据库基本参数结构图

（2）智能交通调控

交通路口是城市交通网中道路通行能力的关键所在，对交通路口实施科学的管理控制是智能交通控制工程的重要研究课题。日常生活中的交通阻塞大部分是由于交通路口实际通行能力不足造成的。原因主要有两个方面：一方面是道路规划设计的路段通行能力已不能满足目前的交通最大需求；另一方面是交通路口采用的信号控制策略不好，造成实际通行能力降低，车辆延误时间长，停车次数太多，甚至不必要的拥塞等不合理现象。通过改善交通信号控制策略来提高交通路口的实际通行能力，是交通信号控制中需要解决的问题。传统的交通信号配时算法有定时算法和分时段定时算法两种，其中，定时算法中交通信号灯延时时间是固定的，没有考虑各行车方向的车流量，算法简单，容易造成不必要的延误；分时段定时算法将一天分成几个固定的时段，根据经验确定各时段配时，各时段的运行特性与定时算法一样，这种算法实时性差，不能满足现代交通的要求。

在应用射频技术的城市交通管理系统中，通过安装在交通路口的各读卡器，可以实时地读出通过各交通路口的各行车方向的车流量，结合交通信号灯控制器，可以自动分析路况，进行智能调控。根据交通信号优化控制模型理论，将整个城市的最优化控制技术分为4个层次，即主干道车流高峰方向的最优化控制、主干道车的相对双方向的最优化控制、道路网车流高峰方向的最优化控制和道路网相对双方向的最优化控制。针对4个层次的最优化控制，根据当前路口各行车方向的车流量的实时分布信息，采用状态空间穷举法，搜索出配时。定义交通路口各车流方向的车流向冲突矩阵

$$\boldsymbol{D}=\begin{bmatrix}\boldsymbol{D}_1\\ \vdots\\ \boldsymbol{D}_i\\ \vdots\\ \boldsymbol{D}_n\end{bmatrix}=\begin{bmatrix}d_{11} & \cdots & d_{1j} & \cdots & d_{1n}\\ \vdots & & \vdots & & \vdots\\ d_{i1} & \cdots & d_{ij} & \cdots & d_{in}\\ \vdots & & \vdots & & \vdots\\ d_{n1} & \cdots & d_{nj} & \cdots & d_{nn}\end{bmatrix} \tag{7.2}$$

其中，$d_{ij}=1$ 表示编号为 i 和 j 的车流向不冲突，$d_{ij}=0$ 表示编号为 i 和 j 的车流向冲突。冲突矩阵 $\boldsymbol{D}$ 描述了车流向两两之间能否同时放行的关系，是确定路口的信号控制配时车流向组合方案的关键参数。

满足车流向冲突矩阵 $\boldsymbol{D}$ 要求的配时有多种，一般希望使用最优配时，可以高效快速地疏导车流，并使司机的最大等待时间较短。在交通信号运行过程中，从一个相位的绿灯切换到下一个相位的绿灯要经历黄灯闪和红灯时间，黄灯期间实际是一个相位路灯车辆清空时间，红灯时间禁止车辆通行，一个相位处于绿灯状态，其他相位就处于红灯状态。假定车辆通行速度一定，则绿灯时间越长，通过的车辆数越多。设在某一路口的 m 相位的一个配时周期 t 内，黄灯时间为 t_y（一般为常数），绿灯时间累计为 $\sum t_g$，则配时周期 $t=n\times t_y+\sum t_g$；定义绿灯时间占有率 $p_g=\dfrac{\sum t_g}{t}$，p_g 越大，则该配时的车辆疏导能力就越大；定义 $t_{w\max}$ 为最大等待时间，则一个周期内各车流向的车辆可能等待的最大时间为 $t-\min(t_{gi})$。最优配时方案应该是满足最大等待时间 $t_{w\max}$ 要求的绿灯时间占有

率 p_g 最大的那个配时方案。

在搜索最优配时时，由于满足车流向冲突矩阵 $\boldsymbol{D}$ 要求的车流向组合方案有多种，但组合数是有限的，可以通过穷举法遍历所有组合方案。设一个交通路段有 n 个路口，则每个路口最多有 $n-1$ 个车流向，可能与其他流向发生冲突的最多有 $n-2$ 种可能，组成一个相位的车流向数目最多为 $n-2$ 个，则路口的车流向数最多为 $n\ (n-2)$，可能形成的配时数不超过 $\prod_{i=1}^{n-1} C_{(n-1)(n-2)}^{n-2}$，若考虑冲突矩阵 $\boldsymbol{D}$ 的要求，则配时数会大大减少。以冲突矩阵 $\boldsymbol{D}$，p_g 和 $t_{w\max}$ 作为约束条件可以搜索到最符合当前车辆通行需求分布的最优配时，达到根据车流信息自动调整交通信号灯时间的目的。

(3) 自动违章处理

随着交通现代化的发展，车辆数量不断增加，也带来了许多问题，如道路拥挤、交通事故增加、交通违章现象屡见不鲜、交通环境恶化等。这就需要强有力的交通监管手段，而依靠传统的人为管理方式，效率低、成本高，已明显不适应交通现状。随着人工智能、计算机视觉技术和硬件技术的飞速发展，图像和视频技术已经被广泛地应用于新一代智能交通系统中。利用数字图像处理技术、高端的 DSP 器件和 CCD 摄像机，可以组成能自动识别交通违章情况的智能电子警察系统。其基本原理是在交通路口的各行车方向安装全景 CCD 摄像机，拍摄交通路口的全景画面，经过数字解码芯片送至 DSP 处理器进行处理，DSP 处理器以自适应背景差分法实时更新背景，并提取出运动目标，根据多帧图像连续处理的结果，计算出目标的运动轨迹，根据从画面识别的交通信号灯的状态、目标的运动轨迹和预定义的道路交通标志线进行综合分析，可以识别闯红灯、车辆逆行、禁止停车、禁止转弯和机动车辆禁行路的违章行车等交通违章现象。通过智能电子警察系统自动识别违章车辆，结合读卡器可以读出相应违章车辆的 ID 号，将违章车辆的违章画面和 ID 号通过网络通信发送至控制中心，控制中心的数据库根据 ID 号自动检索出对应的车牌号码和该违章车辆及车主的相关信息，并将违章画面存入数据库对应的字段中，同时激活实时短信发送系统，根据检索到的车主移动电话信息，向车主发送短信，通知该车辆的违章情况和缴纳罚金等情况。这种主动通知方式与传统的车主被动查询方式相比，既可以及时通知车主违章情况，达到处罚教育的目的，又可以避免车主因长期未查询违章情况、累积罚金增多而需要额外缴纳滞纳金等缺点。

(4) 车辆防盗与追踪

随着车辆数量的增加，偷车、抢车、套用车牌和伪造假车牌等违法犯罪案件也在日益增多。在城市交通管理系统中，应用射频技术，可以有效地打击这类违法犯罪分子。

若有车辆丢失，在控制中心的数据库中输入该车的车牌号码可以检索出相应的 ID 号，并对交通路口的读卡器送回的 ID 号进行监控，一旦该车经过某交通路口，即可搜索到该车的 ID 号，并确定车辆所处的位置，对其进行跟踪。可以确定该车的行车路线为

$$L = \{I_{ij}\} \tag{7.3}$$

其中，i 表示被盗车辆经过的交通路口，j 表示该车在各个路口的前进方向。

对于套牌和假牌照车辆，一旦出现，经数据库检索发现 ID 号与车牌不符，或与实际车型不符，即认为可疑车辆，并自动报警。同时可以时刻监控运行车辆，一旦年审过期或养路费交纳时限已过，即可通过实时短信系统通知车主。

（5）路况查询及密度统计

读卡器实时地读出各路口的车流信息，并发送至控制中心，控制中心进行统计处理后，可以形成整个城市的交通状况分布图，通过广播电台或预约短信的形式，可以及时向外发送路况信息。根据读出的整个城市所有车辆的 m 号，在控制中心的数据库中可以检索出所有车辆的相关信息，能进行车辆密度统计，例如可以通过统计一年（或一段时间）内经过某路段车辆的车型（大型卡车、公交车、小汽车、私家车等）分布图，对将来的城市道路建设提供参考依据。

7.9 本章小结

本章系统地介绍了物联网技术在如下典型重大工程中的应用。

① 食品安全管理。RFID 能够从根本上解决食品安全管理的监控问题，利用 RFID 与食品生产、运输及库存、销售联系在一起，能够大大减少人力物力。

② 医药卫生管理。RFID 可以用于患者的登记、标识和监护。

③ 危险品管理。危险品事故发生的主要环节有生产、存储、运输和使用，利用 RFID 技术，能够全程管理，降低危险。

④ 畜牧业管理。基于 RFID 技术，对动物识别与跟踪管理应用中，安装电子标签的方法主要有颈圈式、耳标式、可注射式和药丸式电子标签四种。

⑤ RFID 在票证防伪领域的应用。利用 RFID 技术，能够杜绝假票。

⑥ RFID 用于烟酒防伪及管理。RFID 在酒类防伪中，通过射频方法识别瓶盖防伪和切割带条类酒类防伪，杜绝假酒。

⑦ 民航行李管理。RFID 能够全自动地实现行李管理。

⑧ 智能交通系统的应用。保障交通顺利的运行。

参考文献

[1] 李刚，曾锐利，林凌．基于射频识别技术的智能交通系统［J］．信息与控制，2006，35（5）：555－559.

[2] Fan Pengfei. Analysis of the business model innovation of the technology of Internet of things in postal logistics［C］. Industrial Engineering and Engineering Management，2011 IEEE 18th International Conference on，2011：532－536.

[3] Xu Xiaoli, Zuo Yunbo, Wu Guoxin. Design of intelligent Internet of things for equipment maintenance [C]. ICICTA, 2011 International Conference on, 2011: 509 - 511.
[4] 刘海涛. 物联网：技术应用 [M]. 北京：机械工业出版社，2011.
[5] Wu Miao, Lu TinJie, Ling FeiYang. Research on the architecture of Internet of Things. ICACTE, 2010 3rd International Conference on, 2010: 484 - 487.
[6] 白世贞，牟唯哲. 医药物联网 [M]. 北京：中国物资出版社，2011.
[7] Wan Jiahuan, Chen Xiuwan, Jing Liu. Design of network monitoring system of moving goods in the Internet of things based on COMPASS [C]. RSETE, 2011 International Conference on, 2011: 1096 - 1099.
[8] 宁焕生. RFID 重大工程与国家物联网 [M]. 北京：机械工业出版社，2010.
[9] Zhou Liang, HanChiehchao. Multimedia traffic security architecture for the Internet of things [J]. Network, IEEE, 2011, 25 (3): 35 - 40.
[10] 镇维. 物联网技术及应用 [M]. 北京：国防工业出版社，2011.
[11] 孟源. 基于物联网的食品安全溯源体系分析 [J]. 物联网技术，2011 (9): 86 - 89.

第 8 章 物联网的未来

2005 年，国际电信联盟在突尼斯举行的“信息社会全球峰会”上，发表了题为“物联网”的年终报告。该报告的第一作者劳拉·斯里瓦斯塔瓦说：“我们现在站在一个新的通信时代的入口处，在这个时代中，我们所知道的因特网将会发生根本性的变化。因特网是人们之间通信的一种前所未有的手段，现在因特网不仅能把人与所有的物体连接起来，还能把物体与物体连接起来”。

早期的因特网只是少数科学家使用的学术网络，而现在普通大众都在受益于它所带来的生活和工作上的方便与快捷。移动通信技术的发展也使我们觉得拥有手机是很自然的事情。那么，与几十年前的因特网和移动通信技术相似，目前的物联网也在经历它的萌芽和成长期。随着物联网技术的不断发展和完善，人类的生活和工作模式将进入一个新的时代。

本章主要从物联网的技术发展趋势和应用前景两方面展望物联网的未来。

8.1 物联网技术发展前景

国际电信联盟的“物联网”报告指出物联网技术的发展有四大关键性的应用技术：RFID、无线传感技术、智能技术和纳米技术，其中，RFID 处于四大关键性应用技术之首。

8.1.1 RFID 技术

RFID 技术虽然在物流、军事、防伪认证、畜牧管理等领域的应用已经十分广泛，取得了不错的社会效益和经济效益。但是由于存在标准、成本、相关法律和技术成熟度等诸多问题，未来 RFID 的发展也主要是在致力于解决这些问题。

在 RFID 标准方面，目前主要有 RFID 国际标准，欧美的 EPC global 标准和日本的 UID 标准等。统一的 RFID 标准尚未完全成形，使得很多企业对是否采用 RFID 技术持观望态度，也阻碍了 RFID 技术在产品流通领域的发展。因此，RFID 标准亟待统一，以使每一个 RFID 产品都能在世界范围内顺利流通。

在 RFID 成本方面，电子标签的价格是决定 RFID 能否被广泛地接受和应用的关键。5 美分电子标签被认为是 RFID 进入普及的转折点。正常来讲，需求量越大，标签的价格相对也会降低，但仅仅靠供需平衡来把以集成电路为基础的标签价格降至 5 美分是不现实的。因此，更优良的标签设计和更高效的标签制造可能是推动标签成本下降的重要因素。

在 RFID 相关法律上，让人们不得不关心的是隐私权的保护问题，RFID 技术的应用和物联网的普及，会让人们的个人相关信息，如今天你购买了什么，消费了多少钱，目前你所购买的物品处在何处等诸多不愿意别人知道的信息暴露出去。因此，涉及 RFID 技术应用侵犯隐私权等人们相关权利的立法必须在适当的时候确立，以保障人们的权益。当然也可以在技术层面，通过提高整个物联网的个人化和安全性得以改善。

在 RFID 的技术成熟度方面，我们所关注的是多功能、易用、成本低的电子标签的研制生产，以及处理巨大的 RFID 数据相对应的网络结构。

目前，比较新型的电子标签有：适应特殊物理和环境因素（如低温、高湿等）的无芯片电子标签，廉价的电子印刷标签，可注射和可吸收的电子标签，温度、湿度、压力和亮度等传感器的感应标签，注射在皮肤下实现身份识别和追踪目的的皮下标签等。未来的 RFID 电子标签必将朝着多功能、实用性强和低成本的方向发展。

由于 RFID 网络节点在全球范围扩大的数量比因特网多几个数量级，因此，传统的计算体系和架构无法适应与处理 RFID 网络中可以预期的海量数据。目前，一些大型的零售连锁集团（如沃尔玛、家乐福等）单品标签的数量很容易达到上百亿甚至更多。100 亿个单品的识别数据总计为 120GB，以每个单品在供应链中每 5 分钟被读取一次相关信息计算，一天中 100 亿个单品所产生的数据量将达到 15TB。如果有 10 家这样的零售连锁集团对单品使用 RFID 标签，那么一天就会产生 150TB 的数据量。这比美国国会图书馆 1700 万本书的 136TB 数据还大。这样大量的数据需要在一个或多个企业间交换，甚至在全球范围交换。因此，一旦 RFID 技术被广泛地采用，传统的集中式数据处理将不能满足海量数据处理的需求。

分布式计算方式是近年来提出的一种新的计算方式，它在两个或多个软件互相共享信息。这些软件既可以在同一台计算机上运行，也可以在通过网络连接起来的多台计算机上运行。共享稀有资源和平衡负载是分布式计算的核心思想之一。这种“蚂蚁搬山”的方式将具有很强的数据处理能力，能很好地解决 RFID 大量数据需要实时处理的问题[1]。

8.1.2　无线传感技术

WSN（Wireless Sensor Network）的含义为无线传感器网络，是由大量传感器节点通过无线通信方式形成的一个多跳的自组织的网络系统，它能够实现数据的采集量化、处理融合和传输应用。因此，该技术能够实时地监测、感知和采集网络分布区域内的各种环境或监测对象的信息，在环境监测等领域的应用前景广阔。

RFID 侧重于识别，能够实现对目标的标识和管理，同时，RFID 系统具有读写距离有限、抗干扰性较差、实现成本较高的不足；WSN 侧重于组网，实现数据的传递，具有部署简单、实现成本低廉等优点，但一般无线传感网络并不具有节点标识功能。RFID 与

WSN 的结合存在很大的契机。首先，WSN 可以监测到四面八方感应到的资料，其与 RFID 技术结合后，可以进一步确保数据的完整性。这将能弥补 RFID 高成本和需要依靠读取器方能搜索数据的特点。其次，由于 RFID 抗干扰性较差，而且有效距离一般小于 10m，如果将 WSN 同 RFID 结合起来，利用 WSN 高达 100m 的有效半径，形成传感器射频识别网络，其应用前景将十分广阔。

RFID 与 WSN 可以在两个不同的层面上融合：物联网架构下 RFID 与 WSN 的融合，传感器网络架构下 WSN 与 RFID 的融合。前者是将 WSN 融入到 RFID 系统中，把传感器网络看成 RFID 中采集数据的一种方式，或者说把传感信息看成物品信息的一种特性；后者是将 RFID 特有的标识功能融入到网络中，实现对节点或局部网络的标识，充分发挥 RFID 的标识功能和 WSN 自组网、廉价等优点。

物联网架构下 RFID 与 WSN 的融合形成 RFID 传感器网络系统，该系统的目的是建立一种全球化的网络结构，是在现有的物联网协议架构上，将 WSN 所采集、处理的数据通过适当的接口融入到物联网中。这种网络能够利用各种数据，无论这些数据是来自 RFID 标签还是原始传感器。

传感器网络架构下 WSN 与 RFID 的融合方式可以分为智能基站、智能节点和智能传感器标签等。

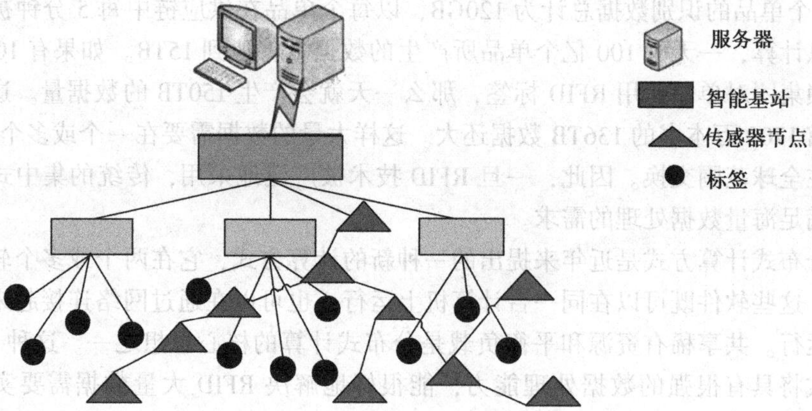

图 8-1　智能基站工作示意图

RFID 读写器融入到 WSN 基站，该基站称为智能基站。智能基站是 RFID 读写器与 WSN 基站的组合体，同时具有读写器和 WSN 基站的功能。智能基站收集标签和传感器信息，并将该信息发送到本地主机或者远程局域网，以满足应用要求。在这种融合方式中，标签和传感器节点是分散的，未结合在一起，散布在待监测的区域。这个系统主要由智能基站、标签、传感器节点三部分组成。如图 8-1 所示。其中，智能基站没有能耗限制，内部含有微处理器，可用于本地数据的处理和网络连接。由于智能基站没有能量的限制，智能基站能够进行数据处理、数据路由，也能通过传输控制协议或者无线网络方式与本地主机或远程网络连接。由于 RFID 读写器的作用范围比较有限，读写器天线的安装需考虑全部标签，同时不能与其他读写器冲突的限制，安置工作往往比较复杂，而且基站的移动很不方便。因此，整个系统的作用范围会受到读写器部分的极大限制。可行的解决方法之一是弱化读写器的功能，将读写器的功能转移至节点中，使节点有部分读写；同时，可以将标签融入到传感器节点，节点自组网传送数据。

由于读写器的存在，在一定程度上限制了智能基站的使用范围。因此，通过弱化读写器的功能，将部分读写器融入到传感器的节点中，建立智能节点的概念。智能节点由三部分组成，即感应部分、读写部分、发射部分。智能节点很小，可以较密地散布在待测区域，每个智能节点读取少量的标签。智能节点自动工作，数据以自组网多跳的方式传输到汇节点。数据通过多跳的形式传输，并在每个智能节点间进行有效的数据压缩。由于标签数据的相似性，智能节点可以获得较高的数据压缩率。

智能传感标签，也称为 Mini Nodes，即在传感器节点中嵌入 RFID 标签。它的作用范围不受读写器的作用范围限制。Mini Nodes 中含有微控制器，具有一定的数据读写和处理功能，标签信息和感应器采集数据信息通过节点间自组的网络传输，最终被传送到网络的基站。基站可以将数据传送到无线局域网或者本地主机，同样还可以通过适当的接口，将数据融入到物联网。这种融合方式能有效地减少读写器作用范围的限制，增加标签有效通信距离，弥补了 RFID 网络有效距离短的缺陷。此外，标签融入传感器节点，标签数据传输和处理无疑会占用 WSN 网络资源与消耗传感器节点的能量。

RFID 与传感器的合并使用，将会为物联网的发展提供更多的机会和空间。RFID 如果和温度、湿度或加速度传感器联合使用，人们不仅可以监控货物的运输，而且可以知道它们发生了什么事情。比如，在运输过程中，贮存温度不达标、食品过期等信息都会通过信息网络送至监控中心；如果货车行驶速度过快，相关信息也会被加速度传感器捕捉到，监控中心在接收到信息后，会对货车司机发出警报，甚至可能通过控制信息自动控制货车速度达到正常水平。

还值得一提的是智能灰尘技术，“智能灰尘”是研究人员发明的一些细小的、廉价的感应器，从土壤的化学性质到空气的气味，它可以对形形色色的物体进行测试。这种叫做“智能灰尘”的粒子感应器可以在大范围内收集温度、湿度等信息，探测城市交通状况，给人们的日常生活提供便利。同时，它也可能被用来测试水中的细菌污染，被植入人的体内来寻找细小的癌细胞，对抗生化武器等，解决当今社会还未曾解决的难题，造福人类。当然在现阶段，这些功能还没有实现，但应该相信，随着 RFID 和传感器技术的不断进步，那些科幻小说中的场景终究会成为现实。

韩国济州岛的 u-Fishfarm 示范渔场使用 RFID/Sensor 系统管理渔场，是一个典型的 RFID 和无线传感技术结合的实例。该系统主要有两大重点：渔场饲料管理和渔场饲养环境监控。

在渔场饲料管理上，由于每个水池中鱼的数量和年龄不同，必须针对不同的情况，给予不同水池特殊调配的饲料，过去，调配饲料和喂食饲料都由人工操作，容易发生投错饲料的事情；使用 RFID/Sensor 系统管理后，在每个水池旁边装置 RFID 鱼池识别卷标，记录鱼种、水池编号等信息。鱼的饲料在喂养系统当中有记录，容易知道哪个水池该投放什么饲料，并透过该系统请饲料厂商供应饲料，当饲料进入渔场时，被装入贴有RFID识别标签的饲料箱，然后送进冷冻库冷藏。当喂养人员喂食时，从冷冻库中取出相对应的饲料，并于投料时，利用手持读写器对饲料箱和鱼池旁的RFID标签作感应配对，确认无误后，则可以投料。

在渔场饲养环境监控上，透过传感器协助监控影响鱼生长的关键环境参数，包含二氧化碳含量、温度、水位和日照等，该渔场采用无线传感器和Wi-Fi构建WSN，无线传感器架设在鱼池内，透过无线传感器数据接收中继站，将数据传回至后端管理系统。渔场管理者只要通过管理系统即可掌控渔场状况。当渔场出现异常情况时，还可以向渔场管理者发出警报，以便即时处理。这个系统不仅提高了渔场的管理效率，而且可以预防渔场灾害的发生，降低渔场损失。

我国台湾南部地区的大山鸡场，也应用WSN与RFID辅助雏鸡养育，透过WSN监控影响鸡蛋质量的变因，如二氧化碳浓度、温度、湿度和风力等，将环境维持在最佳状态，并结合RFID，改善上游饲料厂、鸡舍及下游蛋品运输等作业流程，是又一RFID与WSN结合的典型案例。

可以相信，未来的物联网将是WSN大放光彩的时代。

8.1.3 智能技术

智能技术涉及智能机器人、语言识别、图像识别、语义理解、专家系统等诸多领域。阿根廷的技术记者Juan Pablo Conti在他发表的《物联网——让全球机器在线有意义吗》一文中提到，在机器到机器时代，由于工业和民用机械的快速发展，因特网技术的不断成熟和无线通信技术成本降低这三大主要因素的存在，使得越来越多的机器生产商尝试将智能控制设备（也叫做智能机器人）应用在其生产的产品上。设备供应商ABB公司已经开始利用智能机器人技术。当顾客买到了ABB公司的产品，ABB公司的技术支持中心便会对这一产品进行在线监控，一旦产品出现问题，就能及时给出处理意见或派人维修，省去了过去烦琐的报修等程序，节约了顾客宝贵的时间。

智能技术的发展不仅在工业上，同时也将大大地改变人们的日常生活。美国信息技术专家尼古拉斯·奈格罗渡恩特说：“一个智能的门把手可以确认房屋的主人，可以在主人满载而归时自动开门，当主人不在时它还可以签收包裹。电话可以自动应答来电，并挑选出重要的信息。它们就像英语流利的仆人或秘书一般。如果它想连接你，那么它就会把最新的情况有条不紊地向你汇报。”国际电信联盟还作出了这样的构想：未来的手机可以用做电子车票，进出口货物和零售商品将拥有电子标签，冰箱可以单独与杂货商品联系，洗衣机可以与衣物进行交流，人体皮肤下可植入装有医疗设备的标签，钢笔可以直接与互联网连接。

Sun公司首席科学家约翰·凯奇说：“我们正在研究智能技术，一旦成功，无生命的对象就可以在无人参与的情况下自动通过网络进行交谈。”由此可见，智能技术的发展无疑会对物联网的进程起到巨大的推动作用。

8.1.4　纳米技术

纳米技术是以控制单个原子、分子来实现设备特定的功能，是利用电子的波动性来工作的。在 RFID 电子标签中，以纳米技术为基础的无芯片标签目前处于发展的前沿。无芯片电子标签的特点是超薄、成本低、存储数据量少。其典型的实现技术有远程磁学技术、层状非晶体管电路技术、层状晶体管电路技术。

位于韩国大田市的 ABC 纳米技术公司成功地开发了一种纳米导电墨水，可以用于 RFID 电子标签。ABC 纳米技术公司采用纳米银作为导电墨水的主体。成品导电墨水是一种胶体，固体物质的含量低于 30%，金属银以直径小于 25nnl 的微型颗粒均匀地散布于胶体，使该墨水具有理想的电阻率。传统的挠性印刷电路板加工过程要经历六道工序，在这一分离的过程中至少有 90% 的铜原材料要被丢弃。而使用导电墨水可以杜绝材料浪费，并将工序减少为两道，省去基板残留物的水洗工序。这样可以提高经济效益，大幅降低制造成本，减少制造过程中的环境污染。

8.2　物联网应用前景

国际电信联盟发表的报告认为，物联网技术为全球发展吹来了春风，一些源于物联网的技术和创新会帮助刺激产业发展与促进经济增长。报告中还提到，“这些技术涉及经济运行和市场机会，信息技术产业和创新在各个领域的迅速应用和扩张，形成了庞大的市场，例如在医药领域、国际贸易、水资源净化处理、卫生条件改善、能源制造、日用品出口和食品安全等方面。”这些技术可以改变世界面貌：改善人们的生活质量，提高工作效率，构架数字桥梁等。

“与那些对物联网无动于衷的跟随者的消极态度截然不同，领跑者们正在积极地运作和推广使用这些前沿技术。”中国和印度也在努力尝试，不甘落后[2]。

8.2.1　物联网与政府

同 3G 等技术一样，以 RFID 技术为核心的物联网有很大的产业链，关系到国家的利益，各国政府都在积极地制定相关的标准、政策。

印度政府也在制定计划，目标是成为全球 RFID 标签芯片制造中心。

中国政府也有一系列的举措。2005 年 12 月，国家信息产业部电子标签标准工作组在北京正式宣布成立，将建立具有中国自主知识产权的电子标签国家技术标准。国家科学技术部联合 14 个部委制定的《中国 RFID 技术白皮书》于 2006 年 6 月 9 日发布，这将有利于解决 RFID 标准的制定与兼容问题。同时，RFID 已被列入科学技术部国家中长期科研计划（863 计划）中的重大科技专项。

政府部门的支持将在很大程度上推动RFID和物联网技术的发展，为科研单位的研发和企业的应用铺平了道路。

8.2.2 物联网与研发机构

在硬件研发和制造上，RFID的最终目标是实现对单品的追踪，对标签的需求将是天文数字，即使只是到货盘、包装箱级别，每年对标签的需求也是巨大的。这将极大地促进芯片制造业的发展，从而使得标签成本迅速下降。目前，生产RFID芯片的主要厂家有德州仪器、日立、NEC、飞利浦等公司。Intel公司也赞助了不少的RFID实验项目。生产读写器/打印机、标签的主要厂家有Symbol，Alien，Intermec，Zebra等。

在软件解决方案上，BEA，IBM，ORACLE，SUN，SAP，Miresort，HP等公司纷纷推出了自己的RFID中间件产品和解决方案。BEA在收购了Connec Terra公司后，奠定了它在RFID中间件领域的领导地位，参与了我国国内主要的RFID试验项目，包括上海妇女用品商店基于RFID的CRM系统、香港GSI的EPCnetwork计划、青岛海尔的RFID项目、上海百联在物流领域的RFID项目等。

众多高等学校和科研单位也积极参与RFID软硬件技术及物联网构建的研究。“863”计划“射频识别（RFID）技术与应用”立项课题里有大部分是依托科研单位和高等学校的，如复旦太学的“超高频RFID多标签防冲突和多读写器防冲撞技术的研究”、北京邮电大学的“RFID标签天线设计技术的研究”、中国科学院自动化研究所的“RFID系统测试技术研究及开放平台建设”等。RFID和物联网技术的发展，关键还在于研发机构不断地进行技术创新。只有这样，才能不断地降低成本，提高企业效益，加快RFID的普及和物联网的构建。

8.2.3 物联网与企业

物联网会给电信运营商、产品制造商、物流行业和零售商等各类企业带来令人激动的机遇，这是毋庸置疑的。

对于电信运营商来说，通过把短距离的移动收发器嵌入到各种器件和日常用品之中，物联网将全新形式的通信模式开拓出无限宽广的市场空间。有关研究机构预测，到2014年，电信运营商从传输机对机数据业务中获得的收入将高达300亿美元。目前，Sprint集团和新加坡电信等大型运营商都已开始关注这一市场，法国电信子公司Orange更热衷于机对机通信业务。2007年4月，该公司公布了一项名为“机对机连接”计划，公司负责商务解决方案业务的副总裁菲利普·伯纳德指出，3年后，机对机通信业务将会占到该公司数据传输总量的20%左右。可以看出，物联网不仅可以成为经济持续增长和技术发展的催化剂，也将会为传统的通信产业带来传统应用范围之外的市场机遇。

产品制造商作为整个产业链的源头，是物联网普及的起点和关键。目前，物联网的概念已经在不同领域的生产企业得到了现实的应用。雀巢公司在法国和英国的数百个冰淇淋自动售货机上安装了无线通信系统，每天发送销售报告，并向操作人员发出补货通知。加拿大火车和飞机制造商——庞巴迪公司，在英国的1000辆有轨车上加装了无线装置，以传输大量的预防性技术保养数据。荷兰皇家飞利浦电子公司则打算在其从娱乐设备到医疗系统的所有产品中都安装无线连接装置。从长远利益来讲，这些技术的应用必将会增加企业的销售额度，提升企业的信誉和知名度。

现代物流是一系列繁杂而精密的活动，要计划、组织、控制和协调这一活动，离不开信息技术的支持。RFID技术正是有效地解决了物流供应链上各项业务资料的输入和输出、业务过程的控制与跟踪及降低出错率等难题的一种技术。借助RFID技术，物流行业可以实现对物流过程各个环节的管理，加快物流速度，提高生产效率，促进贸易活动。目前，RFID技术主要被应用在物流公司的仓储管理和运输管理上。仓储管理的应用主要体现在出库、入库和库存盘点三个环节上，通过RFID的实际应用，可以得出以下结论：采用RFID电子标签管理操作简单，可靠性高，出入库记录完整，实时地反映库存状态，每一操作都必须得到验证。因而准确率接近100%，而且优化了库存结构。合理配置存储空间，减少重复劳动，降低了运输及仓储成本。RFID在物流公司运输管理上的应用，能够确保货物安全地到达目的地，增加了货物运输过程的透明度，提高了运输效率[3]。

简单地讲，零售企业就是把合适的商品在合适的时间、合适的地点提供给合适的消费者，但要做到这一点，并不是一件容易的事情。当前零售业面临的两大难题是物品脱销和损耗。而物联网可以真正使物品具有可标识性、可追溯性和可继承性，使物流、信息流可同步、可协调，使产品的生产、仓储、采购、运输、销售和消费的全过程发生根本性的变化。美国阿肯色大学独立进行的一项研究发现，沃尔玛进行RFID技术实验的结果是商品脱销率降低了16%。研究结果还表明，相同货物的补货，有RFID技术的货物补货的速度比用条形码的快3倍。研究机构估计，RFID标签能够帮助零售企业把失窃和存货水平降低25%。随着RFID和物联网技术的发展，零售业的运营模式将会变得更加成熟和快捷。

物联网的发展带给众多企业的不仅仅是一次成本的降低和效益的提升，从更深层意义上来讲，它将使企业进入一个新的通信时代，进入一个企业运营模式和经营方式大变革的时代。

8.2.4 物联网与百姓

对老百姓来说，把个人物品连接到网络中，将意味着现实世界越来越容易通过虚拟设计来进行管理了。厨具保存、食物采购和烹调都会变得更加方便。物联网还能改善人们的生活方式和保健水平，从而提高人们的生活质量，信息与知识能改善农场管理，而跟踪元件和产品能优化业务与制造流程。

目前，为了让老百姓吃上放心肉，以RFID技术为核心的“物联网”已经在发挥作用。山西省给进入流通环节的牲畜全部佩戴耳标，消费者在购买猪牛羊肉时，可以通过察看动物检疫证明上的耳标信息判断产品是否合格。目标信息包括牲畜从出生到进入流通环节的所有信息，如出生日期、产地、父母、曾经吃过的饲料、注射过的疫苗和用过的药等，同时每个耳标都有唯一的号码相对应，并在农业部的中央数据库生成。这相当于每一头牲畜都有了一个身份证和简历表。这不仅能保证老百姓吃上放心肉，也为进一步建立动物标识和疫病追溯体系奠定了基础。

可以想象以下未来的物联网应用场景。

在未来，当你走进一家杂货店，立刻就会有自动声音问候你，它会记下你的姓名并提醒你买牛奶，因为自上次购物，你已经三天没买了。而且，机器知道你要买哪种品牌，你多长时间买一次，你家有几位家庭成员等，即使在打折优惠期，你也无须再排长队等候结账。射频识别技术灵敏标签将会自动地生成你的账单，你甚至不用将你购买的商品从你的购物车内拿到收款台上，你需要做的只是用信用卡付账，然后离开。

在未来，当你从冰箱中取出一罐可乐饮用时，冰箱会自动地读取这罐可乐的物品信息，即刻通过网络传输到配送中心和生产厂商，于是第二天你就会从配送员的手中得到补充的商品。

在未来，牛奶将告诉我们它什么时候会发酸，走丢的小狗能告诉主人它的位置。如果你愿意，可以知道吃的牛肉是哪个农场的哪头牛身上的，穿的鞋从出厂到你购买花了多少时间，中间经过了哪些流通环节。

在未来，你将再也不需要购买地铁票、火车票和飞机票。当你经过这些车站的验票处时，布置在这些地方的 RFID 阅读器将读取你手机上的 RFID 芯片中的信息，并自动地完成验票工作。

总之，以 RFID 为核心的物联网在零售、门禁控制、资产、供应链管理、交通运输、动物识别、防伪防盗等各个领域都将有广泛的应用，影响我们生活的方方面面。所有原来在科幻电影里看到的遥不可及的东西，或许在物联网时代都将成为现实，人们的生活方式更加便利、快捷，人们的生活质量不断提高。

正如国际电信联盟在“物联网”的报告中所描述的那样，在物联网时代，网络将无处不在。科幻小说中的场景似乎逐渐变成了事实。在 21 世纪，我们正朝着一个网络遍布的新时代迈步。在这个以互联网为主的新时代中，网络用户将数以亿计，与信号生成器与接收器相比，人类将成为“少数民族”。

目前，全世界约有十几亿网络用户，如果人类是未来社会的主要网络用户，那么这个数字还要翻一番。但是专家认为，未来社会的数十亿网络用户将由人类和无生命的对象共同组成。他们将联入这张无处不在的网络，无须启动电脑就可以“随时随地”进行通信。总而言之，物联网可以成为经济持续增长和技术发展的催化剂。

8.3 物联网发展趋势

未来几年是中国物联网相关产业及应用迅速发展的时期，以物联网为代表的信息网络产业将成为新兴的战略性产业之一，成为推动产业升级、迈向信息社会的“发动机”[4]。

物联网终端将快速发展，呈现出多样化、智能化的特点。物联网时代的通信主体由人扩展到物，物联网终端是用于表征真实世界物体、实现物体智能化的设备。随着物理世界中的物体逐步成为通信对象，必将产生大量的、各式各样的物联网终端，使得物体具有通信能力，实现人与物、物与物之间的通信。另一方面，随着技术的进步，低功耗和小体积的传感器将大量出现，而且其感知能力更加全面，为物联网的规模化发展提供了基础。而且随着手机日趋智能、接口更加丰富，手机传感器种类和数量将更加快速增长、应用也日趋多样。未来，手机不仅可以控制自身传感器，还可以通过接入传感器网络，控制网络内的传感器，获取一定区域内的数据，应用场景会更加丰富，有力地推动物联网的发展。与现有通信网相比，物联网在 anytime，anyone，anywhere 的基础上，又拓展到了 anything，人们不再被局限于网络的虚拟交流。有人与人，也包括机器与人、人与机器、机器对机器之间广泛的通信和信息的交流。因此，物联网时代的网络将是传感器网、通信网和互联网的融合，即无所不在的泛在网络。

随着物联网关键技术的不断发展和产业链的不断成熟，物联网的应用将呈现出多样化、泛在化的趋势。首先，物联网发展将以行业用户的需求为主要推动力，以需求创造应用，通过应用推动需求，从而促进标准的制定、行业的发展。放眼未来，全球物联网终端将会被更加广泛地应用于各产业，其中，以工业、交通、能源和安全防范等产业最具成长潜力。其次，随着物联网产业的不断发展，物联网应用将逐步从行业应用向个人应用、家庭应用拓展，物联网将会使我们的生活变得“聪明”“善解人意”，通过芯片自动读取信息，并通过互联网进行传递，物品会自动地获取信息并传递，使得信息的“处理—获取—传递”整个过程有机地联系在一起，是对人类生产力的又一次重大解放。

8.4 本章小结

本章介绍了物联网的技术发展前景和物联网在应用上的前景。在技术发展前景上，主要讨论了 RFID 技术、无线传感技术、智能技术和纳米技术。在应用前景上，主要讨论了物联网与政府、物联网与研发机构、物联网与企业、物联网与百姓等方面。最后总结了物联网的发展趋势。

参考文献

[1] Zhou Qilou, Zhang Jie. Internet of things and geography-review and prospect [C]. CMSP, 2011 International Conference on, 2011: 47 - 51.

[2] 周洪波．物联网：技术应用标准和商业模式 [M]．北京：电子工业出版社，

2010.

[3] Wang Jianhua. Internet of things in college application prospects [C]. ICEIE, 2010 International Conference on, 2010, 2: 545 - 547.

[4] 胡建国，周密，王德明. 物物连起大世界：物联网的应用与前景 [M]. 广州：广东科技出版社，2011.